QUINZE LEÇONS DE PHYSIQUE

A L'USAGE DES

SOUS-OFFICIERS CANDIDATS AUX ÉCOLES MILITAIRES

PAR LE

Capitaine d'artillerie NAUDIN

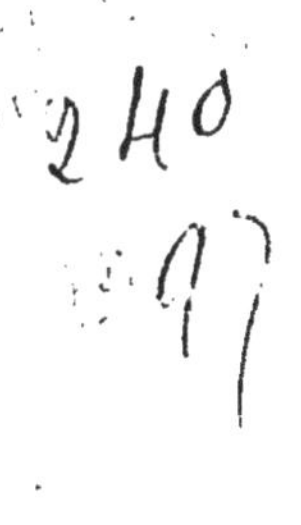

PARIS
HENRI CHARLES-LAVAUZELLE
Éditeur militaire
11, PLACE SAINT-ANDRÉ-DES-ARTS, 11

Même maison à Limoges.

QUINZE LEÇONS DE PHYSIQUE

QUINZE LEÇONS

DE

PHYSIQUE

A L'USAGE DES

SOUS-OFFICIERS CANDIDATS AUX ÉCOLES MILITAIRES

PAR LE

Capitaine d'artillerie NAUDIN

PARIS
HENRI CHARLES-LAVAUZELLE
Éditeur militaire
11, PLACE SAINT-ANDRÉ-DES-ARTS, 11

Même maison à Limoges.

AVANT-PROPOS

Ces leçons sont rédigées conformément au nouveau Programme du cours supérieur professé dans les Ecoles d'artillerie — et répondent directement à toutes les questions de ce Programme.

Elles n'entrent pas dans des détails minutieux sur les appareils, ni dans la discussion des expériences — Leur but est simplement de permettre de se faire une idée générale des phénomènes : du pourquoi et du comment ; c'est tout ce qu'on peut demander à des exàmens où la Physique n'entre que pour ainsi dire accessoirement.

Les traités existant répondent à des programmes bien plus développés, et sont trop chargés de détails. — D'autres, rédigés pour des écoles primaires, sont trop des ouvrages de vulgarisation et ne serrent pas le sujet d'aussi près qu'il est possible de le faire rapidement — en optique, par exemple — avec des élèves déjà familiarisés avec la géométrie et l'algèbre élémentaires.

Nous avons signalé les principales applications militaires des lois physiques que le Programme nous amenait à étudier, mais en en donnant seulement le principe, l'idée physique. Pour les étoupilles électriques, par exemple, les détails multiples et compliqués de la construction, quelque intéressants qu'ils soient, sont du ressort du cours d'artifices.

Les parties du texte imprimées en caractères particuliers peuvent être passées d'abord par ceux qui voient ces questions pour la première fois. — Elles seront utiles aux plus avancés, en leur faisant mieux saisir l'esprit des méthodes et les applications du raisonnement ou du calcul aux questions de Physique.

Ces leçons, plus spécialement destinées aux sous-officiers d'artillerie qui se préparent à l'Ecole de Versailles, peuvent servir à tous les sous-officiers candidats aux Ecoles militaires, ou même aux jeunes officiers dont les études premières n'ont pas été dirigées de ce côté.

Elles leur permettront d'acquérir des notions précises sur une science dont il est si utile de posséder les premiers éléments, et dont on rencontre tous les jours — même dans l'armée — les continuelles et intéressantes applications.

QUINZE LEÇONS DE PHYSIQUE

PREMIÈRE LEÇON

NOTIONS PRÉLIMINAIRES

Divers états des corps. — Les corps matériels peuvent se diviser en parties de plus en plus petites sans perdre leurs propriétés. Cette division peut être poussée très loin. (Exemple : goutte de carmin dans plusieurs litres d'eau, grain de musc dans un appartement, feuilles d'or).

En continuant cette division par des moyens physiques, on finit par arriver à une particule qui ne peut plus se diviser sans que les propriétés du corps changent : *c'est la molécule.* Si cette molécule peut elle-même se diviser (par des moyens chimiques), on arrive à une particule qu'on ne peut diviser par aucun moyen connu : cette particule insécable est *l'atome.* — Les intervalles entre les molécules s'appellent des *pores.* Tous les corps sont poreux.

Les molécules ne se touchent pas, leurs distances respectives sont très grandes par rapport à leurs dimensions. Elles sont d'ailleurs toujours, même dans un corps à l'état de repos, animées d'un mouvement vibratoire très rapide et très petit qui dépend de la température du corps.

Les corps matériels peuvent se présenter sous trois aspects différents : à l'état *solide*, *liquide* ou *gazeux*. Tout corps peut occuper les trois états; ainsi, la glace devient de l'eau, puis de la vapeur; le gaz acide carbonique peut être liquéfié et solidifié.

Ces états diffèrent par la distance relative des molécules, leur mouvement propre et la manière dont elles sont liées.

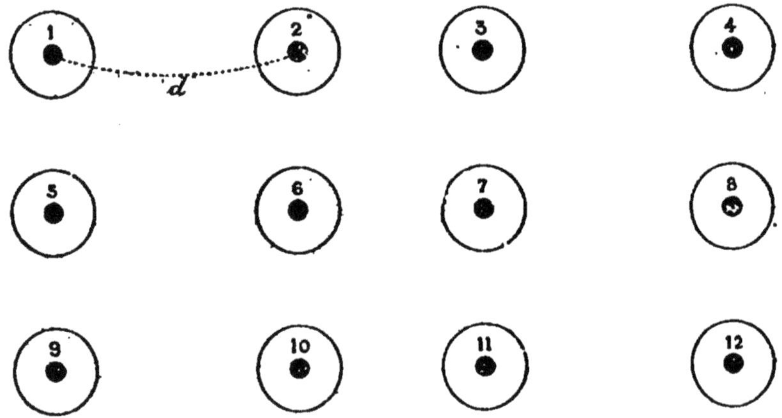

Fig. 1. — Schéma d'une portion de solide (ou liquide) en repos.

(Les points 1, 2, 3... 12, représentent les molécules dans leur position moyenne. Les cercles représentent l'espace dans lequel elles s'agitent, *d* la distance moyenne de deux d'entre elles.)

Prenons dans un bloc de glace une feuille rectangulaire comprenant 12 molécules; elles sont comme enchaînées les unes aux autres; la molécule 6, par exemple, a toujours pour voisines les molécules 1, 2, 3, 7, 11, 10, 9 et 5, même si on renverse le bloc.

Il en serait de même si la figure représentait de l'eau au repos; mais inclinons le vase et arrêtons-nous : le liquide prendra une forme nouvelle; les molécules auront roulé les unes sur les autres comme des billes; mais en restant aux mêmes distances relatives *d*, elles se sont mêlées, et la molécule 6 n'a plus les mêmes voisines. — Le volume total de l'eau n'a pas changé.

Dans un gaz, au contraire, les molécules vibrent encore dans leur petite sphère comme dans l'état solide ou liquide, mais de plus elles sont toujours en mouvement les unes par rapport aux autres et *semblent se fuir réciproquement* : ainsi, en brûlant, le soufre d'une allumette produit du gaz acide sulfureux ; ce gaz se diffuse rapidement, son odeur l'atteste, dans une pièce fermée, et il finit par s'y répartir uniformément, mais dans le sein de la masse, les molécules continuent à se mouvoir. Leur effort pour s'écarter davantage constitue la *tension*.

En résumé :

Les *corps solides* ont un volume constant et une forme propre indépendante du vase qui les contient.

Le volume et la forme des corps solides peuvent être modifiés sous des actions extérieures. Ils sont *compressibles*; ils sont aussi *élastiques*, c'est-à-dire qu'ils reprennent leur forme primitive lorsque les actions extérieures qui les avaient déformés ont cessé, pourvu toutefois que ces actions n'aient pas été trop fortes.

Les *corps liquides* ont un volume constant, mais n'ont pas de forme déterminée. Leur forme dépend de celle du vase qui les contient. Les liquides sont aussi compressibles, mais très peu.

Les *corps gazeux* n'ont ni volume, ni forme propre. Ils tendent toujours à occuper le plus de place possible, à s'étendre, exerçant sur les parois du vase ou de la salle qui les contient une pression permanente qu'on appelle *tension* ou *force élastique* des gaz. Enfin, ils sont *très compressibles*.

PESANTEUR

Sensation de la pesanteur. — Prenons une bille de pierre; abandonnons-la : elle tombe vers le sol.

Reprenons-la dans la main : nous sommes obligés de faire un effort pour vaincre la force qui tout à l'heure la faisait tomber.

Cette force, c'est la *pesanteur.*

Intensité de la pesanteur. — Au lieu d'une bille, prenons-en 2, 3, 4..... : nous sommes obligés de faire un effort plus grand (double, triple.....) pour les maintenir; c'est que la pesanteur agit également sur chacune. Le poids des quatre billes est égal à quatre fois le poids de l'une d'elles. Le *poids* ou la force qui attire les corps vers la terre est donc proportionnel à la quantité de matière du corps.

Mais les différentes substances sont plus ou moins compactes : pour le même volume, leurs poids seront donc différents.

Fil à plomb.

Direction de la pesanteur. — 1° *Dans un même lieu,* tous les corps semblent tomber suivant la même direction (perpendiculaire à la surface des eaux tranquilles). Attachons un corps pesant à un fil et laissons-le tomber; le fil arrêtera son mouvement et, quand il aura fini d'osciller, le fil prendra la direction même suivant laquelle le corps était tombé et sera tendu par le poids du corps. Cette direction suivant laquelle le corps est tombé et suivant laquelle la pesanteur continue à le solliciter s'appelle la *verticale;* le fil s'appelle le *fil à plomb.*

Deux fils à plomb voisins perpendiculaires tous deux au même plan (surface d'une eau tranquille) sont donc parallèles.

Application du fil à plomb. — Vérification de la verticalité d'une ligne : en plaçant le fil à plomb devant l'œil, on doit pouvoir recouvrir la ligne tout entière.

Dans le *pointage,* le problème consiste à diriger sur le but le plan vertical qui contient la ligne de mire. On le détermine à l'aide du fil à plomb en lui faisant recouvrir la ligne de mire; il suffit ensuite de placer l'œil dans ce plan et de diriger ce plan sur le but, pour que la pièce soit pointée. Le but est alors, pour l'œil, bissecté par le fil à plomb, ainsi que le cran de mire et le guidon;

2° *Dans des lieux très différents*, on a constaté que la direction des verticales variait : cela tient à ce que la terre ayant la forme d'une sphère, la surface des eaux

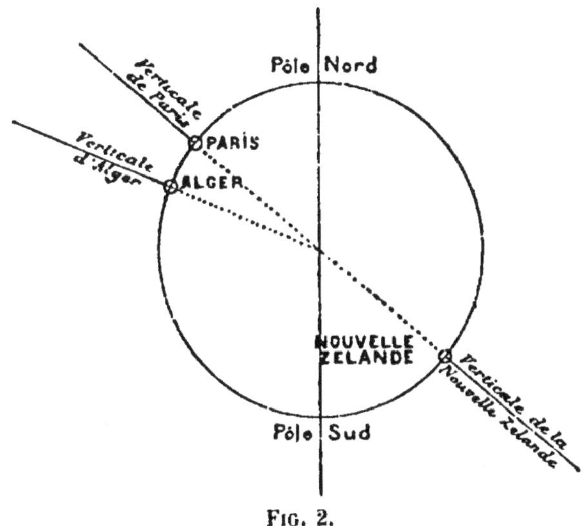

FIG. 2.

a la même forme, et ne peut être confondue avec un plan que sur un petit espace. Les verticales perpendiculaires à la surface de la sphère passent donc toutes par un même point qui est le centre de la terre.

En réalité, à cause de l'aplatissement des pôles, ce concours des verticales au même point n'est qu'approximatif.

Lois de la chute des corps.

Les corps tombant en chute libre dans le vide prennent un mouvement uniformément accéléré, c'est-à-dire un mouvement où *la vitesse s'accroît à chaque unité de temps d'une quantité constante* appelée *accélération* et désignée par g.

Considérons un corps partant du repos (vitesse zéro) :

Au bout du temps 1, la vitesse s'est accrue de.......... g

Au bout du temps 2, elle s'est accrue de............ ... $2g$

La vitesse après t secondes est de.................... gt

La loi des vitesses est donc :

$$v = gt \text{ (Loi des vitesses).}$$

Des expériences précises et, plus grossièrement, le temps observé de la chute d'un corps tombant d'un point élevé, de hauteur connue, montrent que dans un tel mouvement, les espaces parcourus sont proportionnels aux carrés des temps.

$$e = \frac{1}{2} gt^2 \text{ (Loi des espaces).}$$

(e est l'espace parcouru en t unités de temps.)

Si t est donné en secondes, v et e en mètres, alors g vaut environ $9^m,80$.

On a pour les vitesses et les espaces le tableau suivant :

Temps...	0″	1″	2″	3″	4″
Vitesses.	0^m	$9^m,80$	19,60	29,40	39,20
Espaces.	0^m	$\frac{1}{2}g = 4^m,90$	$\frac{1}{2}g \times 4 = 19^m,60$	$\frac{1}{2}g \times 9 = 44^m$	$\frac{1}{2}g \times 16 = 78^m$

Trajectoire d'un projectile dans le vide.

Cette loi s'applique à tout corps abandonné sans support dans l'espace. Ainsi le projectile lancé par le canon, tout en obéissant à

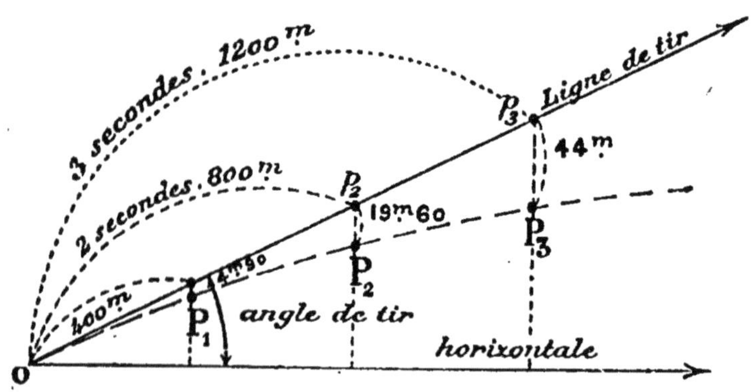

Fig. 2 *bis*.

l'impulsion de la poudre et en suivant avec une vitesse constante (sans tenir compte de la résistance de l'air) de 400^m par exemple la ligne de tir, tombe à chaque seconde d'une quantité donnée par le tableau précédent. Après 2" il sera tombé, à partir de p_2 situé à 800m sur la trajectoire, de 19m,60; après 3", il sera tombé, à partir de p_3 situé à 1.200m, de 44m, etc.

Ainsi, à l'aide du tableau, on peut construire point par point la trajectoire d'un corps dans le vide.

LEVIERS

Leur emploi dans les manœuvres.

Un levier est une pièce rigide pouvant tourner autour d'un de ses points, appelé *point d'appui.*

La force qui tend à produire ce mouvement s'appelle la *puissance;* l'effort qui résiste au mouvement, la *résistance.*

On appelle *bras du levier* les longueurs des perpendiculaires abaissées du point d'appui sur les droites qui représentent la puissance et la résistance.

Une *poulie* (fig. 3) peut être considérée comme un levier où le point d'appui est l'axe O, et où la puissance P et la résistance R agissent dans la direction des brins de la corde.

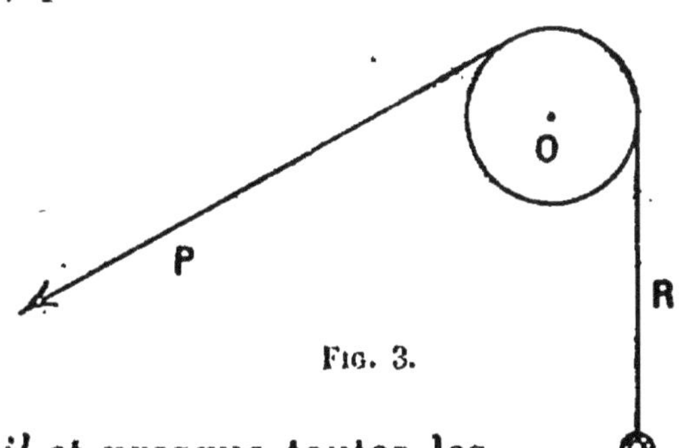

Fig. 3.

De même, le *treuil* et presque toutes les *machines simples* peuvent être ramenés au levier.

Mais on appelle plus particulièrement *levier* une tige de bois ou de fer, où nous supposerons appliquées des forces parallèles et de même sens.

Un levier est dit du *premier genre* quand la puissance

et la résistance sont de part et d'autre du point d'appui (fléau d'une balance, poulie fixe) (fig. 4).

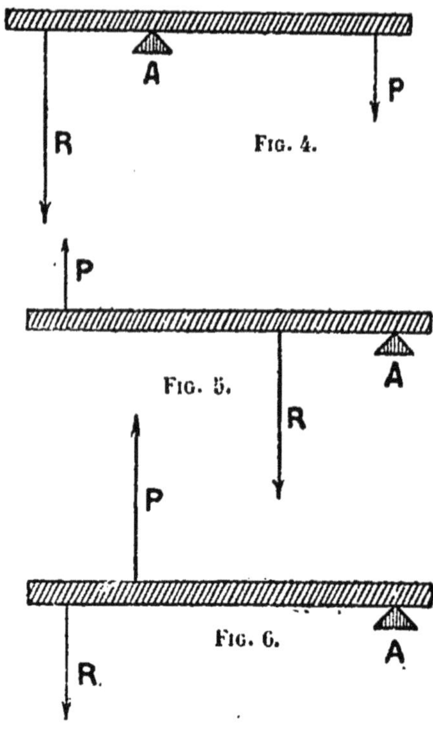

Fig. 4.

Fig. 5.

Fig. 6.

Il est du *deuxième genre* quand la résistance est entre la puissance et le point d'appui (levier de manœuvre dont un bord est engagé sous le fardeau, l'extrémité reposant sur le sol; on peut ainsi équilibrer des efforts puissants avec des forces moindres) (fig. 5).

Il est du *troisième genre* quand la puissance est entre la résistance et le point d'appui. Cette disposition exige le déploiement d'un effort supérieur à la résistance du fardeau; elle est peu employée dans les manœuvres (fig. 6).

Levier de manœuvre. — L'extrémité du *levier de manœuvre*, long de 2^{m},10 environ, est carrée et s'appelle la *pince*. L'autre extrémité est plus mince et arrondie.

Le levier de manœuvre s'emploie comme levier du premier ou du deuxième genre. Dans le premier cas, en prenant appui sur une cale ou sur des chantiers disposés entre le fardeau et la main; dans le deuxième cas, on engage la pince sous le fardeau pour prendre appui sur le sol au delà du fardeau. En rapprochant le point d'appui du fardeau, on augmente la puissance, mais on diminue le chemin parcouru. C'est l'inverse quand on s'éloigne.

Nous allons expliquer pourquoi.

Equilibre du levier. — C'est un principe de mécanique que *le travail moteur doit égaler le travail résistant.*

Le travail moteur de la puissance est, pour un très petit déplacement (fig. 7) :

$$BB' \times p$$

(chemin parcouru multiplié par la force).

Pour la résistance :

$$CC' \times r$$

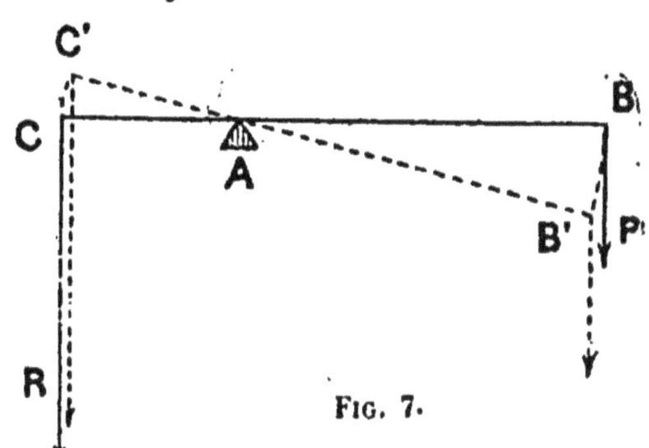

Fig. 7.

On a donc :

$$p \times BB' = r \times CC' \qquad (1)$$

Or,

$$\frac{BB'}{CC'} = \frac{AB}{AC}$$

d'où :

$$p \times AB = r \times AC \qquad (2)$$

L'équation (2) rend compte des valeurs relatives de la puissance et de la résistance pour le cas de l'équilibre, et comment les forces peuvent être multipliées.

L'équation (1) montre comment on perd en chemin parcouru ce que l'on a gagné en force.

Ainsi la puissance $p=1$ équilibrera $r=3$ si $AB=3AC$. Mais si on ajoute un effort si petit qu'il soit, le mouvement aura lieu et il faudra abaisser B de 3 centimètres pour élever C de 1 centimètre.

POIDS

Centre de gravité.

La pesanteur agit sur chacune des molécules d'un corps suivant la verticale. Considérons un solide : ses molécules étant liées, les petites forces parallèles appliquées à chacune d'elles agissent comme une force unique égale à leur somme et passant toujours par un point fixe du corps, quelle que soit la position donnée à ce corps.

On appelle *poids* d'un corps cette *résultante* des actions de la pesanteur sur les diverses molécules du corps.

On appelle *centre de gravité* d'un corps le point fixe par lequel passe constamment cette résultante.

Dans les *corps homogènes* (ayant partout la même composition), le centre de gravité coïncide avec le centre de figure, s'il existe.

Dans les *corps non homogènes* et dans les corps de forme irrégulière, on peut déterminer le centre de gravité en suspendant le corps par un fil en deux points différents. On note à chaque expérience la direction du fil à travers le corps, lorsque ce dernier est en équilibre; ces deux directions devant passer toutes deux par le centre de gravité, leur point de concours est le centre de gravité.

BALANCE

La *balance* est un instrument destiné à déterminer le poids du corps : c'est un levier du premier genre.

Elle se compose essentiellement d'une barre rigide ou *fléau* AB, traversée en son milieu par un couteau C d'acier trempé dont l'arête vive repose sur deux plans d'agate ou d'acier trempé placés de part et d'autre du fléau. Aux deux extrémités se trouvent deux autres couteaux d'acier C'C'' tournant vers le haut leurs arêtes vives, et sur lesquels s'appuient les crochets qui supportent les plateaux PP'. Les arêtes des trois couteaux doivent être parallèles et situées dans un même plan (fig. 8).

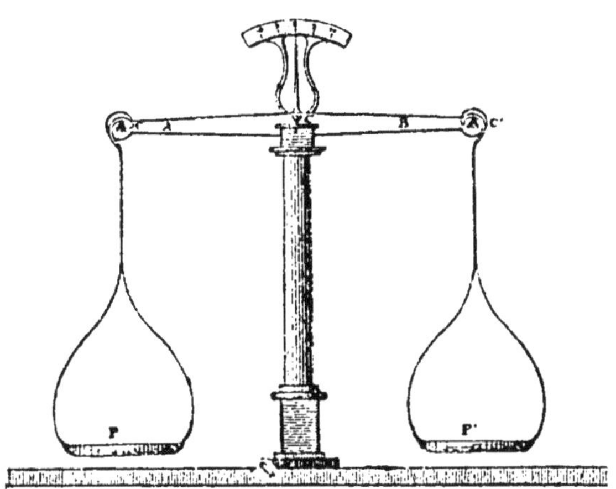

Fig. 8.

On appelle *bras de fléau* les distances du couteau C aux deux couteaux extrêmes CC'.

Le fléau porte en son milieu, perpendiculairement à sa longueur, une aiguille qui oscille le long d'un arc divisé. Quand le fléau est horizontal, l'aiguille s'arrête au zéro de la graduation.

Pour faire une pesée, on place dans l'un des plateaux le corps à peser, dans l'autre des poids marqués, jusqu'à ce que le fléau reste en équilibre dans la position horizontale.

Qualités d'une bonne balance. — 1° Il faut qu'elle soit *juste*, c'est-à-dire que le fléau se tienne horizontal quand les plateaux sont vides ou chargés de poids égaux;

2° Il faut qu'elle soit *sensible*, c'est-à-dire que le fléau s'incline sous l'action d'un poids très-petit.

1° *Conditions de justesse.* — Il faut :

a) Que le centre de gravité de la partie mobile soit sur une perpendiculaire à la ligne du fléau passant par le point de suspension (c'est-à-dire *que les deux côtés pèsent exactement la même mesure*);

b) Que les bras du fléau aient la même longueur.

Si la première condition est remplie, le fléau restera horizontal, les plateaux étant vides. Si la seconde est remplie, il restera horizontal si les plateaux sont chargés de poids égaux.

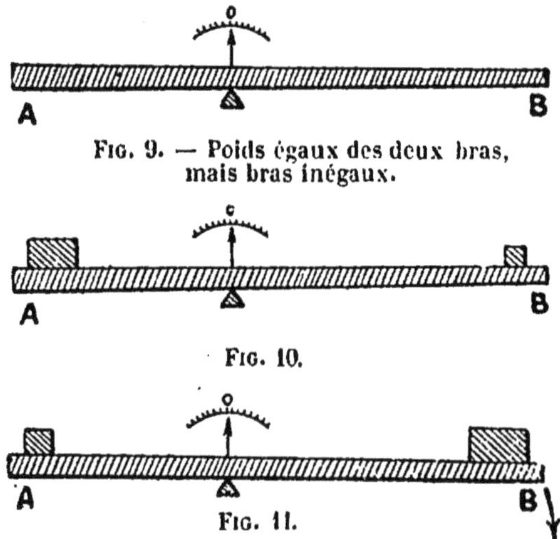

Fig. 9. — Poids égaux des deux bras, mais bras inégaux.

Fig. 10.

Fig. 11.

Pour vérifier l'existence de ces conditions, on abandonne la balance à elle-même, les plateaux étant vides. Si le fléau s'arrête dans la position horizontale, la première condition est remplie.

Plaçons un corps dans l'un des plateaux, faisons-en la *tare* en plaçant dans l'autre de la grenaille jusqu'à ce que l'aiguille s'arrête au zéro (fig. 10). Si le bras A est plus court, le poids B doit être plus petit, le bras de levier étant plus grand. — Changeons les poids de côté (fig. 11) : le grand poids se trouve du côté du grand bras, le petit vers le petit bras. Pour cette double raison l'aiguille tendra à s'incliner dans le sens de la flèche. — Si, au contraire, après avoir fait la première tare et après avoir changé le corps et la grenaille de plateau, l'aiguille revenait encore au zéro, la deuxième condition serait remplie.

Le centre de gravité doit être au-dessous du point de suspension. — S'il était sur le point de suspension, le fléau se tiendrait en équilibre dans toutes les positions où on le mettrait. S'il était au-dessus, le fléau déplacé tant soit peu de la position horizontale se renverserait immédiatement, et la balance serait *folle.* — Quand, au contraire, le centre de gravité est au-dessous du point de suspension, le fléau étant écarté de la position horizontale, il tend à revenir à cette position. (Equilibre *indifférent, instable, stable.*)

On réalise dans la pratique les conditions de justesse en faisant les deux parties du fléau et les plateaux aussi symétriques que possible.

2° *Conditions de sensibilité.* — Il faut :

a) Que les bras du fléau soient aussi longs que possible;

b) Que le poids de la partie mobile soit aussi petit que possible;

c) Que le centre de gravité soit très près du point de suspension, tout en restant au-dessous.

On réalise dans la pratique ces conditions, en apparence difficiles à concilier entre elles et avec la rigidité que doit conserver le fléau, en faisant ce dernier en forme de losange et en évidant une grande partie de son intérieur. On a ainsi à la fois une grande légèreté et une rigidité suffisante.

Une balance est dite sensible *au milligramme* quand elle s'infléchit sous l'action d'un poids de 1 milligramme.

DOUBLE PESÉE DE BORDA

Cette méthode consiste à placer le corps dans un des plateaux et à en faire la tare à l'aide de la grenaille placée dans l'autre plateau. Quand le fléau se tient horizontal, on enlève le corps et on le remplace par des poids marqués jusqu'à ce que l'horizontalité soit rétablie. On a ainsi le poids du corps, puisque ce dernier et les poids marqués ont, dans les mêmes conditions, fait équilibre à une même tare. On peut ainsi avoir très exactement le poids d'un corps avec une balance à bras inégaux c'est-à-dire manquant de justesse, pourvu qu'elle soit sensible.

Dans la pratique, on doit toujours l'employer pour des pesées de précision.

DEUXIÈME LEÇON

ÉQUILIBRE DES GAZ ET DES LIQUIDES

Les gaz et les liquides *se ressemblent* en ce qu'ils sont *fluides* (ce qui veut dire susceptibles de couler) : — les liquides, parce que leurs molécules peuvent glisser parfaitement les unes sur les autres (sauf le cas des liquides visqueux où les molécules gardent encore une légère mais très sensible cohésion); — les gaz, parce que la cohésion a complètement disparu et que les molécules, tendant à se séparer, sont plus mobiles encore.

Mais les gaz et les liquides *diffèrent* en ce que les premiers sont très compressibles et très élastiques; les seconds étant presque complètement incompressibles, les propriétés dérivant de la *fluidité*, seules, appartiendront à la fois aux deux espèces de corps. Il y aura en particulier des conditions d'équilibre analogues pour les liquides et les gaz.

Nous allons étudier les conditions d'équilibre des fluides en considérant d'abord les liquides. Nous en ferons ensuite l'application aux gaz en signalant les différences.

Mais auparavant, nous rappellerons des notions élémentaires sur les *forces* et sur *l'équilibre*.

Notions sur les forces. — Une *force* est une cause capable de produire le mouvement.

Le *point d'application* d'une force est le point sur lequel elle agit.

La *direction* de la force est la direction dans laquelle elle tend à faire mouvoir le point d'application.

L'intensité de la force est la puissance avec laquelle elle sollicite au mouvement le point d'application.

Ainsi (fig. 12) la force de la pesanteur agissant sur une molécule A a son point d'application en A ; sa direction est celle de la verticale passant par A ; son intensité est égale au poids de la molécule.

Les forces peuvent être représentées par des longueurs proportionnelles à leur intensité, ayant une extrémité au point d'application et dirigées suivant la direction de la force.

A

Fig. 12.

Action simultanée de plusieurs forces. — Résultante. — Toute force appliquée à un point A agit comme si elle était seule. Si plusieurs forces sont appliquées en A, chacune produit son action. Mais tout se passera comme si une force unique avait agi.

La *résultante* de plusieurs forces est cette force unique qui produit le même effet que ces forces ensemble. Elle peut donc les remplacer toutes ou être remplacée par elles sans que rien

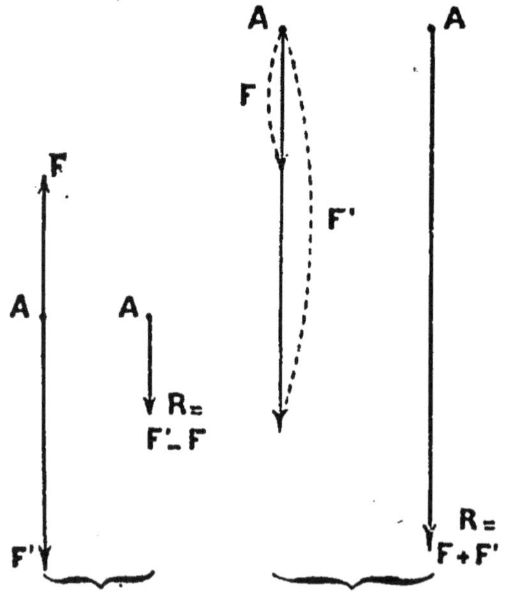

Fig. 14. — Résultante de deux forces agissant dans le même sens.

soit changé au mouvement ou au repos du point.

Deux forces étant appliquées au même point suivant la même ligne droite, leur résultante est égale à leur somme ou à leur différence (fig. 13 et 14).

Deux forces étant appliquées au même point suivant des directions différentes, la résultante est la diagonale du parallélogramme construit sur ces forces (fig. 15).

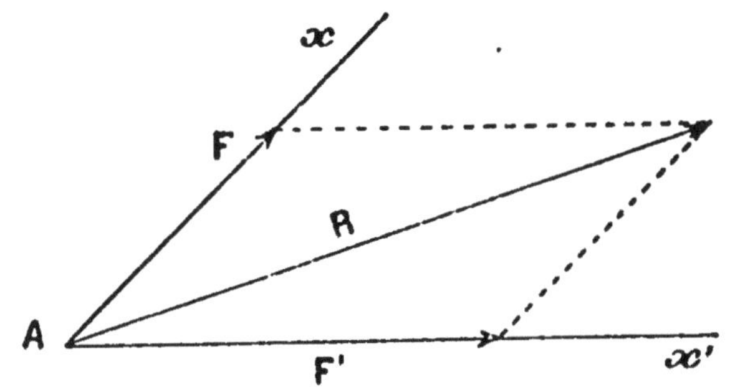

Fig. 15. — R résultante de deux forces agissant dans des directions différentes F, F';

Ou : FF' forces agissant suivant deux directions données Ax, Ax', et par lesquelles on peut remplacer une force R donnée en grandeur et en direction.

Equilibre. — On dit que plusieurs forces agissant sur un point se font équilibre lorsque leur résultante est nulle.

Un point au repos y restera si aucune force ne le sollicite ou si les forces qui le sollicitent se font équilibre (c'est-à-dire ont une résultante nulle.)

Propriété des liquides.

Nous rappelons que *les liquides sont fluides*, c'est-à-dire qu'ils n'ont pas de forme propre. Ils prennent celle des vases qui les contiennent.

Les *liquides sont pratiquement incompressibles* : en enfermant de l'eau, par exemple, dans un espace clos et en la comprimant très énergiquement, on ne peut diminuer son volume que d'une façon à peine appréciable.

Liquides non pesants. — On est amené dans la recherche de l'équilibre des liquides à étudier ces corps en faisant abstraction de leur poids, c'est-à-dire en ne s'occupant d'abord que de celles de leurs propriétés qui sont indépendantes de l'action que la pesanteur exerce sur chaque molécule liquide.

C'est dans ce sens qu'on peut parler de *liquides non pesants*, ce qui, pris à la lettre, n'aurait aucun sens.

I. — Equilibre des liquides non pesants

Principe de Pascal. — Pascal a énoncé ainsi le principe fondamental de l'équilibre des liquides non pesants : « *Si un vaisseau plein d'eau, clos de toutes parts, a deux ouvertures dont l'une soit centuple de l'autre, en mettant à chacune un piston qui lui soit juste, un homme poussant le petit piston égalera la force de cent hommes qui pousseront celui qui est cent fois plus large et en surmontera quatre-vingt-dix-neuf.* »

L'énoncé suivant est plus général :

Lorsqu'on exerce sur une portion plane de la surface d'un liquide une pression déterminée, cette pression se transmet avec la même intensité à toute portion de paroi plane ayant la même surface.

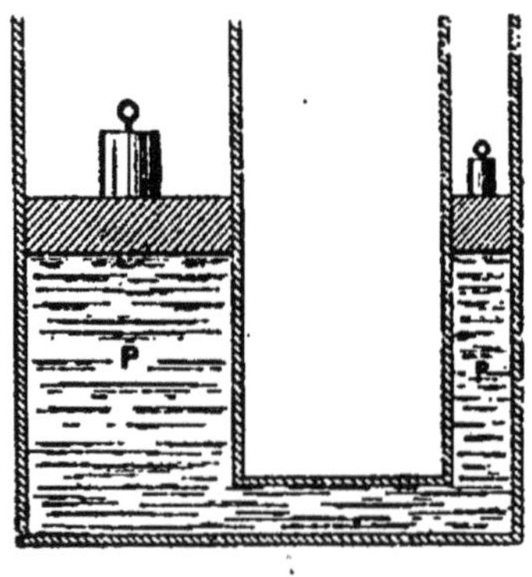

Fig. 16.

On vérifie ce principe à l'aide de l'appareil ci-contre (fig. 16). Si le piston P a une surface cent fois plus grande que le piston *p*, il faut, pour que l'équilibre subsiste, que le poids appliqué sur ce piston soit 100 fois plus grand que le poids appliqué sur *p*.

De même, dans le cas de

la figure 17, si le piston p' est 2 fois plus grand, le piston p'' 3 fois plus grand que le piston p, les forces qui devront être appliquées en p' et p'' devront, pour qu'il y ait équilibre, être 2, 3 fois plus grandes que les forces appliquées en p.

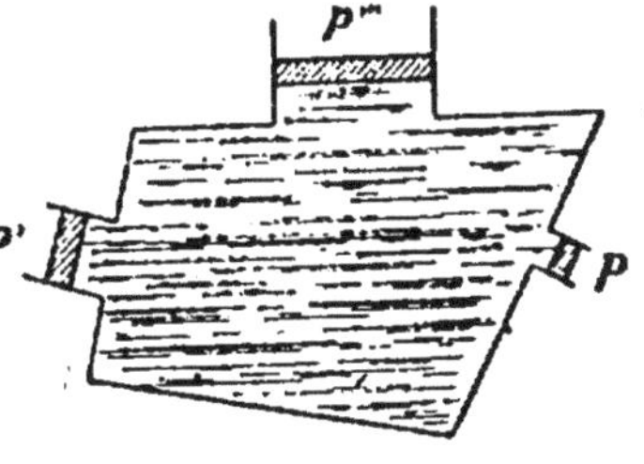

Fig. 17.

Les vérifications ainsi faites sont assez grossières à cause des frottements des pistons.

Application : Presse hydraulique. — La presse hydraulique est l'appareil de la figure 16 appliqué aux usages industriels.

A (fig. 18) forme avec le piston p une pompe aspirante et foulante qui puise l'eau dans le réservoir V et refoule

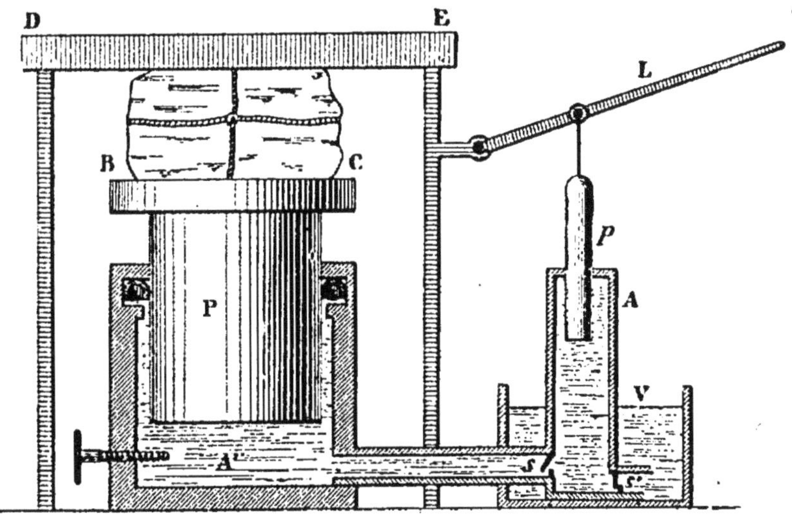

Fig. 18.

cette eau dans le corps de pompe A'. Quand on soulève le levier L, la soupape s' s'ouvre ; la soupape s se ferme et l'eau entre dans A. Quand on appuie sur L, s' se ferme, l'eau ne peut retourner dans V, s s'ouvre et l'eau pénètre dans A. La pression exercée sur L se transmet au piston P qui monte un peu. En continuant à pomper, ce dernier continue à s'élever peu à peu. Il porte un plateau BC sur lequel on place le corps à comprimer. Le piston, étant soulevé, comprime le bloc contre une plate-forme DE solidement fixée.

Supposons la surface de P 100 fois plus grande que celle de *p*. Si à ce moment on exerce sur *p* une pression de 100 kilos, au moyen du levier L, la pression supportée par les objets placés sur BC est de 10.000 kilos.

Les pistons sont des pistons *plongeurs* et ils traversent une couronne de *cuir embouti* présentant la forme d'une gouttière renversée. Les bords de cette gouttière sont d'autant plus pressés, d'une part contre le piston, d'autre part contre les parois du cylindre, que la pression est plus forte. On évite ainsi les fuites.

Quand la pression est devenue telle que la pompe foulante ne peut plus fonctionner, on fait pénétrer un cylindre d'acier dans le gros corps de pompe, au moyen d'une vis mue par une roue. Ce cylindre refoulant l'eau, permet d'atteindre des pressions bien plus élevées encore.

Ainsi, en exerçant un effort de quelques kilos sur le levier L on peut obtenir des pressions de plusieurs milliers de kilos contre le plateau supérieur. A-t-on *créé* de la force ? Non, on en a *accumulé*. Si la surface du grand piston vaut 100 fois celle du petit, il a fallu abaisser 100 fois le piston *p* de 1 décimètre, par exemple, pour faire parcourir 1 décimètre au piston P. On a donc renouvelé 100 fois l'effort : c'est pour cela que P peut exercer une pression 100 fois plus forte que *p*. La machine a servi à additionner pour ainsi dire 100 efforts en un effort total 100 fois plus grand, mais elle n'a pas créé de force.

Au contraire : grâce aux frottements et aux imperfections inévitables qui ont absorbé une partie de l'effort, il y aura eu une dépense de travail du petit piston qui ne se retrouvera pas tout entière au grand.

Une force de 1 kilo pesant sur le petit piston n'en développerait à peine que 80 sur le grand, au lieu de 100.

II. — ÉQUILIBRE DES LIQUIDES PESANTS

Horizontalité de la surface libre. — La surface libre d'un liquide est un plan ayant une direction fixe pour un lieu donné. On le voit en versant des liquides dans des vases différents, à différentes hauteurs. Toutes les surfaces sont planes et parallèles. On peut le constater plus exactement par des expériences d'optique : Toute surface libre réfléchit les rayons comme un miroir plan perpendiculaire à la verticale du lieu, c'est-à-dire horizontal.

Etude expérimentale de la pression des liquides sur le fond et sur les parois d'un vase.

Pression sur le fond d'un vase. — 1° La pression d'un liquide pesant sur le fond horizontal d'un vase ne dépend pas de la forme du vase, mais uniquement de la dimension du fond et de sa distance à la surface libre horizontale;

2° Elle est égale au poids d'un cylindre vertical de liquide ayant pour base le fond et pour hauteur la distance du fond à la surface libre.

Vérification expérimentale à l'aide de la balance : appareil de Masson (fig. 19). Le fond d'un vase est mobile et formé par un disque suspendu au fléau d'une balance. On verse de l'eau jusqu'à une hauteur marquée par un

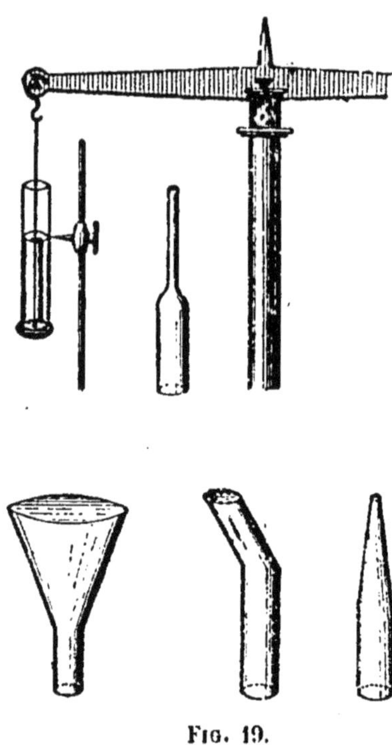

Fig. 19.

index. En maintenant le disque avec le plus petit poids possible mis dans l'autre plateau, on trouve un poids p. Si on remplace le vase cylindrique par des vases de même fond mais de formes différentes, on constate que pour soutenir l'eau versée jusqu'à la hauteur de l'index bien que les quantités de liquides soient différentes, il faut toujours employer le même poids p. Si on pèse la quantité de liquide contenue dans le cylindre, elle est précisément égale à p.

Pression sur les parois. Paradoxe hydrostatique. — Il s'exerce en chaque point de la paroi latérale une pression perpendiculaire à la paroi.

Cette pression est mise en évidence par les expériences suivantes :

Fig. 20.

1° Si on perce un tonneau en différents points, le liquide jaillit dans le sens de la poussée, normalement à la paroi percée (fig. 20);

2° *Paradoxe hydrostatique.* — Les vases des figures 21 et 22 ont des fonds égaux. La hauteur du liquide est la même pour les deux vases. Les pressions sur AB, A'B' sont donc égales.

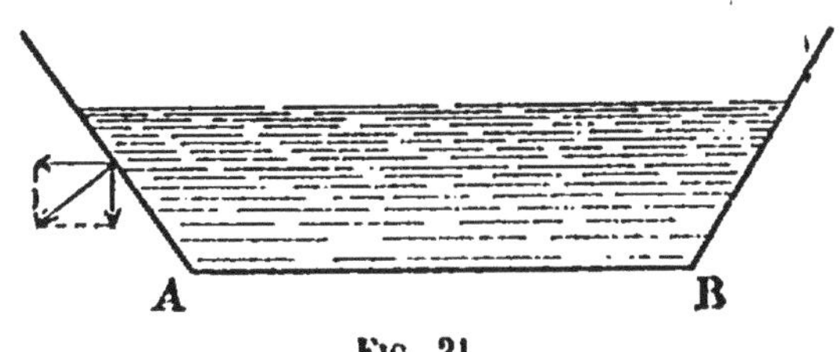

Fig. 21.

Cependant, les deux vases portés sur le plateau d'une balance pèsent des poids différents. Cela tient à ce que les pressions latérales, normales à ces parois, se transmettent également à ces plateaux. Dans la figure 21, elles tendent à faire baisser le plateau; dans la figure 22, elles tendent à soulever le vase.

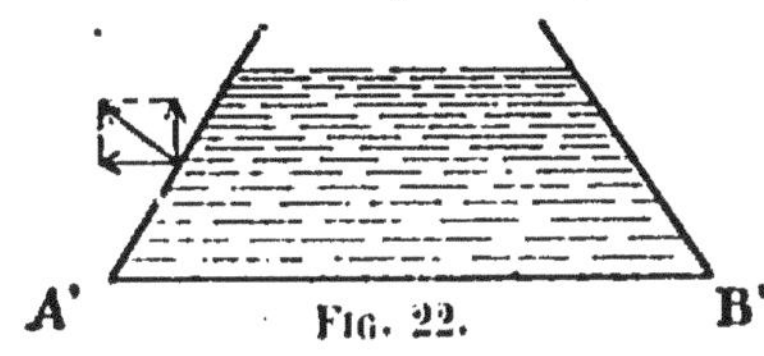

Fig. 22.

La pression normale a été remplacée par deux forces dont elle peut être considérée comme la résultante; l'une, horizontale, qui n'agit pas sur la balance et sera d'ailleurs annulée par *h'*; l'autre qui agit sur le vase pour l'appuyer ou le soulever.

Conséquences expérimentales des pressions sur les parois.

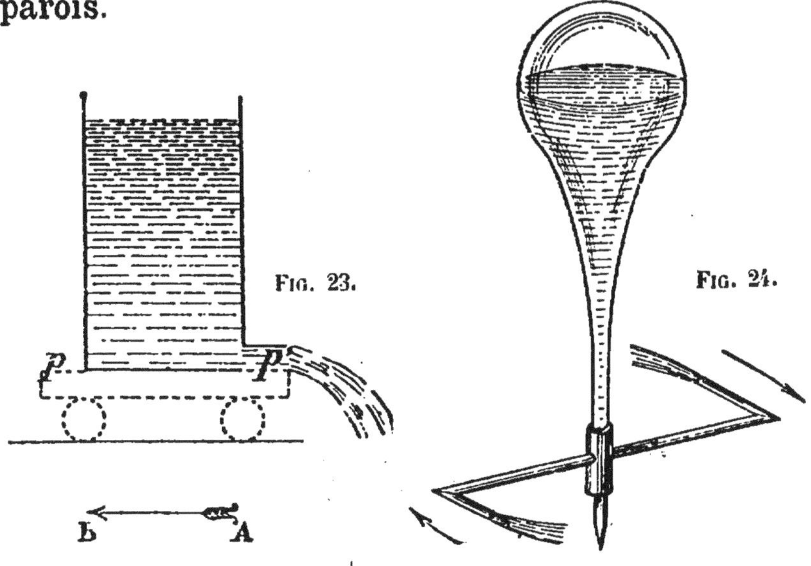

Fig. 23.

Fig. 24.

1° *Chariot hydraulique.* — La pression p' qui faisait équilibre à p est supprimée, et le chariot se meut dans le sens de la flèche A B (fig. 23).

2° *Tourniquet hydraulique.* — Les pressions qui se trouvent en face des parties où l'eau s'écoule ne sont plus équilibrées et le tourniquet tourne dans le sens des flèches (fig. 24), en sens inverse de l'écoulement.

VASES COMMUNIQUANTS

I. — Vases communiquants a un seul liquide

Si deux vases communiquent entre eux et contiennent le même liquide, les surfaces libres dans deux branches sont dans un même plan horizontal.

Les vases communiquants peuvent être en ce cas considérés comme formant un vase unique d'une forme particulière, La surface libre est double, mais suit la loi ordinaire.

Vérification expérimentale. — On prend un vase V ter-

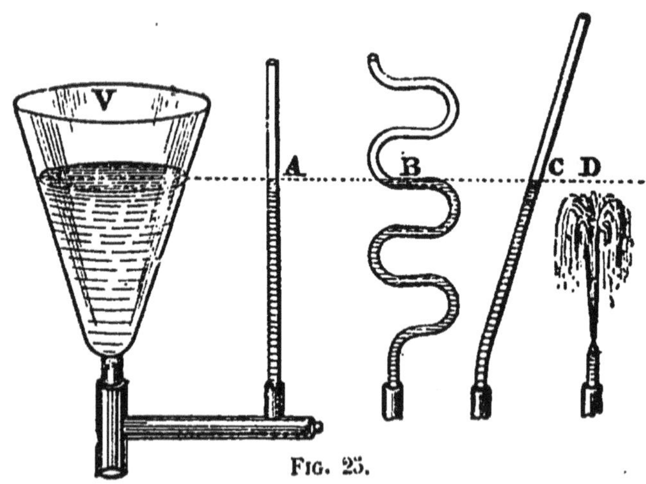

Fig. 25.

miné par un tube coudé à angle droit. Sur la tubulure t on visse l'un des tubes ou vases A, B, C..... (fig. 25),

On verse de l'eau; elle s'élève dans chacun des tubes jusqu'à ce qu'elle ait atteint le niveau A B, quelle que soit la forme de ces tubes.

Si l'on se sert d'un tube effilé D ne s'élevant pas jusqu'au niveau A B, l'eau jaillit et le jet s'élève à peu près jusqu'à ce niveau; il ne l'atteint pas à cause des frottements du liquide sur les parois, et parce que les gouttelettes qui tombent rencontrent celles qui s'élèvent. On obtient une hauteur un peu moins diminuée en inclinant un peu le tube, puisque l'eau retombe en dehors.

Exception. — Si le tube A était de très petit diamètre, l'eau, qui mouille le verre, monterait en A plus haut qu'en V (fig. 26). Ce serait le contraire avec des vases pleins de mercure, qui ne mouille pas le verre (fig. 27).

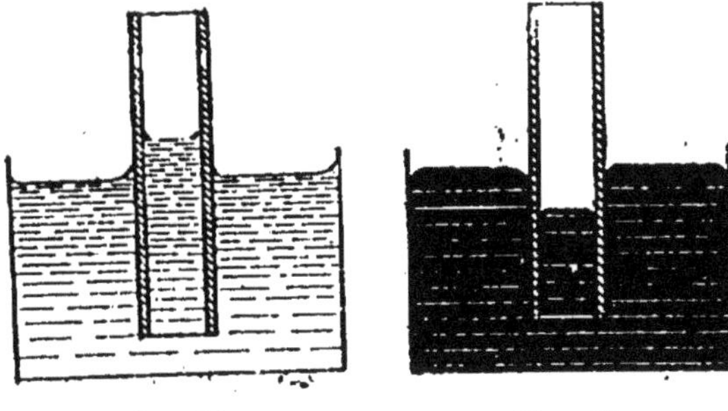

FIG. 26. FIG. 27.

Cela tient à ce que dans des tubes étroits il se produit des phénomènes particuliers dus à ce qu'on appelle la *capillarité*.

Applications. — 1° *Jet d'eau* (fig. 28).

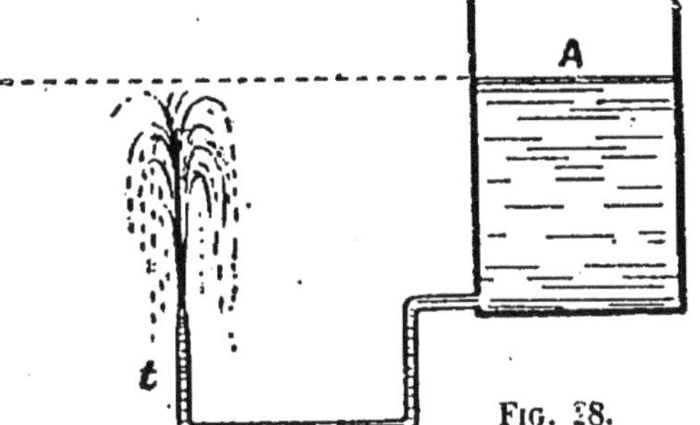

FIG. 28.

On fait communiquer un tube à ajustage *t* avec un réservoir d'eau A plus élevé que l'orifice du tube;

2° *Distribution de l'eau dans les villes.*

On accumule de l'eau dans un réservoir élevé. Ce réservoir est mis en communication par des tuyaux avec les divers points où l'on a besoin d'eau. Le réservoir et les tuyaux forment des vases communiquants. L'eau peut ainsi être amenée à tous les points dont le niveau est inférieur à celui du réservoir.

3° *Puits artésiens* (fig. 29).

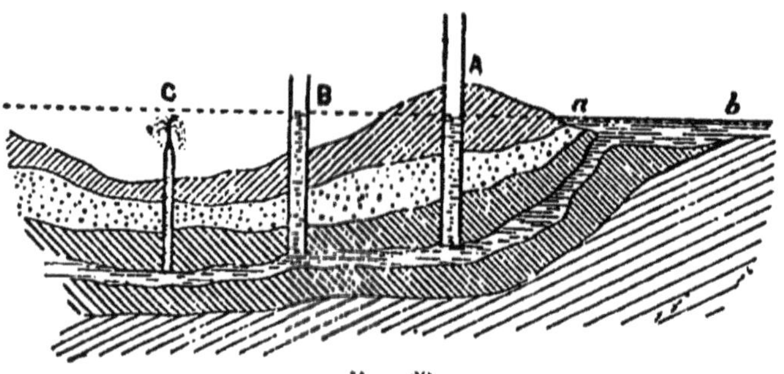

Fig. 29.

En *a b* se trouve une masse d'eau qui s'infiltre dans le sol et vient former entre deux couches d'argile imperméable une nappe d'eau souterraine Si on creuse en A jusqu'à la nappe, on a un puits ordinaire. En B et en C, l'eau peut s'élever dans un tube ou former un jet (*puits artésien* ou *jet d'eau*).

4° *Niveau d'eau* (fig. 30).

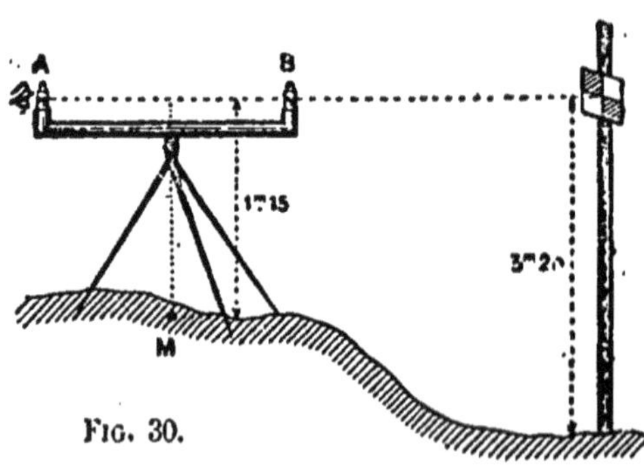

Fig. 30.

C'est un instrument dont se servent les arpenteurs pour le nivellement. — Il se compose de deux vases de verre A et B réunis par un tube creux porté par un trépied analogue au support des lunettes de batterie.

L'appareil étant presque rempli d'eau, la surface libre

de A et celle de B sont dans un même plan horizontal.

On peut à l'aide de cet appareil constater que deux points sont à la même hauteur, ou trouver la différence de niveau de deux points M et N (fig. 30). L'œil placé en A, on cherche quelle division d'une règle graduée placée en N on voit affleurer au-dessus de la surface libre de B. — Dans la figure ci-dessus, la différence de niveau est : $3^m,20 - 1^m,15 = 2^m,05$.

Niveau à bulle d'air. — Le niveau à bulle d'air sert à vérifier l'horizontalité d'une ligne et par conséquent peut servir à vérifier l'horizontalité d'un plan (fig. 31)

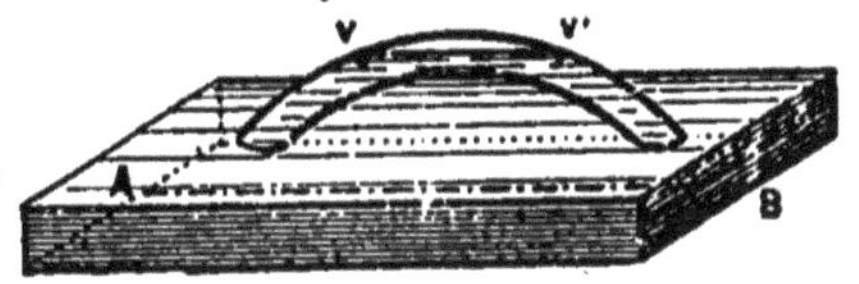

Fig. 31.

Il se compose essentiellement d'une *fiole*, c'est-à-dire d'un tube, coudé en forme d'arc de cercle, rempli d'un liquide où on a laissé emprisonnée une bulle d'air, et d'une monture en forme de long rectangle qui porte la fiole.

La bulle se place toujours au plus haut point de la fiole, et la surface de séparation de l'air et du liquide est toujours horizontale; mais l'appareil a été réglé de telle sorte que le grand axe A B du rectangle pied de la monture soit horizontal, lorsque les deux extrémités de la bulle viennent affleurer juste entre deux traits V V' tracés transversalement sur la fiole et nommés les *repères*.

On dit alors que le niveau est horizontal lorsque la bulle est entre ses repères V V'.

La théorie de ce niveau n'est qu'un cas particulier de celle du niveau de pointage.

Niveau de pointage. — Le niveau de pointage modèle 1888 (fig. 32), est un niveau à bulle d'air qui sert à donner ou à mesurer des inclinaisons.

Il se compose essentiellement d'un bâti en forme de secteur évidé muni de talons sur lesquels il reposera pendant les opérations. Ce bâti comporte un limbe circulaire denté intérieurement. Autour du centre du limbe tourne une réglette un peu courbée sur laquelle court un

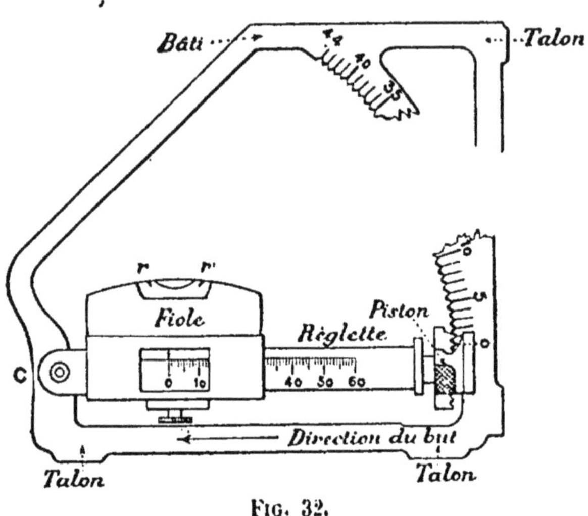

Fig. 32.

curseur porte-fiole, contenant une bulle d'air dans un liquide peu visqueux. La ligne des repères, *r r'*, sera horizontale quand la bulle sera entre ses repères.

Un piston portant une tête à crémaillère garnie d'oreilles quadrillées par où on la saisit, enfonce sa tige dans le curseur. Un ressort le pousse et le fait, au repos, engrener avec le limbe auquel il se trouve ainsi lié. Il peut d'ailleurs tourner autour du centre du limbe quand, en appuyant sur sa tête, on fait désengrener le piston.

Chaque dent du limbe vaut un degré. Le curseur porte-fiole se déplace sur la réglette le long d'une graduation en minutes de 0 à 60.

Donner un angle : par exemple 13°,37'.

1° Amener, en désengrenant le piston, le repère de la tête du piston en face de la division 13 du limbe ;

2° Faire glisser le curseur porte-fiole jusqu'à ce que son trait de repère soit en face du trait 37' de la réglette;

3° Placer le talon debout sur les facettes de pointage, le limbe étant dans un plan vertical, la flèche dans la direction du but, et incliner la pièce jusqu'à ce que la bulle vienne entre ses repères.

Théorie. 1° *Donner* 13°. — Supposons que nous ayons fait seulement les opérations 1° et 3°, le curseur porte-fiole est à 0; l'angle de la pièce sera 13°; d'après la construction du niveau, la ligne des talons $t\ t_1$ fait 13° avec $r\ r'$; d'après la construction des facettes de pointage, la ligne des talons est parallèle à l'axe de la pièce, c'est-à-dire à la ligne de tir. Or, $t\ t_1$ fait avec le plan horizontal H H_1 l'angle $\alpha_1 = \alpha = 13°$. — Donc la ligne de tir parallèle à $t\ t_1$ fait 13° avec le plan horizontal (fig. 33).

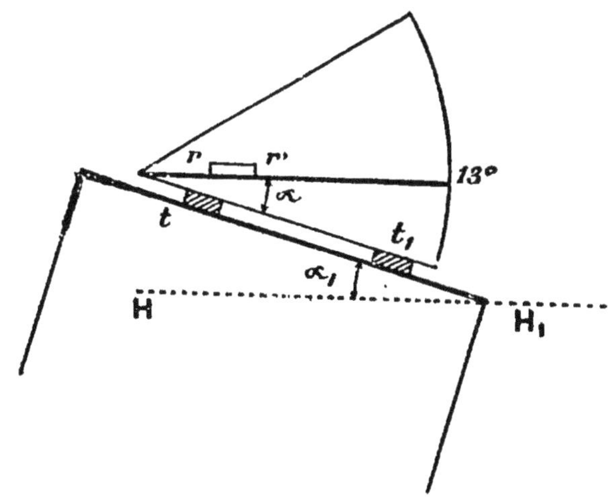

Fig. 33.

2° *Ajouter* 37'. — Bien que paraissant droite, la réglette est un arc de cercle de grand rayon d'une valeur angulaire de 1° ou 60' donnés par la graduation. — Quand on a donné l'angle 13°, $r\ r'$ est à la division 0, horizontale, et fait 13° avec $t\,t_1$. — Si nous amenons le curseur porte-fiole à la division 37, $r_1\,r'_1$ fait avec $r\,r'$ l'angle que font les tangentes à l'arc, le même que les rayons aux points 0 et 37, c'est-à-dire 37'. Donc $r_1\,r'_1$ fait avec $t\,t_1$ l'anle 13° + 37' (fig. 34).

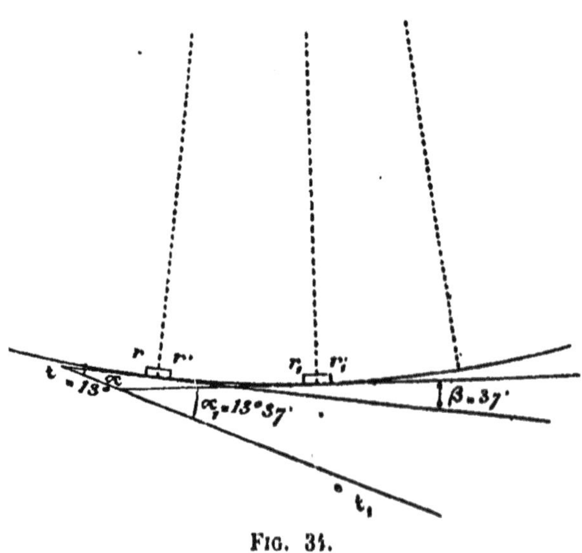

Fig. 34.

Si on abaisse la culasse de manière à rendre $r_1\,r'_1$ horizontale en amenant la bulle au milieu de ses repères $r_1\,r'_1$, la ligne des talons et l'axe de la pièce, invariablement liés à $r_1\,r'_1$, feront avec cette horizontale l'angle 13°' 37'.

I. — Vases communiquants a deux liquides

Si plusieurs liquides non susceptibles de se mélanger sont placés dans le même vase :

1° Ils se superposent par ordre de densité, les plus denses en bas;

2° Les surfaces de séparation sont horizontales.

(La densité d'un liquide est d'autant plus grande que l'unité de volume de ce liquide pèse davantage.)

Si on agite la fiole A, dite *fiole des quatre éléments* contenant du mercure, de l'eau saturée de carbonate de potasse, de l'alcool coloré en rouge et de l'huile de naphte, on voit après quelques instants les quatre liquides superposés et séparés en quatre masses faciles à reconnaître par leur coloration; et les surfaces de séparation sont horizontales (fig. 35).

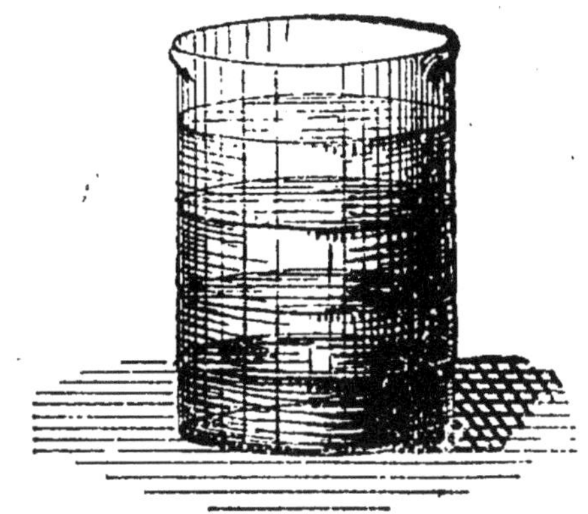

FIG. 35.

Le liquide le plus lourd va au fond : en effet, une goutte de liquide étant plongée dans un liquide moins lourd, son poids est supérieur à la poussée qu'elle éprouve de la part du liquide ambiant : elle descend donc vers le fond. (Principe d'Archimède.)

Soit maintenant deux vases communiquants A et B (fig. 36); versons-y un liquide L; il se répartit comme nous avons dit; les deux surfaces sont dans le même plan horizontal. — Versons ensuite dans un de ces vases A un liquide L de densité moindre et non susceptible de se mélanger à L : 1° la surface de séparation, comme les surfaces libres, est horizontale; 2° le niveau baisse dans A et monte dans B. Si on mesure les hauteurs de liquide au-dessus de la surface de séparation, ces hauteurs sont inversement propor-

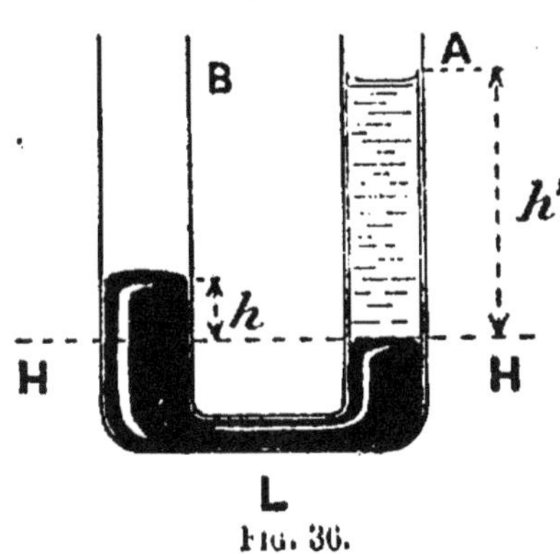

FIG. 36.

tionnelles aux poids spécifiques (poids de l'unité de volume) des liquides.

On vérifie expérimentalement ces lois à l'aide d'un tube en U où on met du mercure et de l'eau (fig. 36).

On démontre par le raisonnement cette loi en considérant dans les branches A et B les pressions supportées par l'unité de surface sur le plan de séparation H. Elles sont égales, sans quoi il y aurait mouvement vers la branche la moins chargée. L'une des pressions, par exemple, est égale au poids d'une colonne cylindrique de volume $1 \times h$ et (d'après la définition du poids spécifique) de poids $1 \times h \times d$.

D'où $$1 \times h \times d = 1 \times h' \times d'$$

et $$\frac{h'}{h} = \frac{d}{d'}$$

TROISIÈME LEÇON

PRINCIPE D'ARCHIMÈDE

Poussée. — Les liquides exercent une poussée de bas en haut sur les corps qu'on y plonge.

On en a la *sensation* nette en enfonçant la main dans l'eau et surtout dans le mercure.

On en a la *preuve* immédiate par le flottement de lourdes masses sur l'eau qui les soutient.

On en détermine l'*intensité* en appliquant le principe découvert déjà dans l'antiquité par Archimède.

Tout corps plongé dans un liquide éprouve une poussée de bas en haut égale au poids du liquide déplacé.

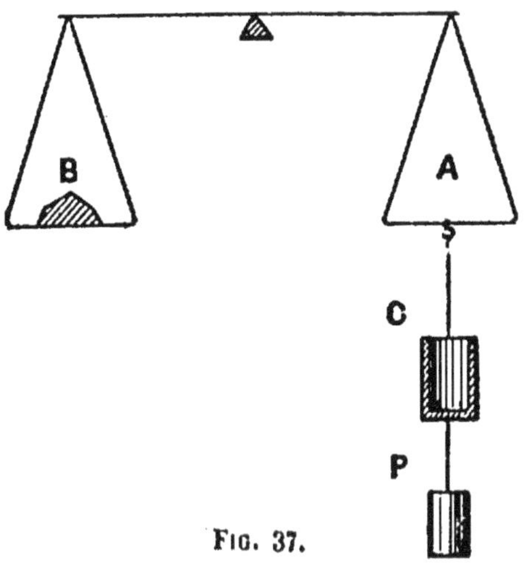

Fig. 37.

Ce principe est vérifié expérimentalement par l'expérience suivante :

Deux cylindres, l'un plein P, l'autre creux C, mais de dimensions telles qu'on y puisse faire entrer exactement le cylindre plein, sont suspendus aux plateaux d'une balance.

On fait la tare en B (fig. 37), puis on plonge P dans le vase V rempli de liquide. L'équilibre est rompu, B descend. Donc il y a une poussée de bas en haut.

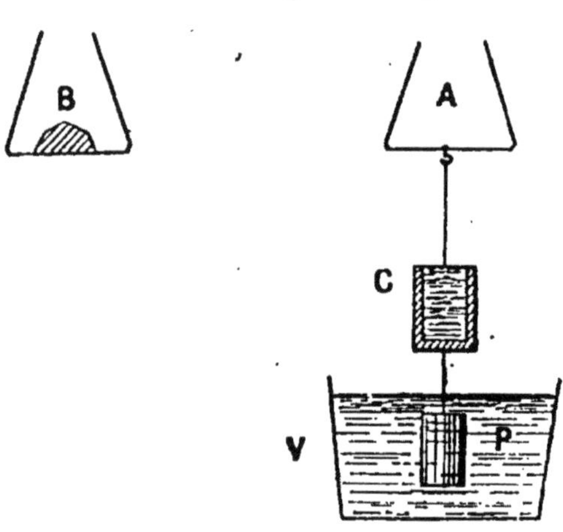

Fig. 38.

On rétablit l'horizontalité du fléau en versant de l'eau dans C jusqu'au sommet de ce vase (fig. 38).

Cette eau occupe exactement le volume de P, c'est-à-dire celui de l'eau déplacée dans le vase V par P. Son poids agissant sur le même bras de la balance fait équilibre à la poussée.

Donc cette poussée de bas en haut est bien une force égale au poids du liquide déplacé.

On peut démontrer par le raisonnement le principe d'Archimède.

Considérons au sein d'un liquide en équilibre une portion de forme quelconque, mais donnée. Supposons-la solidifiée sans changer ni de forme, ni de volume, ni de poids. Le solide ainsi formé restera évidemment en équilibre à la même place. Mais son poids tend à le faire descendre et agit comme une force unique, verticale et appliquée au centre de gravité G (fig. 39).

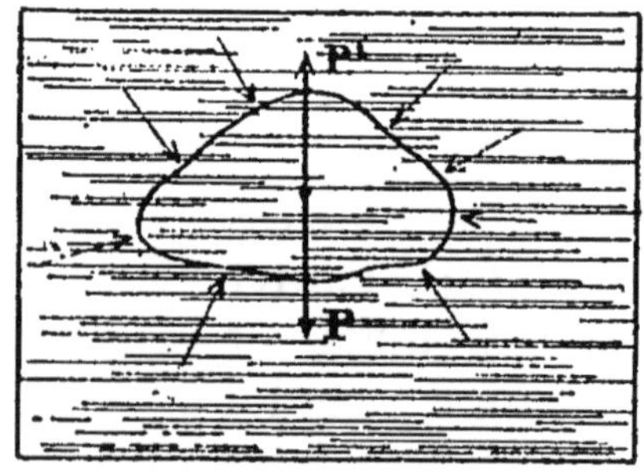

Fig. 39.

Si la masse reste immobile, c'est qu'elle éprouve

de la part de l'eau diverses poussées qui se composent en une seule force égale au poids, dirigée de bas en haut, et passant elle aussi par le centre de gravité. La poussée $P' = P$.

Remplaçons la masse liquide solidifiée par un solide de même forme; les poussées seront les mêmes, et la force résultante de la poussée P' et du poids P sera $P' - P$.

Conséquence : le corps tendra à monter si on a $P' > P$, à descendre si on a $P > P'$. Il restera en équilibre au sein du liquide si on a $P = P'$.

Dans le premier cas, le corps s'élève, une partie du corps sort du liquide, la poussée diminue à mesure que le corps continue à émerger de plus en plus du liquide, jusqu'à ce que la portion immergée soit telle que la poussée due au liquide déplacé fasse *équilibre* au poids total du corps. *Le poids du liquide déplacé égale le poids total du corps.* Celui-ci flotte alors.

POIDS SPÉCIFIQUES. DENSITÉ

Le poids spécifique absolu d'un corps est *le poids* de l'unité de volume *de ce corps.*

EXEMPLE :

— Ainsi le poids à la balance d'un pied cube de fer, exprimé en livres, est de 534 livres. — 534 est le poids spécifique absolu du fer.

— Pour l'eau.......... 69 liv., 3. — 69,3 est le poids spécifique absolu de l'eau, en pieds cubes et en livres.

— En décimètres cubes et en kilogrammes on trouverait pour le fer et pour l'eau les poids $7^k,7$ et 1^k.

7,7 et 1 sont donc les poids spécifiques absolus du fer et de l'eau avec les unités du système métrique.

Le poids spécifique d'un corps par rapport à l'eau ou, plus rapidement, le poids spécifique d'un corps est le rapport des poids spécifiques absolus du corps et de l'eau.

— Soit D_c le poids spécifique absolu d'un corps C, de poids P et de volume V.

— Pour le corps. — V unités de volume pèsent P

1 — — — $\frac{P}{V}$

$$D_c = \frac{P}{V} \text{ par définition.}$$

— Pour l'eau. — V unités de volume pèsent V
(Système métrique.)

1 — — — $\frac{V}{V}$ ou 1

Ce poids est, par définition, le poids spécifique D_E de l'eau

$$D_E = 1$$

Par définition, le poids spécifique par rapport à l'eau, est, pour le corps C :

$$d = \frac{D_c}{D_E} = \frac{\frac{P}{V}}{1} = \frac{P}{V}$$

D'où la formule générale

$$P = Vd \ (1).$$

Densité absolue. — C'est la *masse* de l'unité de volume d'un corps ; elle est donc au poids spécifique absolu comme la masse est au poids.

$$\frac{\Delta}{D} = \frac{M}{P} = \frac{1}{9,8}$$

(Car avec les unités du système métrique, on sait que $P = M \times 9,8$.)

Pour un corps : $\Delta_c = \frac{D_c}{9,8}$

Pour l'eau : $\Delta_E = \frac{D_E}{9,8}$

— La densité par rapport à l'eau est le rapport de la densité absolue d'un corps à la densité absolue de l'eau.

$$\delta = \frac{\Delta_C}{\Delta_E} = \frac{D_C}{D_E} = d$$

(Avec les unités du système métrique, la densité est exprimée par le même nombre que le poids spécifique.)

Aussi, dans le langage usuel, prend-on indifféremment l'un pour l'autre les mots : poids spécifique et densité.

MESURE EXPÉRIMENTALE DES DENSITÉS

D'après ce qui vient d'être dit, il semble qu'il faudrait peser un corps, puis évaluer son volume.

L'évaluation directe du volume serait pénible et inexacte. On tourne la difficulté en opérant ainsi :

Expériences..
- 1° Peser le corps ;
- 2° Peser un égal volume d'eau : le poids de cette eau est exprimé par le même nombre que son volume : pour l'eau, P = V (système métrique) ;

Calcul.......
- 3° Prendre le quotient du 1er nombre par le second : c'est le poids spécifique (ou densité) cherché.

Remarque. — Nous avons dit que pour l'eau, P = V. C'est vrai, à condition de prendre des unités correspondantes, par exemple grammes et centimètres cubes, kilogrammes et litres, etc...

On mesure pratiquement la densité par la **balance hydrostatique.**

Solides imperméables et inattaquables par l'eau. — 1° On

suspend un fragment du corps à la balance sous le plateau A ; on fait la tare en B (fig. 40).

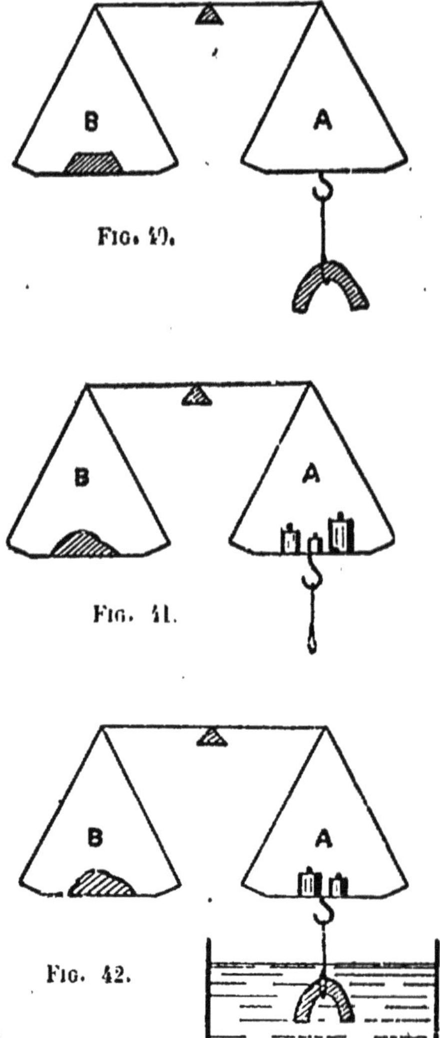

FIG. 40.
FIG. 41.
FIG. 42.

2° On décroche le corps, on le remplace par des poids marqués P : c'est le poids du corps avec l'exactitude de la méthode de la double pesée (fig. 41).

3° On suspend le corps, on le plonge dans l'eau ; on est obligé de retirer une partie des poids : les poids qui restent, p, représentent le poids de l'eau déplacée avec l'exactitude de la double pesée (fig. 42).

Remarque. — En opérant ainsi pour des solides légers, on aurait à retirer du plateau de la balance à la 3e opération (fig 42) un poids supérieur à celui du corps P qui est dans le plateau.

Aussi pour les corps légers (moins denses que l'eau) il faudrait, à la première opération, faire la tare du corps et d'un poids marqué mis dans le plateau de la balance On pourrait ainsi à la 3e opération trouver encore p par la double pesée.

Liquides. — Cette méthode sert à évaluer la densité d'un alcool. Par exemple (fig. 43).

1° On suspend un solide à la balance, une boule de verre par exemple, et on en fait la tare ;

2° On plonge la boule dans l'alcool; il faut ajouter des poids marqués P (poids d'un même volume d'alcool);

3° On retire les poids, on plonge la boule dans l'eau. Il faut ajouter de nouveaux poids p (poids du même volume d'eau).

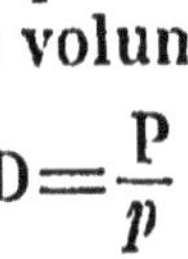

$$D=\frac{P}{p}$$

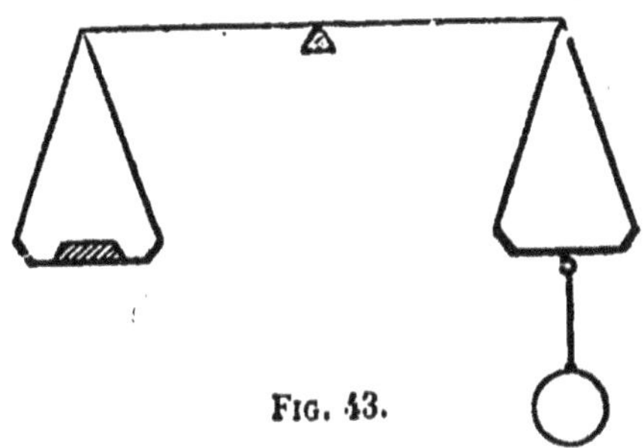

Fig. 43.

Méthode du flacon.

Solides. — 1° On pèse un fragment de solide P ;

2° Un flacon est exactement rempli d'eau, on en fait la tare après avoir mis le solide à côté ;

3° On enlève le flacon de la balance, on y plonge le corps. Un volume d'eau égal à celui du corps s'écoule, on le laisse perdre, on essuie le flacon, on le porte sur la balance. Il faut ajouter sur le plateau p poids de l'eau occupant le volume du corps.

$$D=\frac{P}{p}$$

Liquides. — 1° Dans de petits flacons de la forme indiquée par la figure 44, on verse du liquide jusqu'au trait a ; on fait la tare ;

2° On enlève le liquide, on dessèche. Il faut ajouter des poids P ;

3° On remplit d'eau jusqu'en a. On enlève P et on met le flacon sur le plateau. Il faut ajouter p.

$$D=\frac{P}{p}$$

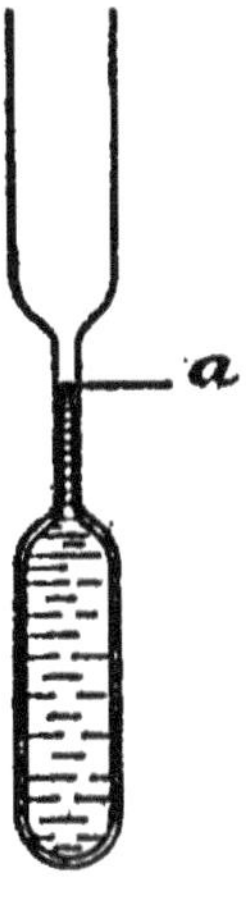

Fig. 44.

A cause de l'étroitesse du tube capillaire, le liquide

ne peut pénétrer aisément dans le flacon. On l'emplira comme nous verrons pour les thermomètres. Mais cette étroitesse permet d'avoir exactement le même volume de liquide dans les deux pesées.

On emploie encore pour mesurer la densité des *aréomètres*, petits flotteurs qu'on charge de poids pour les faire affleurer jusqu'à un point fixe de la tige dans l'eau ou dans des liquides; — ou qui peuvent s'enfoncer de quantités variables et sont gradués de telle manière qu'on puisse lire au point d'affleurement soit la densité du liquide. soit le volume déplacé, soit la quantité d'un sel que contient une solution donnée Chacun de ces instruments (*pèse-lait*, *pèse-sel*, *alcoomètre*) a sa graduation particulière.

PROPRIÉTÉ DES GAZ

1° Transmission des pressions dans le cas des gaz non pesants.

Le principe de Pascal relatif à la transmission des pressions s'applique aux gaz. Soient deux pistons A et B (fig. 45), pouvant agir sur une masse gazeuse M. Il y a équilibre.

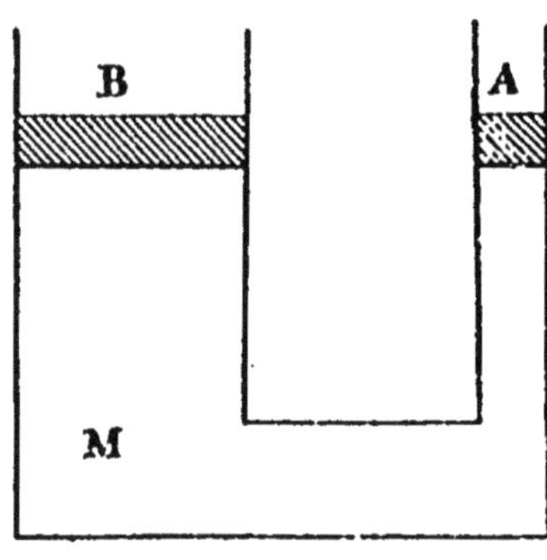

Fig. 45.

Exerçons une pression de 1 kilo en A; A s'enfonce; *le gaz diminue de volume*. C'est ce qui distingue cette expérience de celle que nous avons faite avec l'eau. Mais B monte, et, pour que B s'arrête, il faudra, si la surface de B est 100 fois plus forte, charger B de 100 kilos.

De là on déduit qu'un élément d'une masse gazeuse

supposée non pesante, en équilibre, est également pressé dans tous les sens.

2° Les gaz sont pesants. — D'un ballon de verre fermé par un robinet, on enlève l'air à l'aide de la machine pneumatique. On le suspend sous la balance, on fait la tare, puis on rouvre le robinet : un sifflement indique la rentrée de l'air. Le plateau s'incline, *l'air est donc pesant* : les conditions d'équilibre des liquides pesants lui sont applicables (sauf celles qui regardent la surface libre, incompatible avec l'état gazeux).

Principe. Sur tous les points d'un même plan horizontal, la pression d'un gaz pesant est la même.

Atmosphère. — L'atmosphère est la couche d'air qui enveloppe la terre. Les lois des gaz pesants lui sont applicables; la théorie l'indique, l'expérience le vérifie.

PRESSION ATMOSPHÉRIQUE

Atmosphère. — L'atmosphère est la masse d'air qui enveloppe la terre jusqu'à une très grande hauteur.

Si l'air est pesant, l'atmosphère doit exercer sur les objets situés à la surface de la terre une *pression* analogue à celle de l'eau sur le fond d'un vase.

Si on soulève le piston d'un corps de pompe appliqué d'abord contre la surface de l'eau (fig. 46 et 47), l'eau monte dans le corps de pompe.

Cette ascension fut attribuée d'abord à l'*horreur du vide;* on disait que la nature avait horreur du vide et qu'elle faisait effort pour le remplir dès qu'il se produisait.

Mais au XVIIe siècle, les fontainiers de Florence remarquèrent que l'eau ne pouvait monter dans les pompes à plus de 32 pieds environ. L'explication de l'horreur du vide était en défaut.

Torricelli eut l'idée d'attribuer l'ascension de l'eau à la pression exercée par l'air sur la surface libre du

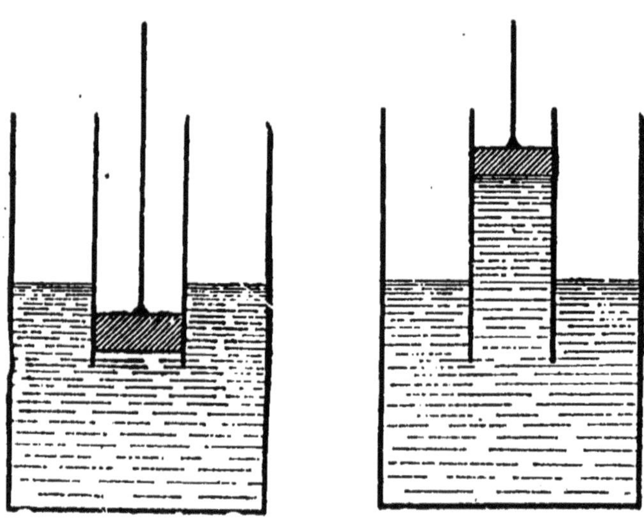

Fig. 46. Fig. 47.

liquide pesant, égale pour une surface donnée au poids d'une colonne d'eau d'environ 32 pieds ayant cette surface pour base.

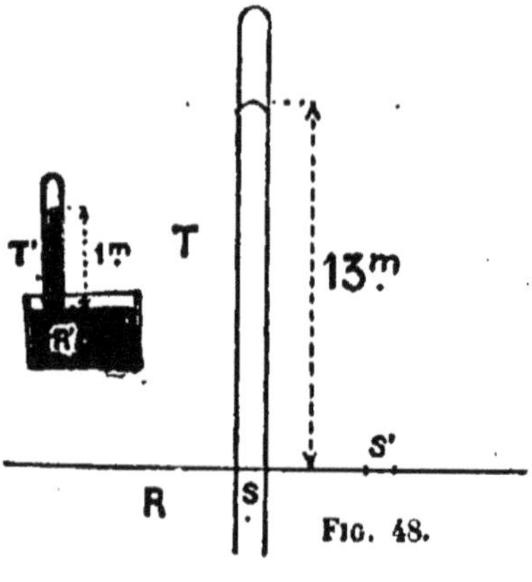

Pression atmosphérique. — Il se dit que si la pression atmosphérique pouvait soutenir l'eau à environ 32 pieds dans le système de vases communiquants formés par l'atmosphère, le récipient R et le tube T, elle ne pourrait soutenir qu'une colonne de mercure 13 fois moins haute, — le mercure étant 13 fois plus lourd que l'eau (fig. 48).

Fig. 48.

Il prit un tube long d'un mètre environ, fermé à l'une de ses extrémités, ouvert à l'autre. Il l'emplit complètement de mercure, ferma l'ouverture avec le doigt, le retourna et en plongea l'extrémité dans une cuvette contenant également du mercure; ayant enlevé le doigt, il vit le liquide descendre jusqu'à ce que la colonne soulevée n'eût plus qu'une hauteur de $0^m,76$ environ, hauteur qu'elle conserva (13e partie de 32 pieds).

C'était la vérification de son hypothèse (1643).

Trois ans plus tard, Pascal reprit ses expériences en opérant avec divers liquides (vin, 15 mètres) et trouva que les hauteurs auxquelles s'élevaient ces divers liquides dans les tubes vides étaient bien en raison inverse des densités. (Loi des vases communiquants.)

Enfin, en 1648, Perrier, s'élevant sur le Puy-de-Dôme avec un appareil de Torricelli pendant que Pascal exécutait les mêmes expériences au pied de la montagne, constata que la hauteur du mercure dans le tube diminuait au fur et à mesure qu'il s'élevait.

Evaluation de la pression atmosphérique : principe du baromètre. — L'élément ab pris dans le plan horizontal de la surface libre, à l'intérieur du tube, doit supporter la même pression verticale de haut en bas que l'élément $a'b'$ pris sur la surface libre (fig. 49). — Le premier supporte seulement une colonne de mercure de hauteur h, de volume $ab \times h$, de poids $ab \times h \times d$ (d, poids spécifique du mercure); le second supporte la pression atmosphérique.

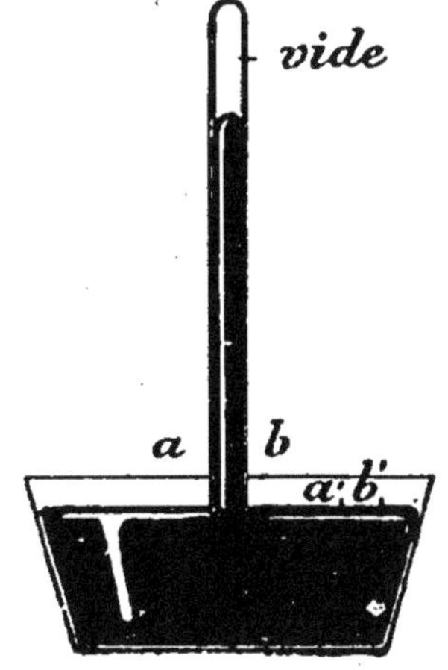

Fig. 49.

Donc :

Pression atmosphérique sur $ab = ab \times h \times d$ (en poids);
Pression atmosphérique sur l'unité de surface $= h \times d$ (1).

1° *Pression atmosphérique en hauteurs de mercure.* — Si la pression atmosphérique varie, le seul facteur variable dans l'égalité (1) est h. Les pressions atmosphériques sont donc proportionnelles aux hauteurs de la colonne de mercure dans le tube de Torricelli, ou hauteurs barométriques.

2° *Pression atmosphérique en hauteurs de liquides quelconques.* — En employant un autre liquide que le mercure au même instant et au même lieu, on trouverait :

$$\text{Pression atmosphérique} = h' \times d';$$

d'où $$hd = h'd', \text{ ou } \frac{h}{h'} = \frac{d'}{d}$$

Les hauteurs barométriques, pour des baromètres construits avec des liquides différents, sont donc inversement proportionnelles aux densités de ces liquides.

3° *Pression atmosphérique évaluée numériquement en poids.* — On peut demander la pression sur une unité de surface donnée, 1 décimètre carré, par exemple. (Il sera bon, pour éviter les fautes de virgules, de prendre au moins provisoirement pour unités de longueur et de poids celles qui correspondent à l'unité de surface.) Ici, l'unité de longueur sera le décimètre, l'unité de poids le kilogramme.

La hauteur barométrique moyenne est de 76 centimètres.

$$h = 7^{\text{déc}},6.$$

La pression en kilos sur 1^{dcq} sera : $\pi^{\text{k}} = 7,6 \times 13,6 = 103^{\text{k}},360$

— sur 1^{cmq} sera : $\pi^{\text{gr}} = 76 \times 13,6 = 1033^{\text{gr}}60$

(Unité de longueur : centim.)
(— poids : grammes.)

— sur 1^{mq} sera : $\pi^{\text{tonnes}} = 0,76 \times 13,6 = 10^{\text{tnes}}336^{\text{k}}$

(Unité de longueur : mètre.)
(— poids : tonne.)

La pression atmosphérique approchée sur 1 centimètre carré est de 1 kilogramme.

Force élastique de l'air. — La force élastique d'une couche d'air comprise entre deux couches voisines AB et CD (fig. 50) sera la pression qu'exerce cette couche d'air

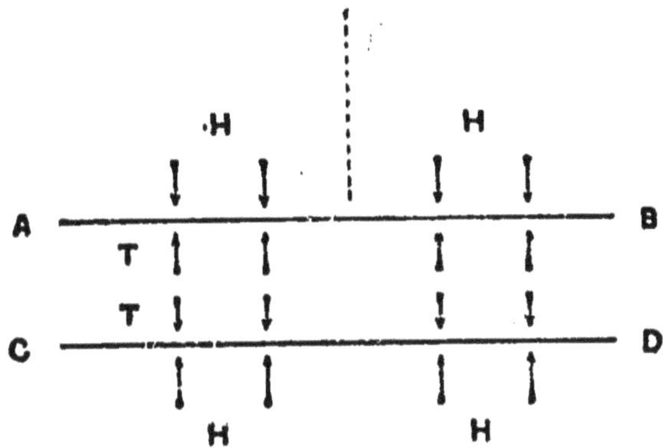

FIG. 50. — HH, pression atmosphérique; TT, force élastique de la couche d'air.

sur AB et sur CD, pour vaincre l'effort que font ces deux couches pour l'écraser pour ainsi dire entre elles. Si AB et CD sont assez voisines, cet effort est égal à la pression atmosphérique.

Puisqu'il y a équilibre, la tension de la couche d'air, ou élasticité de l'air, est égale à la pression atmosphérique.

Pression sur nos organes. — La pression atmosphérique est de 103 kilos par décimètre carré. Elle est équilibrée par les liquides incompressibles de notre organisme et par la force élastique des gaz intérieurs. Aussi, la pression extérieure ne peut-elle diminuer ou augmenter notablement sans qu'on en souffre.

Exemple : malaise éprouvé sur les hautes montagnes ou dans les mines profondes.

Expériences montrant la force élastique de l'air équilibrant la pression atmosphérique. — 1° *Crève-*

vessie (fig. 51). — Une vessie est tendue sur la partie supérieure d'un vase sans fond qu'elle bouche. Ce vase est sur le plateau d'une machine pneumatique. On raréfie l'air à l'aide de cette machine. Sa force élastique diminuée n'étant plus équilibrée, la pression atmosphérique infléchit la vessie et finit par la crever.

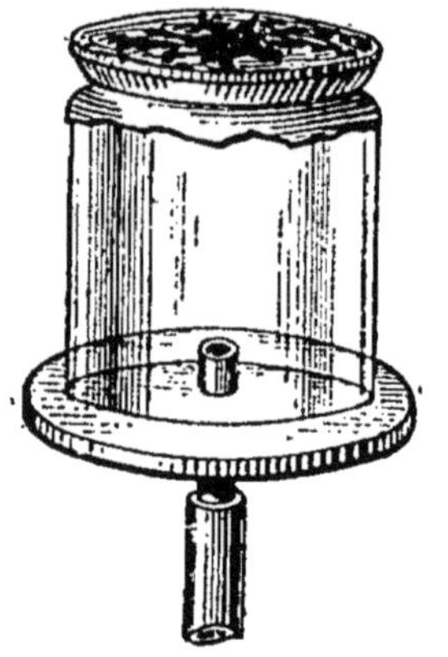

Fig. 51.

2° *Hémisphères de Magdeb urg* (fig. 52). — Deux demi-boîtes sphériques s'adaptent exactement; on les sépare sans peine. Si on fait le vide à l'intérieur, la force élastique de l'air ne fait plus contrepoids à la pression atmosphérique, qui appuie les deux hémisphères avec une force de 100 kilos de chaque côté si le grand cercle de la sphère est de 1 décimètre carré. Il faut un effort considérable pour les séparer.

Fig. 52.

Fig. 53.

3° *Verre plein d'eau* (fig. 53). — On peut sans machine pneumatique montrer l'influence de la pression atmosphérique. Sur un verre plein d'eau on place une feuille de papier légère; avec quelques précautions, on retourne le verre, et le liquide demeure suspendu.

BAROMÈTRES

Baromètres à mercure.

1° Baromètre usuel à cuvette (fig. 54). C'est le tube de Torricelli préparé avec des précautions particulières pour chasser l'air et l'humidité du tube.

Pour cela, on emplit de mercure pur un tube d'environ 1 mètre de long fermé à l'une de ses extrémités. On place ce tube sur une grille inclinée et on met sur cette grille des charbons ardents, de manière à faire bouillir la colonne. On chasse ainsi tout l'air et toute l'humidité qui était restée adhérente aux parois du tube.

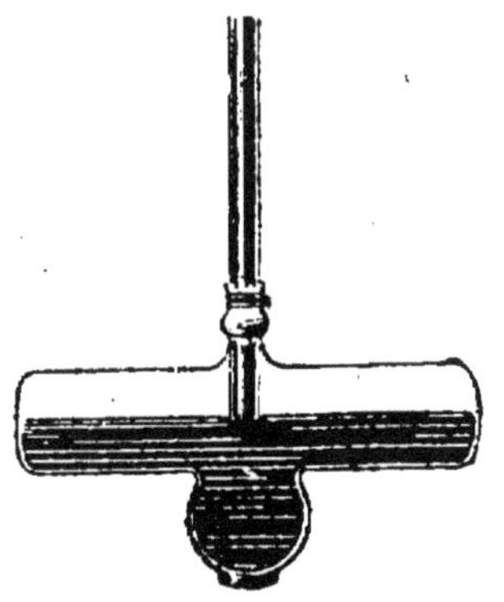

FIG. 54.

La boule B que l'on avait soudée à l'extrémité ouverte est enlevée; le tube étant plein de liquide, on ferme l'extrémité ouverte avec le doigt; on retourne l'appareil, on le plonge dans une cuvette à mercure, et on enlève le doigt. Le tout est fixé sur une planchette qui porte une graduation partant du niveau du mercure dans la cuvette.

Inconvénients: 1° Le niveau n'est pas invariable, il baisse quand le mercure monte dans le tube. On corrige cet inconvénient en prenant une cuvette très large par rapport à la section du tube. On recouvre la cuvette d'une peau de chamois, qui laisse pénétrer l'air et arrête la poussière;

2° Ce baromètre n'est pas portatif (grande masse de la cuvette, danger du choc du mercure contre le haut du tube).

2° Baromètre transportable de Fortin (fig. 55).

Principe — La cuvette est à *fond mobile*, complètement fermée, communiquant avec l'air par une peau de chamois. Cette disposition permet de se servir d'une graduation fixe et d'emplir complètement cuvette et tube pour les transporter. Alors le mercure ne peut s'agiter et briser l'appareil.

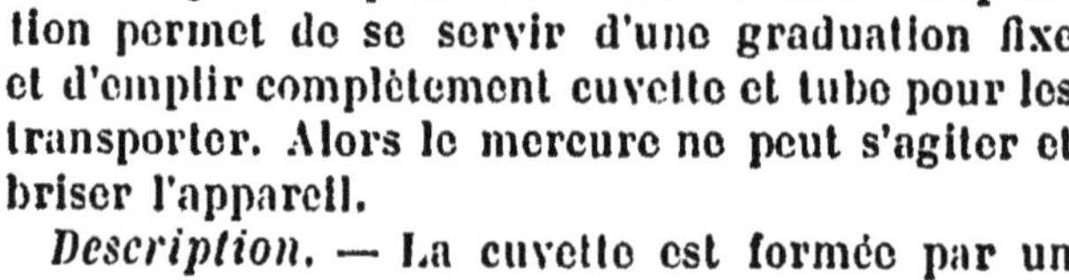

Fig. 55.

Description. — La cuvette est formée par un cylindre de verre serré entre deux garnitures métalliques. Ces garnitures sont protégées intérieurement par du bois de buis, contre l'action du mercure. Le fond de la cuvette est formé par une peau de chamois qu'une vis V permet d'élever ou d'abaisser. A la partie supérieure se trouve fixée une pointe *a*. Le tube barométrique est entouré d'une gaine métallique dans laquelle sont pratiquées 2 fentes longitudinales pour les lectures, et sur laquelle gaine se trouve tracée une graduation dont le zéro part de l'extrémité de la pointe *a*. La pression atmosphérique s'exerce à travers une peau de chamois qui en *bc* relie le tube à la cuvette.

Le baromètre étant bien vertical, on amène au moyen de la vis V, le mercure en contact avec la pointe *a*.

Le niveau du mercure dans la cuvette est ainsi toujours ramené à un même point.

Quand on veut transporter l'appareil, on tourne la vis V de manière à remplir complètement de mercure le tube et la cuvette: on peut alors placer l'instrument dans n'importe quelle position sans danger.

(Le tube barométrique se termine en pointe; il est suspendu verticalement au moyen d'un anneau dit *anneau de Cardan*).

3° Baromètre fixe de précision.

Large cuvette où on plonge un large tube de Torricelli (fig. 56). Une vis *ab*, de longueur connue, est amenée à affleurer à la surface du mercure. On mesure à l'aide d'un *cathétomètre* (lunette horizontale se mouvant le long d'une verticale graduée) la distance entre la tête *b* de la vis *ab* et le sommet du ménisque. On y ajoute la longueur *ab* de la vis. La hauteur barométrique $= ab + bc$.

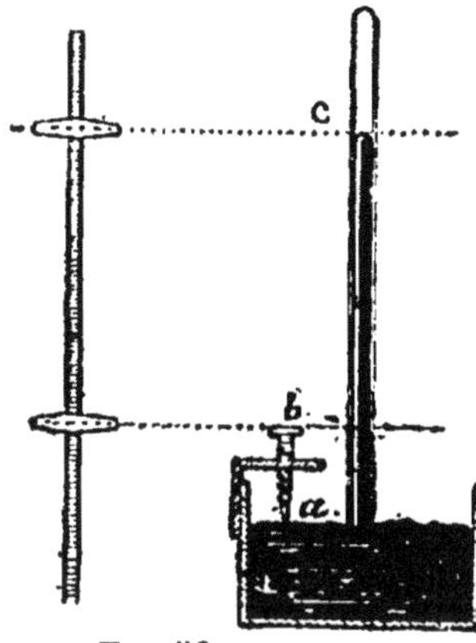

Fig. 56.

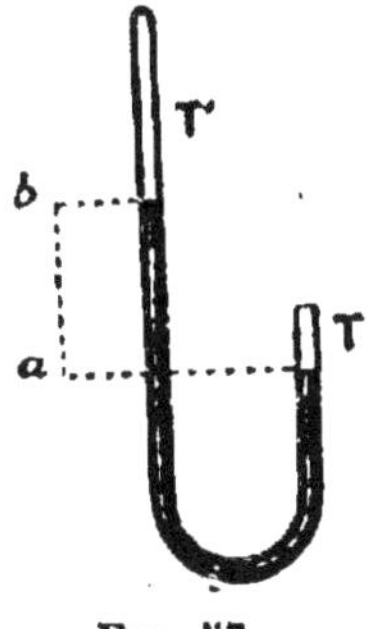

Fig. 57.

Correction de température. — Le mercure est moins lourd quand la température est plus élevée; on en tient compte comme on le verra (*Cf. Chaleur*).

4° **Baromètres à siphon** (fig. 57). — Ils ont l'avantage d'employer moins de mercure. On mesure la différence de niveau *ab* des deux tubes T et T'.

C'est le système du *baromètre d'appartement à cadran* (fig. 58). Un petit flotteur monte ou descend suivant que la colonne barométrique descend ou monte. Pour une variation de pression *h*, le mercure, si le tube a en haut et en bas le même diamètre, descend en A de $\frac{h}{2}$.

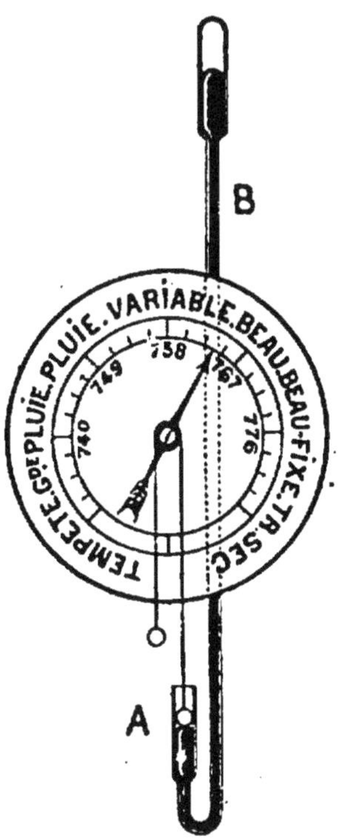

Fig. 58.

On enregistre les mouvements du flotteur à l'aide d'une poulie et d'une aiguille.

On voit immédiatement sur la figure que l'ascension du mercure dans B et sa descente en A font tourner la poulie et l'aiguille dans le sens des aiguilles d'une montre.

QUATRIÈME LEÇON

LOI DE MARIOTTE

Compressibilité et élasticité des gaz. — Soit un gaz renfermé dans un corps de pompe sous un piston. Abaissons le piston : nous sentirons une résistance croissante due à la force élastique croissante du gaz. Mais nous pourrons aisément réduire de beaucoup le volume. Il en aurait été de même si, au lieu de considérer un gaz quelconque, nous avions considéré en particulier l'air.

L'air est donc très compressible.

Si nous relâchons le piston, la force du gaz le ramènera au point de départ, et il reprendra le même volume.

L'air est donc très élastique.

La force élastique et le volume sont liés ensemble par la *loi de Mariotte.*

Loi de Mariotte. — *Pour une même masse de gaz à la même température, les volumes sont inversement proportionnels aux pressions supportées ou aux forces élastiques.*

$$\frac{V}{V'} = \frac{H'}{H}$$

Cette proportion entraîne $VH = V'H'$, c'est-à-dire que, pour une même masse de gaz à la même température, le produit de la pression par le volume est constant.

Vérification de la loi de Mariotte pour les pressions

supérieures à la pression atmosphérique. — Dans la petite branche fermée d'un tube cylindrique en J (fig. 59), on met du mercure de telle sorte que les deux niveaux a_1 b_1 et a'_1 b'_1 soient dans le même plan horizontal. L'air enfermé dans la petite branche est à la pression atmosphérique supposée par exemple de 760mm de mercure.

(Les volumes de la masse d'air, le tube étant bien cylindrique, sont proportionnels aux longueurs de tube que cette masse occupera. On peut donc comparer entre eux des volumes successifs en les représentant par ces longueurs.)

Quand la différence de niveau est 0 (a_1 b_1, a'_1 b'_1) la force élastique de l'air est 760 ou H, le volume l.

On verse du mercure; la différence de niveau devient 760mm (a_2 b_2, a'_2 b'_2); la pression supportée est augmentée de 760; la force élastique de l'air devient 760 + 760 ou 2H et le volume $\frac{l}{2}$... Quand la différence de niveau est $(n-1)$ 760, la force élastique de l'air est $n \times$ H, le volume $\frac{l}{n}$.

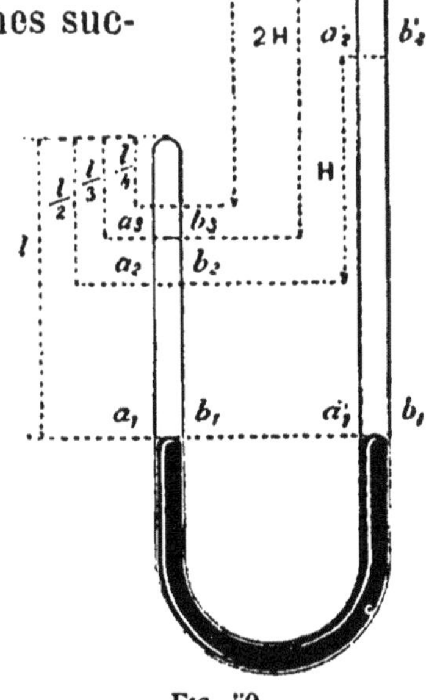

Fig. 59.

La loi est vérifiée, car $n\text{H} \times \frac{l}{n} = l\text{H}$ (produit constant).

Vérification pour des pressions inférieures à la pression atmosphérique. — On se sert d'une cuvette profonde et d'un tube de Torricelli (fig. 60).

On verse du mercure dans le tube et, en laissant vide une longueur l, on bouche avec le doigt et on renverse le tube sur la cuvette ; on l'enfonce jusqu'à ce que le mercure dans le tube soit au niveau de celui qui est dans la cuvette. Quand on soulève le tube, l'air occupe un volume plus grand et le mercure monte.

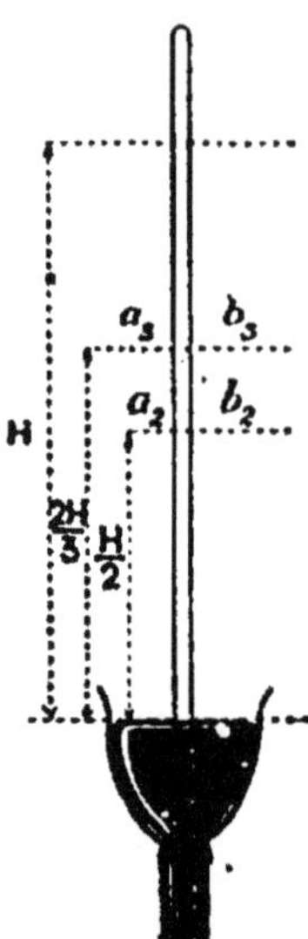

Fig. 60.

Expérience.

Le volume de l'air étant l, la hauteur de mercure est 0

On soulève le tube ; le volume de l'air devient $2l$; on lit la haut^r ; elle est $\frac{H}{2}$

. . . . $3l$ . . . . $\frac{2H}{3}$

. . . .

. . . .

. . . . nl . . . . $\frac{(n-1)H}{3}$

Conclusion.

Les pressions supportées par l'air sont égales à H diminué de la colonne de mercure soulevée, c'est-à-dire :

Pour les volumes $l, 2l, 3l \dots nl$: $H, \frac{H}{2} \dots \frac{H}{n}$

$$\text{Car } H - \frac{n-1}{n} H = \frac{H}{n}$$

La loi est vérifiée, car le produit du volume par la pression est constant : $nl \times \frac{H}{n} = lH$.

Remarque. — Quelle que soit la profondeur de la cuvette et la longueur du tube, jamais, en le soulevant, on n'arrivera à faire affleurer le mercure à la hauteur H, qui est celle du baromètre.

La loi de Mariotte est-elle vérifiée pour les très fortes pressions? — Les expériences que nous venons d'indiquer ne s'appliquent qu'à des pressions relativement voisines de la pression ordinaire. Est-on en droit, d'après elles, de généraliser la loi pour toutes les pressions? Il faut pour cela d'autres expériences.

Dulong et Arago, avec un immense tube de Mariotte en J, dont la grande branche avait 36 mètres de haut, crurent la vérifier.

Regnault montra que l'air, l'acide carbonique, l'azote se compriment plus que ne l'indique la loi : pour une pression de 15 H (ou 15 atmosphères), le gaz acide carbonique, par exemple, occupe un volume 16 fois moindre.

L'hydrogène, au contraire, se comprime moins.

Pressions très grandes. — Qu'arrivera-t-il si on augmente indéfiniment la pression supportée par un gaz?

La plupart, comprimés à la température ordinaire, changent d'état et *se liquéfient* (acide carbonique, acide sulfureux, chlore). Quelques-uns (hydrogène, azote, air) *ne se liquéfient pas à la température ordinaire*, quelle que soit la pression. Ils deviennent, à partir d'une certaine pression très grande, aussi peu compressibles que les liquides.

Il faut combiner le froid et la pression pour les liquéfier.

POMPES

1° Pompes à liquide.

Ce sont des instruments destinés à élever l'eau.

Pompe aspirante (fig. 61 et 62). — Dans un corps de pompe C cylindrique se meut un piston percé de deux ouvertures fermées par des soupapes *ss* s'ouvrant de bas en haut : au fond une soupape *s'* s'ouvrant de même

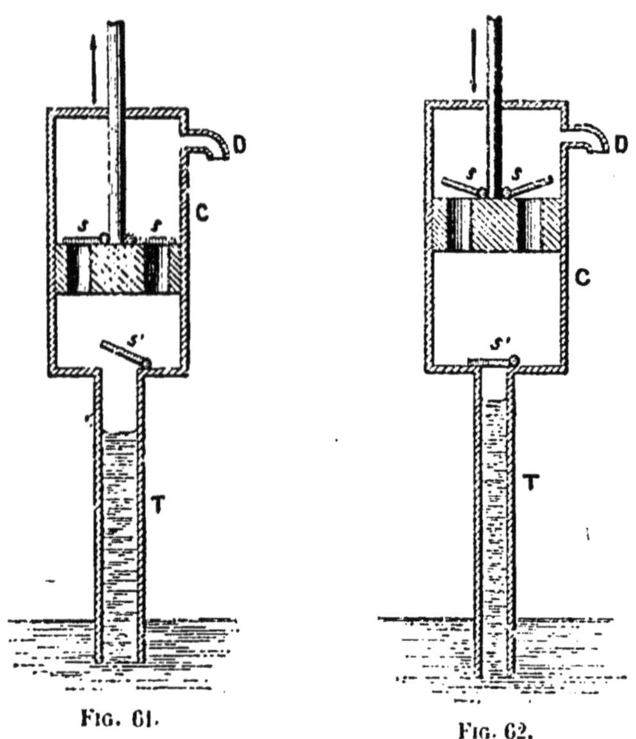

Fig. 61.

Fig. 62.

est placée à l'orifice d'un tuyau T qui plonge dans une nappe d'eau.

Amorçage de la pompe :

1° Le piston est soulevé ; la pression diminue dans C, la force élastique de l'air de T soulève la soupape *s'* ; la pression atmosphérique en C maintient fermées *ss*. — Le piston continuant à monter, la pression diminue de plus en plus dans C et dans T. La pression atmosphérique n'étant plus contrebalancée par une force égale fait monter le liquide dans le tube.

2° Quand on abaisse le piston, la soupape *s'* retombe et ferme la communication entre C et T; l'air de C se comprime et, quand sa pression devient supérieure à H, il soulève les soupapes *s* et *s'* et s'échappe dans l'atmosphère.

3° On abaisse de nouveau le piston et on continue le va-et-vient; les mêmes phénomènes se produisent, mais l'eau monte davantage à chaque coup dans le tube et *finit par entrer dans le corps de pompe.*

4° On abaisse le piston; *s'* se ferme, l'eau s'échappe par *s* et le piston vient en contact avec l'eau. Il continue à s'enfoncer, l'eau passe par les soupapes *s* et le piston descend jusqu'au fond; la pompe est dite amorcée.

5° On soulève le piston; les soupapes *ss* se referment et le piston monte; l'eau qui est au-dessus de lui s'échappe par le déversoir D. Le piston redescend en restant, cette fois et tant qu'on manœuvre la pompe, toujours dans l'eau.

Hauteur théorique limite de l'élévation de l'eau par la pompe aspirante.—Il est impossible que l'aspiration appelle l'eau à une hauteur supérieure à celle d'un baromètre à eau (environ 10^{m}), puisque c'est la pression atmosphérique qui soulève l'eau et qu'elle ne peut soutenir une colonne d'eau supérieure à celle-là.

En pratique, la hauteur atteinte par l'aspiration sera toujours moindre, car il y a toujours des fuites par où l'air entre; des espaces que le piston ne peut occuper (espaces nuisibles). Le vide parfait n'existe pas et l'air qui reste a une certaine force élastique qui diminue la hauteur de la colonne d'eau qui peut monter dans T.

Pompe foulante (fig. 63 et 64).—Le corps de pompe C plonge dans la nappe d'eau du puisard; le piston est plein, c'est-à-dire qu'il ne présente aucun vide.

1er *coup de piston.*

1° Supposons le piston au fond du corps de pompe.

Soulevons-le : le vide se fait dans C (fig. 63) ; l'eau soulève

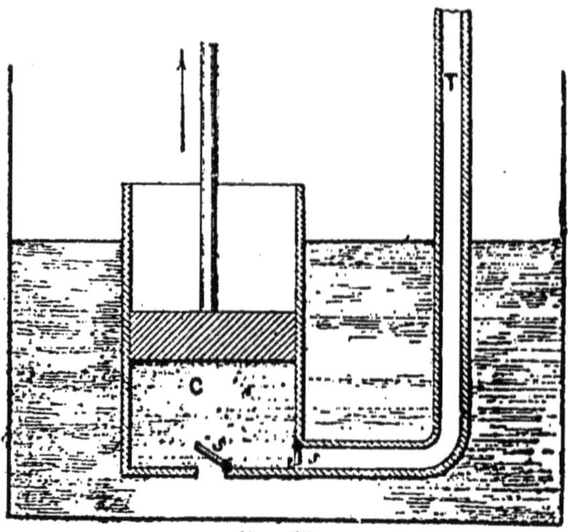

Fig. 63.

la soupape *s'* avec une pression H + *h* (H pression atmosphérique, *h* distance au fond) et se répand dans le

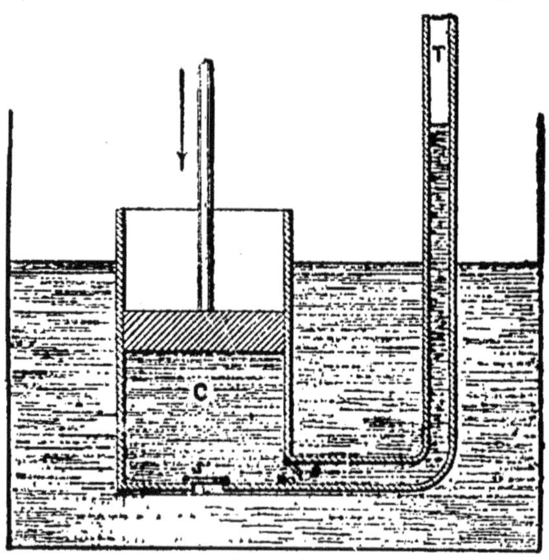

Fig. 64.

corps de pompe, et, si *h* est assez grand pour que la soupape cède, dans le tube T ;

2° Abaissons le piston (fig. 64); *s'* se ferme, *s* s'ouvre sous la pression de l'eau qui n'a d'autre issue que le tube T et est refoulée par le piston dans ce tube où elle s'élève ;

3° Quand le piston est arrivé au bas de sa course, toute l'eau du corps de pompe a passé dans T ou s'est déversée en partie. Soulevons : la pression de T maintenant fermée la soupape, la pression atmosphérique H augmentée de la hauteur h soulève s'. C se remplit de nouveau, et, en abaissant le piston, toute l'eau qui le remplit est de nouveau refoulée dans le tube T.

Il n'y a évidemment pas d'autre limite à l'ascension de l'eau dans T que la puissance de la force qui presse sur le piston et la résistance de l'appareil. Ici ce n'est pas la pression atmosphérique qui fait monter l'eau dans T : c'est une force qui peut être aussi grande que l'on voudra.

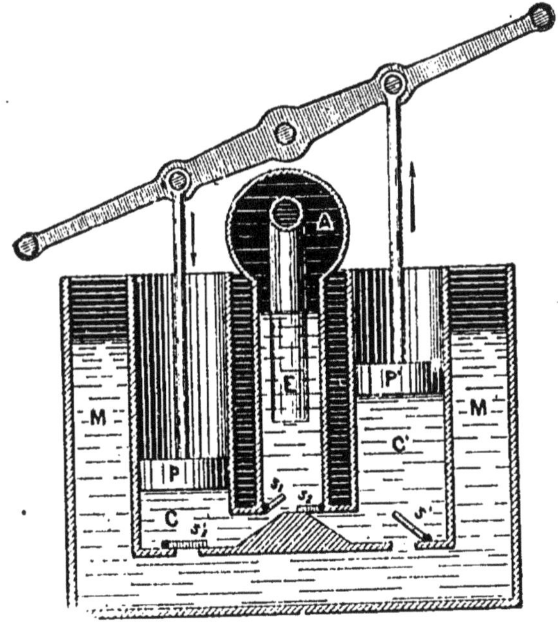

Fig. 65.

Application : Pompe à incendie (fig. 65). — C'est une pompe foulante où deux corps de pompe plongés dans une caisse pleine d'eau y puisent l'eau et la refoulent dans une cloche centrale pleine d'eau où s'ouvre, vers le bas, la prise d'eau du tuyau. L'eau refoulée dans cette chambre alternativement par l'un et l'autre pistons y comprime l'air de la chambre. Cet air, par sa pression à peu près continue, force l'eau à jaillir par le tuyau avec une vitesse sensiblement constante et indépendante des moments d'arrêt du levier qui agit sur les deux pistons.

Le schéma ci-contre (fig. 65) montre bien comment elle fonctionne. En ce moment, P s'abaisse, S'_1 est fermé et la pression fait ouvrir la soupape S_1 et chasse l'eau dans la chambre A en refoulant l'air de la partie supérieure. Cet air, comprimé, pousse l'eau dans le tuyau EA qui plonge dans le liquide; en même temps, P' s'élève, la pression de l'air de A ferme s_2 et la pression atmosphérique, s'exerçant sur la surface libre de l'eau de l'auge, a ouvert s'; l'eau monte en C' qui s'emplit pendant que C se vide dans A.

L'eau est puisée dans une caisse pleine d'eau M dans laquelle plonge l'appareil.

4° Pompes à gaz.

Machine pneumatique. — On appelle *machine pneumatique* une pompe aspirante destinée à enlever l'air d'un récipient donné. La machine pneumatique la plus simple est identique, comme principe, à la pompe qui aspire l'eau.

a) *Description.* — La machine pneumatique ordinaire se compose de deux corps de pompe C et C' (fig 66 et 67) en cristal, placés l'un à côté de l'autre et communiquant à leur partie inférieure avec un même conduit.

Les deux corps de pompe contiennent chacun un

piston P, P'; ils sont absolument semblables : il suffira de décrire l'un deux.

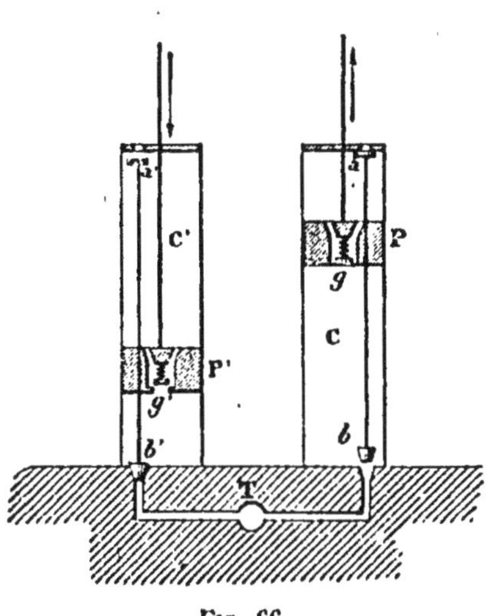

Fig. 66.

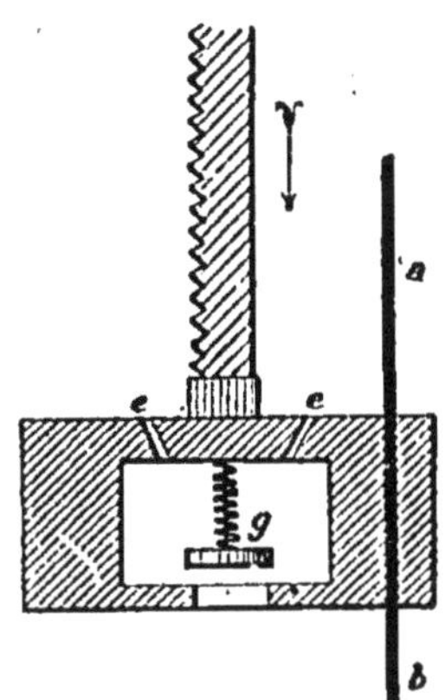

Fig. 67. — Coupe du piston représentant la soupape *g* pendant la descente et l'échappement de l'air par les évents *e*, *e*.

Le piston est formé de rondelles de cuir pressées entre deux plaques métalliques. Il est percé suivant son axe d'un petit canal dont l'ouverture est fermée par un petit disque *g* maintenu faiblement appliqué contre la base des pistons par un ressort à boudin. A travers ce piston passe à frottement dur une tige métallique *ab* terminée à sa partie inférieure par un bouchon conique qui peut s'engager dans l'ouverture *b* du conduit par lequel le corps de pompe communique avec le récipient. Cette tige se termine à sa partie supérieure par un arrêt *a* qui bute contre la base supérieure du corps de pompe dès que la tige est un peu soulevée. Chaque piston porte une tige à crémaillère qui engrène avec une roue dentée. Cette roue est mise en mouvement par une manivelle à deux branches : quand l'un des pistons monte, l'autre descend.

Le conduit commun avec lequel communique chaque corps de pompe vient aboutir au centre de la *platine*, disque de cristal parfaitement poli, usé à l'émeri, et sur lequel on peut adapter les cloches dans lesquelles on veut faire le vide. Ce conduit se termine par un filet de vis.

b) *Jeu de la machine.* — Quand on soulève le piston P, supposé d'abord à la partie inférieure du corps de pompe, la tige *ab* est entraînée. L'ouverture *b* est débouchée; la tige vient buter contre la base supérieure du corps de pompe et le piston continue sa course en glissant sur elle. La soupape *g* est maintenue fermée par la pression atmosphérique. L'air du récipient se précipite alors dans le corps de pompe et le remplit. Dès que le piston redescend, il entraîne la tige *ab* : le bouchon conique vient aussitôt fermer l'ouverture *b*. L'air emprisonné dans le corps de pompe et comprimé par le piston soulève la soupape *g* et s'échappe dans l'atmosphère. On recommence ensuite à soulever le piston, et les mêmes phénomènes se reproduisent.

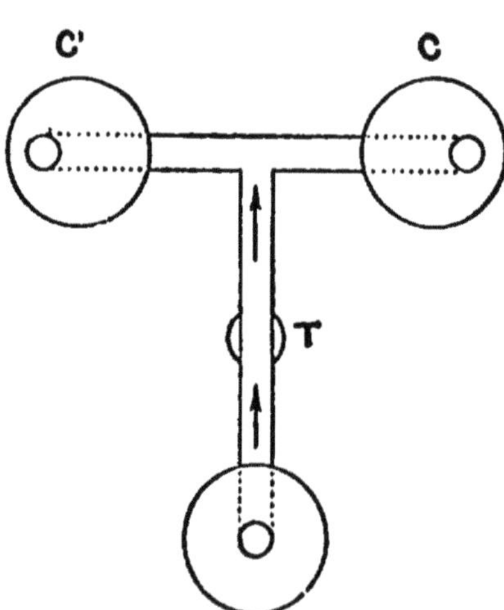

Fig. 68. — Circulation de l'air de la platine au fond des corps de pompe.

c) *Organes accessoires* — 1° *Manomètre.* — Une sorte de petit baromètre à mercure, très court (20 centimètres environ), où le mercure touche le sommet du verre, permet de mesurer la tension du gaz du récipient quand elle devient inférieure à 20 centimètres de mercure. Au-dessous, le mercure s'abaisse et sa hauteur mesure la force élastique de l'air du récipient.

2° *Clé.* — Une clé ou robinet particulier placé sur T permet d'établir à volonté les communications entre le récipient, les corps de pompe et l'atmosphère Les figures 69, 70, 71 et 72 indiquent son fonctionnement.

Loi de la raréfaction. — Comme application de la loi de Mariotte, nous allons chercher la limite théorique de la raréfaction.

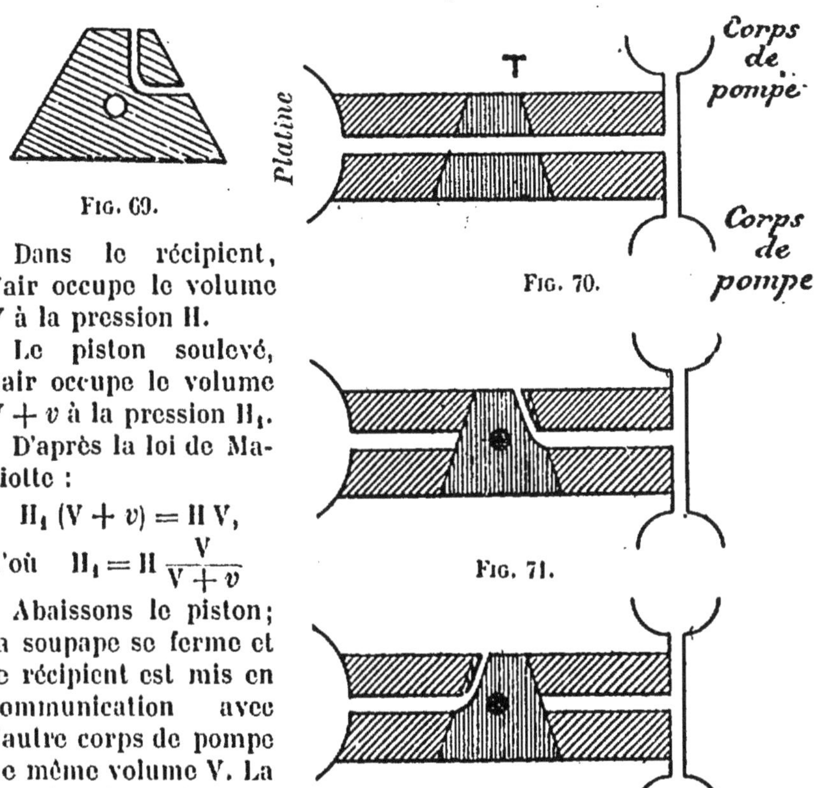

Fig. 69.

Fig. 70.

Fig. 71.

Fig. 72.

Dans le récipient, l'air occupe le volume V à la pression H.

Le piston soulevé, l'air occupe le volume $V + v$ à la pression H_1.

D'après la loi de Mariotte :

$$H_1 (V + v) = H V,$$

d'où $H_1 = H \frac{V}{V + v}$

Abaissons le piston; la soupape se ferme et le récipient est mis en communication avec l'autre corps de pompe de même volume V. La pression étant H_1, on a par le même raisonnement :

$$H_2 = H_1 \frac{V}{V + v} \text{ ou } H_2 = H \left(\frac{V}{V + v}\right)^2$$

Chaque pression est ainsi, d'après la loi de Mariotte, égale au produit de la pression précédente par $\frac{V}{V + v}$

On a pour la pression après le n^e coup de piston :

$$H_n = H \left(\frac{V}{V + v}\right)^n$$

On a $\frac{V}{V + v} < 1$.

Donc $\left(\frac{V}{V + v}\right)^n$ peut devenir aussi petit que l'on veut. Donc, théoriquement, on peut, avec une machine parfaite, pousser la raréfaction aussi loin que possible.

Pratiquement il y a une limite.

Espace nuisible. — Quelque parfaite que soit la machine, il reste encore un certain espace entre le fond du piston et le corps de pompe : c'est l'*espace nuisible.*

Quand l'air est très raréfié, en abaissant le piston jusqu'au fond, l'air qui occupait le volume V du corps de pompe prend le volume u de l'espace nuisible en atteignant juste la pression atmosphérique. Alors la soupape du piston ne peut s'ouvrir; l'air n'est plus expulsé.

On a d'après la loi de Mariotte :

$$u\text{H} = vx$$

x étant la pression dans le corps de pompe et le récipient, le piston étant soulevé. On en tire :

$$x = \frac{u}{v}\text{H}$$

Pompe à compression; pompe à main. — C'est la pompe foulante des liquides. Nous allons décrire la

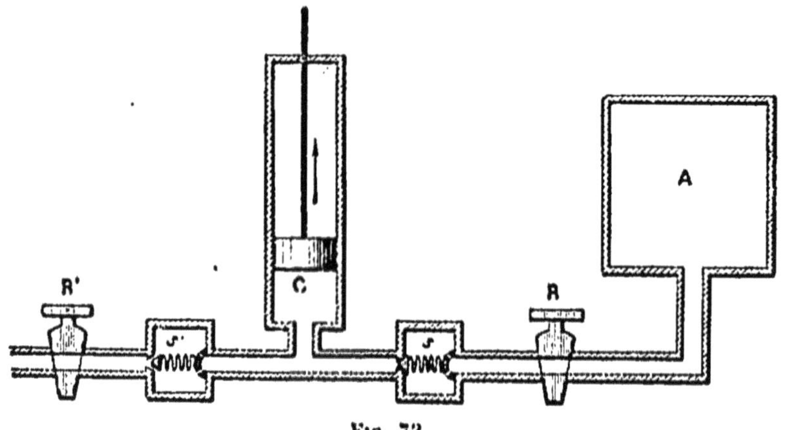

Fig. 73.

pompe à main (fig. 73) à la fois aspirante à gauche et foulante à droite.

Elle se compose d'un corps de pompe C où se meut un piston plein; à gauche une soupape *s'* permet l'appel de l'air dans C, à droite *s* permet de le refouler dans A.

Quand on soulève le piston, les deux robinets R et R' étant ouverts, la pression atmosphérique H ouvre *s'*; l'air entre dans C et y prend la pression atmosphérique ; la pression du récipient ferme la soupape inverse *s*.

Quand le piston s'abaisse, l'air de C se comprime, ferme *s'* et pénètre dans le récipient A. Ainsi chaque coup introduit dans A le volume d'air qui occupait C à la pression H.

Espace nuisible. — Limite de la compression.

Théoriquement, avec une machine parfaite, la compression peut être poussée aussi loin que l'on veut. Pratiquement, il y a une limite, il y a un *espace nuisible.*

L'air cessera d'entrer dans le récipient quand la force élastique de l'air du récipient sera devenue assez grande pour qu'en comprimant le volume *v* d'air du corps de pompe, on soit obligé de réduire ce volume à celui de l'espace nuisible pour obtenir une force élastique égale à celle du récipient. — Soit *x* la tension limite :

$$u\,x = v\,\mathrm{H}, \text{ d'où : } x = \frac{v}{u}\,\mathrm{H}$$

La pompe à main, telle que nous l'avons décrite, peut servir de machine pneumatique à gauche et de machine de compression à droite. Mais une machine pneumatique à un seul piston nécessite des efforts considérables pour vaincre la pression atmosphérique exercée sur la face supérieure, tandis que dans la machine à deux corps de pompe, la pression atmosphérique qui enraye le piston ascendant pousse le piston descendant tant que la pression de l'air raréfié de C reste inférieure à H. (Fig. 74.)

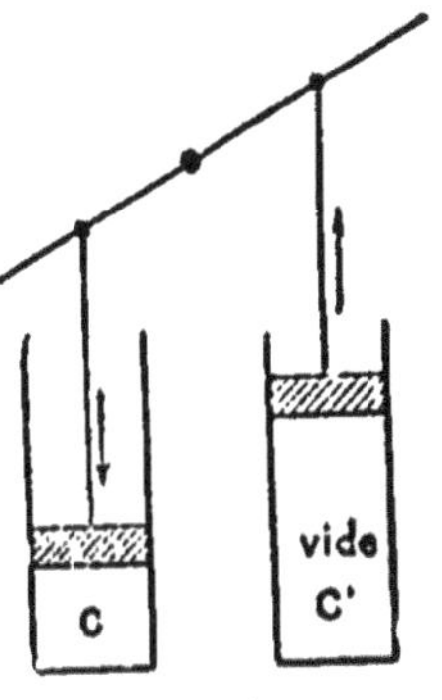

Fig. 74.

Applications des pompes à air. — 1° *Jet d'eau dans le vide.* — Un flacon bouché, incomplètement rempli d'eau et traversé par un tube qui plonge dans le liquide est placé sur

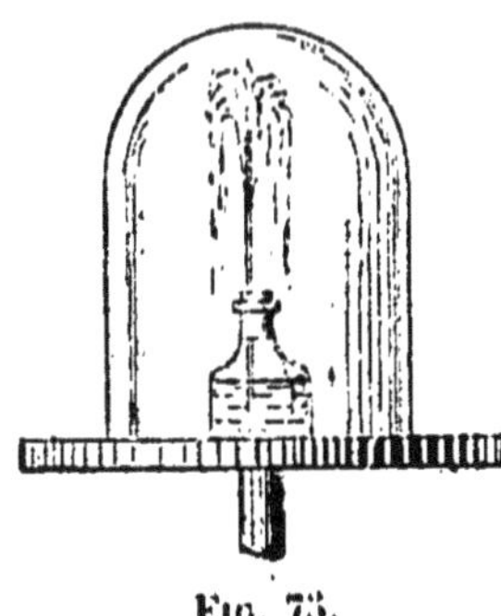
Fig. 75.

la platine de la machine pneumatique. Quand on fait le vide, la force élastique de l'air du flacon refoule l'eau et la fait jaillir par le tube (fig. 75).

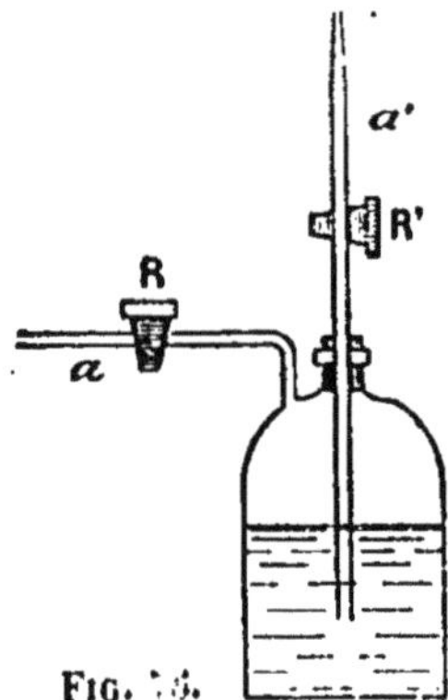

FIG. [illegible]

2° *Fontaine de compression.* — On comprime par *a* de l'air dans un vase contenant de l'eau. On ferme le robinet R, on ouvre le robinet R' qui fermait un tube *a'* plongeant dans l'eau. Le liquide jaillit par l'extrémité ouverte de *a'* (fig. 76).

SIPHON

Supposons un tube coudé plein d'eau (fig. 77) et plongeant par les deux extrémités de ses branches *a* et *a'* dans deux vases d'eau A et A' de niveaux différents :

1° Le liquide s'écoule de A en A'; 2° l'écoulement cesse et l'équilibre s'établit quand les deux niveaux sont dans le même plan horizontal.

Il y a écoulement : c'est donc que la pression sur un élément de *oo'* est plus grande dans le sens *oaa'o'* qu'en sens contraire. Prenons, par exemple, un élément au point le plus haut *ee'*.

(1)
Pression de gauche à droite sur *ee'*.
Elle est la résultante de pressions de sens différents :

1° H exercé à la surface libre de A (H en colonne d'eau);
2° h_1, hauteur de l'eau au-dessus de l'orifice;
3° En sens contraire, $h_1 + h$ (h hauteur de la colonne d'eau du tube *a* que son poids porte à descendre) (signe —);

Cette pression est donc :

$$H + h_1 - (h_1 + h) = H - h.$$

(2) Pression de droite à gauche sur $e\,e'$.

- 1° H exercé sur la surface libre de A' (H en colonne d'eau);
- 2° h'_1.
- 3° En sens contraire : $(h'_1 + h')$ hauteur de la colonne d'eau du tube a' que son poids porte à descendre en A' (signe —);

Cette pression est donc :

$$H + h'_1 - (h_1 + h') = H - h'.$$

Il y aura écoulement de A en A' ou équilibre, si $H + h > (H - h')\, H + h_1 - (h_1 + h) + h' + h'_1 \geqq H + h'_1$; ou en réduisant $h' > h$.

Donc l'écoulement aura lieu de A en A' tant que le niveau de A' sera inférieur à celui de A ; l'*écoulement cessera* quand les deux vases seront au même niveau.

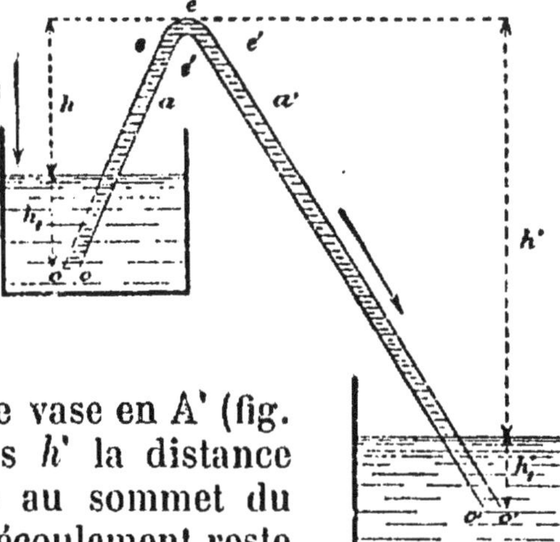

Fig. 77.

S'il n'y avait pas de vase en A' (fig. 78) nous appellerions h' la distance verticale de l'orifice au sommet du tube. La condition d'écoulement reste

$$h' > h$$

Donc : 1° Le vase A se videra complètement, l'orifice $o'o'$ étant plus bas que le fond si oo touche le fond, et jusqu'en oo si oo ne touche pas le fond. Alors le siphon se désamorcera.

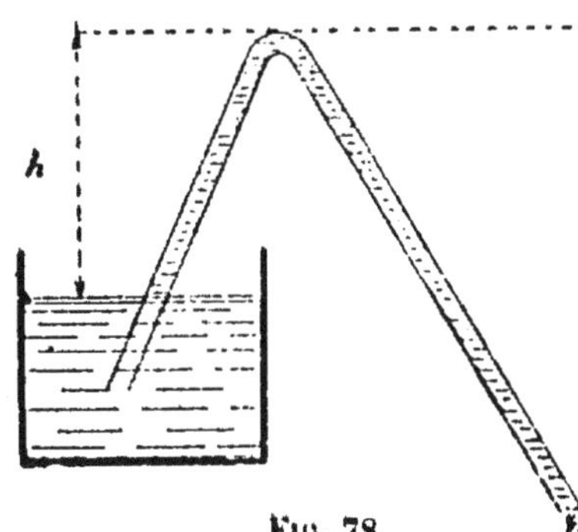

Fig. 78.

2° Le vase se videra jusqu'au niveau de $o'o'$ si $o'o'$ est plus haut que le fond.

Pour que le siphon soit

amorcé, il faut que sa hauteur verticale soit inférieure à celle de la colonne barométrique du liquide à transvaser, sans quoi de chaque côté du tube, le liquide retomberait dans le vase et s'y tiendrait à une hauteur égale à la pression barométrique (fig. 79).

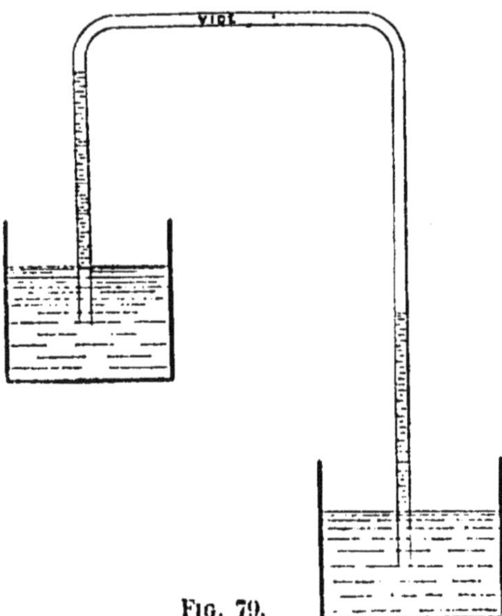

Fig. 79.

Bien que la pression atmosphérique disparaisse dans la formule, elle n'en est pas moins l'agent du mouvement. Quand le liquide s'écoule sous son poids par a' (fig. 77), c'est à cause du vide qui se produit que l'écoulement peut continuer.

Amorçage. — Il faut que le siphon soit rempli d'eau, c'est-à-dire *amorcé.*

On peut amorcer par aspiration à l'une des extrémités ; la pression atmosphérique fait monter le liquide dans le tube où la force élastique de l'air, diminuée par l'aspiration, ne lui fait plus équilibre. Quand l'eau a dépassé *mn*, niveau de la surface de A (fig. 80), le siphon est amorcé.

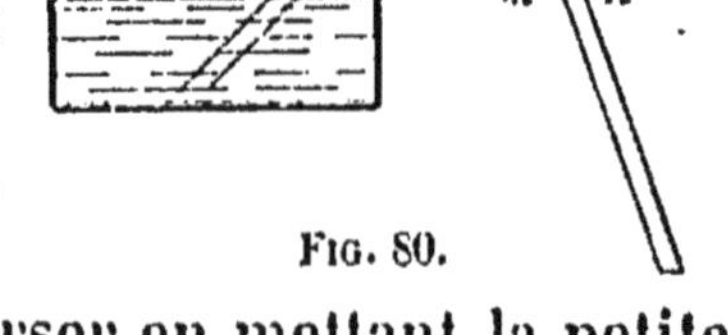

Fig. 80.

On peut encore remplir les deux branches de liquide, boucher avec les doigts et renverser en mettant la petite branche dans A.

Pour les liquides dangereux, on a adapté au siphon

un tube aspirateur à boule, pour que le liquide ne puisse pas arriver dans la bouche (fig. 81).

En aspirant, on bouche au doigt l'orifice *oo*; on l'ouvre quand le liquide descend au-dessous de *ab*.

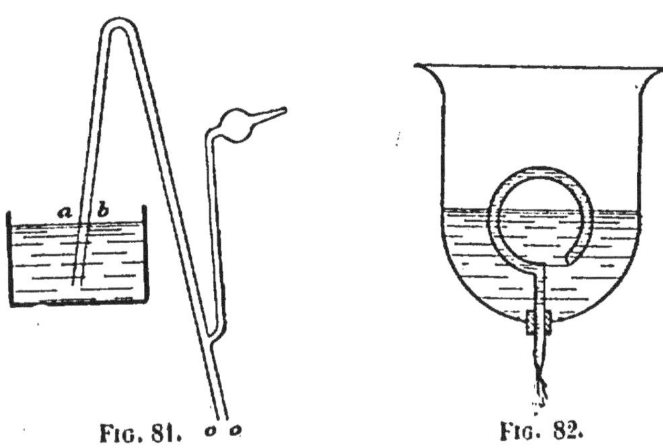

Fig. 81. *o o* Fig. 82.

Applications : 1° *Vase de Tantale.* — C'est un vase contenant un siphon qui s'amorce lui-même quand on emplit le vase (fig. 82).

2° *Fontaine intermittente.* — Soit une source alimentée par une *nappe d'eau souterraine* N. Le conduit de la source forme siphon et a un débit plus grand que l'alimentation de la source par les infiltrations du sol S. La source fonctionne comme le vase de Tantale. d'une manière intermittente, coulant dès que le siphon sera amorcé, s'arrêtant quand il cessera de l'être (fig. 83). Dès que l'eau atteindra *nn*, la source coulera. Elle s'arrêtera dès que le niveau de l'eau sera devenu *cc'*.

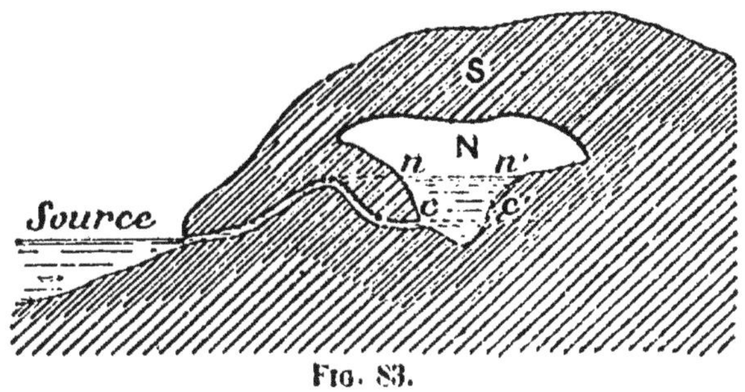

Fig. 83.

CINQUIÈME LEÇON

AÉROSTATS

Extension du principe d'Archimède aux gaz. — *Tout corps plongé dans un gaz éprouve de bas en haut une poussée verticale égale au poids du gaz déplacé.*

Vérification expérimentale. Baroscope. — Deux sphères creuses du même poids, mais de volumes très différents, sont suspendues aux deux extrémités d'un fléau de balance. On établit l'équilibre dans l'air en faisant glisser l'une des sphères le long du fléau (fig. 84). On place ensuite l'appareil sous le récipient d'une ma-

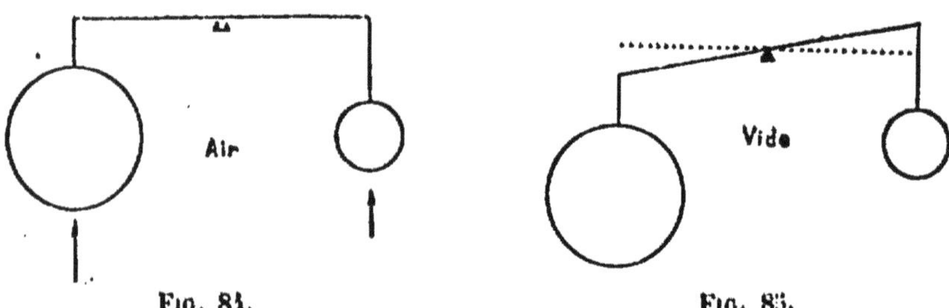

Fig. 84. Fig. 85.

chine pneumatique, et on fait le vide. On supprime ainsi la poussée de l'air. Le fléau se penche du côté de la plus grosse boule, car c'est elle qui supportait la plus forte poussée (fig. 85).

Conclusion. Tout corps plus léger que son volume d'air

éprouvera une poussée supérieure à son poids; il tendra donc à monter. Ainsi, on avait observé depuis longtemps l'ascension de la fumée et de courants d'air chaud plus dilaté et par conséquent plus léger que l'air ordinaire, au-dessus d'un foyer.

Montgolfier utilisa cette force ascensionnelle de l'air chaud pour enlever le premier des corps lourds dans l'atmosphère.

Aérostats. — Les aérostats sont des corps dont le poids est moindre que celui de l'air déplacé et qui, par suite, s'élèvent dans l'atmosphère. On distingue les aérostats gonflés à l'air chaud (*montgolfières*) et les aérostats gonflés par un gaz plus léger que l'air (hydrogène, gaz d'éclairage) : ce sont les *ballons*.

Les montgolfières sont abandonnées à cause des dangers d'incendie.

Les ballons du parc de Meudon sont constitués par une enveloppe sphérique formée de fuseaux de soie de Chine collés et cousus. A la partie inférieure, se trouve une ouverture allongée appelée *manche* qui sert à l'introduction du gaz. A la partie supérieure se trouve une soupape. Le ballon est entouré d'un filet qui supporte une nacelle destinée à recevoir les aéronautes et le lest; une corde permet d'ouvrir la soupape de la nacelle.

Force ascensionnelle. — La force ascensionnelle d'un ballon est égale à la différence entre le poids de l'air déplacé et le poids total du ballon.

Soit P le poids de l'air déplacé, p celui du gaz contenu dans le ballon, p' celui de l'enveloppe, p'' celui des agrès, du lest, des aéronautes, etc... On a :

$$f = P - p - p' - p''$$

On règle au départ cette force ascensionnelle de façon qu'elle ne soit que de quelques kilos. On charge pour cela la nacelle de sacs de sable.

Variations de la force ascensionnelle pendant l'ascension. — On a soin, au départ, de ne pas gonfler complètement le ballon. En effet, quand il arrive dans les hautes régions de l'atmosphère, la pression atmosphérique diminue. Si l'enveloppe était entièrement gonflée, elle éprouverait de la part du gaz intérieur un excès de pression qui pourrait la rompre.

Supposons donc le ballon incomplètement gonflé. A mesure qu'il s'élève, la pression atmosphérique diminue et son volume augmente; mais en même temps la densité de l'air extérieur diminue, l'air déplacé pèse moins : les deux effets se balancent, et la force ascensionnelle ne varie pas de ce chef. Mais les agrès du ballon ont un volume constant, et la poussée qu'ils éprouvent est moindre. De plus, il s'accomplit toujours à travers l'enveloppe des phénomènes d'endosmose par suite desquels une partie du gaz intérieur s'échappe et est remplacée par du gaz extérieur.

Ces deux causes tendent à diminuer la force ascensionnelle. Si l'on veut continuer à monter, il faut jeter de temps en temps une partie du sable.

Quand on veut descendre, on ouvre la soupape du ballon.

AÉROSTATION MILITAIRE

Ballons captifs. — Dès leur apparition, on comprit l'utilité des aérostats pour observer les positions et les mouvements de l'ennemi. Une compagnie d'aérostiers fut formée, qui rendit bien des services en Belgique et sur le Rhin : elle contribua à la prise de Charleroi et, le lendemain, à la victoire de Fleurus (1794).

Mais les aérostats étaient mal suspendus, et l'on était obligé de les transporter tout gonflés à leur poste d'observation, car on ne pouvait pas fabriquer leur gaz sur place. Ils coûtaient cher; aussi la compagnie des aérostiers ne fut pas rétablie quand elle eut perdu son matériel en Egypte.

Aujourd'hui, le ballon captif militaire est parfaitement organisé pour pouvoir au besoin faire une ascension libre. Bien suspendue, sa nacelle reste horizontale et ne tourne pas autour de son axe. Une soupape particulière permet de le vider très rapidement à terre, ou de ne laisser échapper que de faibles quantités de gaz pendant le voyage. Son diamètre est de 10^{m} et il peut être rempli et prêt à monter dans les parcs d'armée une demi-heure après l'ordre reçu.

L'hydrogène est fabriqué sur place à l'aide d'appareils rapides (parcs de forteresse) ou emmagasiné dans des tubes très résistants sous une pression d'environ 200 atmosphères (parcs d'armée).

Une voiture sert de treuil à vapeur pour permettre l'ascension et la descente rapide.

Les parcs d'armée comprennent :

2 aérostats de 10^{m};
1 aérostat plus petit;
1 voiture d'agrès;
1 voiture-treuil;
20 voitures porte-tubes.

La voiture porte-tubes contient 8 tubes : il en faut 2 pour gonfler un ballon de 10^{m}. Le parc de forteresse comporte des ballons analogues, mais il fabrique son hydrogène sur place à l'aide d'appareils portatifs.

Ballons dirigeables : *Mouvement possible d'un ballon par rapport à la masse d'air où il baigne.* — Un ballon captif ne peut suivre le vent; aussi est-il très sensible à son influence. L'air se déplace autour de lui.

Un ballon libre, au contraire, est entraîné par la masse d'air où il est plongé; il prend une vitesse exactement égale et reste dans un repos complet par rapport à elle.

Aussi l'aéronaute ne sent-il aucun vent, et les banderoles d'étoffe pendent verticalement, même dans un ballon emporté par l'ouragan. Seulement la terre, sous la nacelle, semble fuir.

Au repos par rapport à l'air, l'aéronaute, en maniant des rames ou en faisant tourner une hélice avec une vitesse suffisante, peut prendre appui sur cet air pour se déplacer dans ce milieu par rapport à lui : cela est possible, car l'air est résistant.

Mais un ballon capable de se mouvoir dans l'air calme avec une vitesse de s^m n'est dirigeable, c'est-à-dire capable d'aller d'un point à n'importe quel point de l'horizon, que si la vitesse du vent est inférieure à s^m.

En effet, supposons qu'on veuille le diriger du point

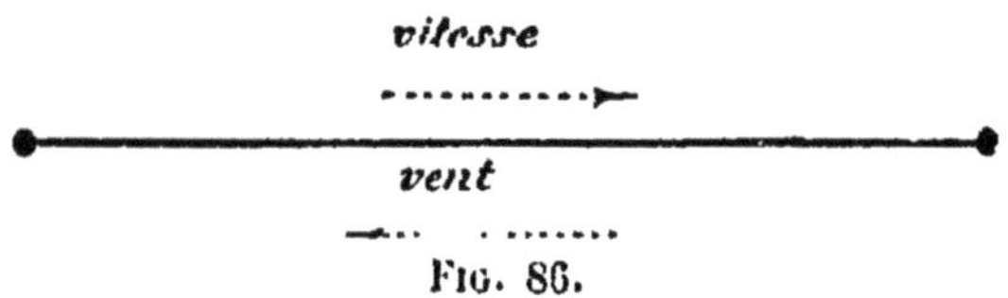

Fig. 86.

A sur le point B (fig. 86) situé dans la direction d'où vient le vent. Dans la masse d'air en mouvement, il fera s^m à la seconde vers B. Mais cette masse elle-même fait v^m et l'entraîne. Il fait donc $(s-v)$ mètres et reste stationnaire ou recule suivant que $s-v \gtreqless o$.

Aérostat avec filet.

Gouvernail

Hélice

Nacelle

Fig. 86 *bis*. — Aérostat dirigeable *La France*.

Le ballon dirigeable *la France*, construit par les capitaines Renard et Krebs, est, comme sa nacelle, construit en forme de cigare à deux pointes. A l'avant de la nacelle une hélice de 7^m de diamètre ; à l'arrière, un gouvernail en soie. L'hélice est actionnée par un moteur à la fois très puissant et très léger, construit exprès (pile Krebs et machine de Gramme). Il a pu atteindre jusqu'à 6^{m}20 de vitesse propre et plusieurs fois revenir atterrir à son point de départ après un parcours de plusieurs kilomètres. On espère atteindre prochainement une vitesse de 12^m,50, ce qui permettrait de diriger l'appareil 8 fois sur 10.

CHALEUR

Dilatation des corps.

Lorsqu'on chauffe un corps solide, liquide ou gazeux, il se dilate.

Expériences. — 1° Pour les solides.

a) *Dilatation linéaire : Pyromètre à levier* (fig. 87). — Barre métallique dont l'allongement, multiplié par un

Fig. 87.

levier, est rendu sensible par le déplacement d'une aiguille sur un cadran.

b) *Dilatation cubique. Anneau de S'Gravesande* (fig. 88). — Une boule passe exactement dans un anneau de même métal. Chauffons-la et plaçons-la sur l'anneau : elle ne passe plus tant qu'elle n'est pas refroidie.

Les *solides creux* se dilatent à l'extérieur comme s'ils étaient pleins; à l'intérieur, le vide augmente comme augmenterait un solide de la substance et de la forme de l'enveloppe.

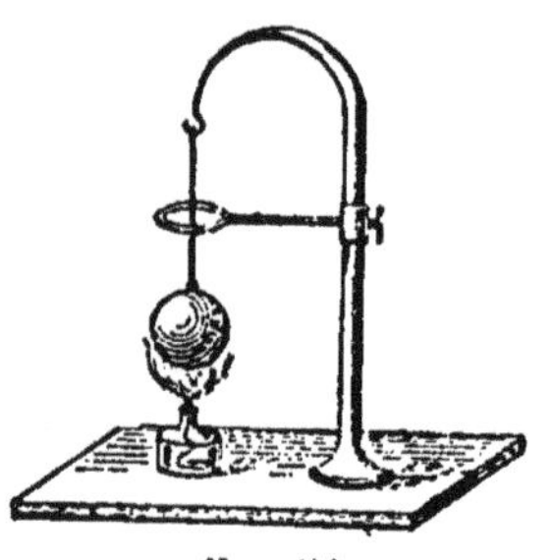

Fig. 88.

2° **Pour les liquides.** — En chauffant un liquide, le vase qui le contient se dilate d'abord : on observe un abaissement de niveau. Puis, le liquide s'échauffant à son tour, son niveau monte plus haut qu'avant. — Les liquides sont donc bien plus dilatables que les solides.

Expérience du ballon à tube fin, index en papier. (Voir la figure 89.)

Fig. 89.

3° **Pour les gaz.** — Les gaz manifestent de deux façons différentes la chaleur qu'on leur donne en les chauffant.

1° Si on maintient leur pression constante, ils se dilatent, et beaucoup plus que les solides et les liquides.

On met un gaz dans un ballon prolongé par un tube très fin fermé par un index de mercure qui s'y tient grâce à la capillarité.

On chauffe légèrement : l'index se déplace beaucoup.

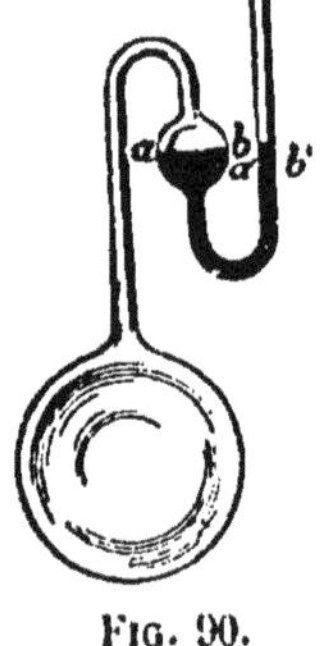

Fig. 90.

2° Si on maintient le volume constant, la force élastique augmente sensiblement. Exemple : ballon terminé par un tube deux fois coudé plein d'air à la température et à la pression ordinaires. Le niveau du mercure est en *a' b'* sur le même plan horizontal En chauffant, le volume change peu, mais le mercure monte beaucoup (fig. 90).

THERMOMÈTRES

Le toucher ne saisit bien que les différences d'état calorifique de deux corps, mais ses impressions dépendent de l'état des organes et ne sont ni comparables, ni mesurables.

Les changements de volume peuvent donner des notions bien plus nettes, comparables entre elles et mesurables. Ce sera par eux qu'on distinguera les états calorifiques des corps.

Définition de la température. — On dit que la température d'un corps augmente ou diminue quand, mis en présence d'une source de chaleur, son volume augmente ou diminue.

Deux corps seront à la même température quand, mis en contact, ils ne changeront pas de volume.

A sera dit d'une température supérieure à B quand, mis en contact, A diminuera de volume et B augmentera.

Le **thermomètre** est un corps A dont les dilatations, faciles à observer et à mesurer, servent à évaluer la température des autres corps.

Mis au contact d'un autre corps B, il finit par ne plus gagner ni perdre de volume. A ce moment il est, d'après la définition, à la température du corps B.

Pour qu'il ne modifie pas sensiblement par son contact le volume et par conséquent la température de B, il convient qu'il soit de petite masse.

Le thermomètre usuel est le thermomètre à mercure. Un petit cylindre de verre prolongé par une tige très fine contient du mercure. Le liquide monte ou descend dans la tige suivant les variations de température.

Emplissage du thermomètre. — L'enveloppe est livrée sous la forme indiquée par la figure 91 ; la pointe de la boule B est fermée à la lampe.

Pour l'emplir : 1° on brise la pointe de B, on chauffe R et on introduit la pointe de B dans le mercure. Le refroidissement, contractant l'air de R, fait monter du mercure dans la boîte B ;

2° On chauffe à différentes reprises R : l'air s'échappe par B et est peu à peu remplacé par du mercure dont une partie finit par arriver dans R ;

3° On chauffe ce mercure ; ses vapeurs finissent par chasser complètement l'air, et le refroidissement amène le mercure de B dans le réservoir.

Il ne reste plus qu'à graduer.

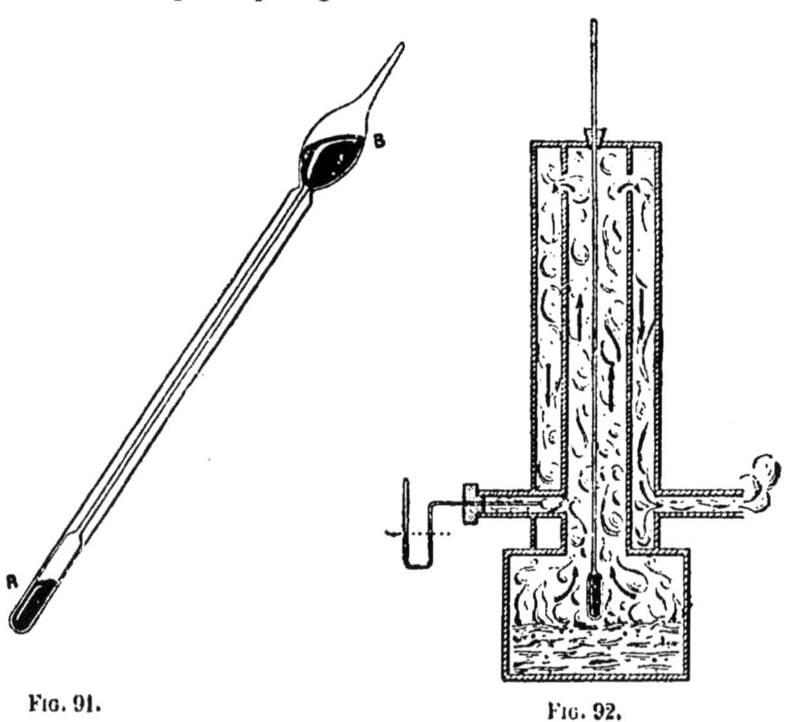

Fig. 91. Fig. 92.

Graduation du thermomètre centigrade. — On choisit des températures *fixes*, c'est-à-dire des températures de milieux tels que les corps qui y sont plongés ne changent pas de volume (glace fondante, vapeur de l'eau bouillante sous la pression ordinaire).

On désigne ces températures fixes par des nombres arbitraires qui représenteront leur degré de température, 0 et 100, par exemple, pour la glace et l'eau bouillante.

On plonge l'instrument dans de la glace fondante (vase percé où est un mélange de neige et d'eau), et on marque 0° au point où le liquide se fixe.

On le porte ensuite dans une étuve où il plonge dans la vapeur d'eau bouillante (fig. 92). Pour éviter le refroidissement de cette vapeur, on la force à circuler autour des parois du vase où plonge la tige. — Un petit manomètre permet de vérifier qu'elle est bien à la pression atmosphérique, et de corriger les différences. — On marque 100° au point de la tige où le mercure se fixe. On convient que quand le mercure s'arrêtera à la division *n* on dira que la température est de *n* degrés. On mettra le signe — devant les degrés au-dessous de 0.

Thermomètre à alcool. — Utile pour les températures moyennes ou très basses. Le zéro se trouve comme pour le thermomètre à mercure. On ne cherche pas 100°, car l'alcool est réduit en vapeurs à cette température. On marque à un point de la tige la température de 50° ou 60° à laquelle s'est fixée un thermomètre à mercure placé près du thermomètre à alcool dans le même milieu.

Diverses échelles thermométriques. — On n'a pas partout choisi les mêmes points fixes. Ainsi, le *thermomètre Réaumur* marque 0° dans la glace fondante et 80° dans la vapeur d'eau bouillante (Allemagne).

Une simple règle de trois permet de passer d'une graduation à l'autre :

100° centigrades valent 80° Réaumur.

1° — vaut $\frac{4}{5}$ —

n_c — valent $\frac{4}{5} n_c$ ou n_r Réaumur.

On a donc d'une manière générale :

$$n_r = \frac{4}{5} n_c$$

$$n_c = \frac{5}{4} n_r$$

Dans le *thermomètre Fahrenheit* (Angleterre), la température de la glace fondante est marquée 32°, celle de la vapeur d'eau bouillante 212°.

100° centigrades valent 212—32 degrés Fahrenheit.

1° — vaut $\frac{212-32}{100} = \frac{18}{10}$ —

C — valent $\frac{18}{10}$ C —

Ces degrés doivent être ajoutés au-dessus de la température Fahrenheit de la glace fondante, c'est-à-dire 32.

Donc $$F = 32 + \frac{18}{10} C$$

Thermomètre à maxima. — Un thermomètre à mercure maintenu horizontal pousse devant lui un pe-

Fig. 92 *bis*. — T température actuelle; M température maxima.

tit index de fer quand il monte, l'abandonne quand il se retire, car il ne le mouille pas. On le ramène quand on veut au contact du mercure avec un aimant.

Thermomètre à minima. — Un thermomètre à alcool

maintenu horizontal embrasse quand il descend un petit index de verre qu'il mouille parfaitement ; l'index

Fig. 92 *ter*. — T température actuelle; M température minima.

ne peut dépasser le niveau. Quand il monte, au contraire, il le laisse au sein du liquide.

Déplacement du zéro. — Lorsqu'un thermomètre a été construit depuis un certain temps, placé dans la glace fondante et dans l'étuve il marque un peu plus que 0° et 100°.

Ce fait est attribué à une diminution lente de volume du réservoir. On note de quelle quantité le zéro s'est déplacé et on ajoute ce nombre aux degrés lus sur la graduation.

Choix d'un thermomètre de précision. — Thermomètre à air — Pour les expériences de précision, les thermomètres à liquide, à cause des enveloppes toujours un peu différentes les unes des autres, ne sont pas tout à fait comparables entre eux.

Si la substance thermométrique est un gaz, sa dilatation est si grande que les différences entre les dilatations des enveloppes deviennent pratiquement négligeables.

Deux thermomètres à air sont toujours comparables entre eux: l'expérience l'a montré.

On adoptera donc le thermomètre à air comme thermomètre normal.

Le thermomètre à air peut être de deux sortes :

Si la pression atmosphérique reste constante, on évaluera la température par la *variation de volume de l'air sous pression constante.* Mais il y a une difficulté pratique. Pour voir le déplacement de l'index (fig. 93) on est amené souvent à mettre la tige hors du milieu et l'air de la tige n'est plus à la température du milieu.

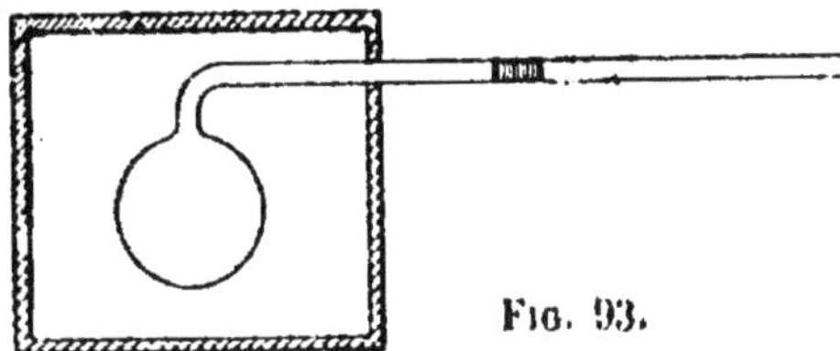

Fig. 93.

Aussi adopte-t-on plutôt la disposition suivante.

Thermomètre à air ou thermomètre normal. — On fait en sorte que le volume reste constant. Pour cela, on ajoute du mercure dans la branche B (fig. 94), de manière que le niveau reste toujours en ab dans la branche A.

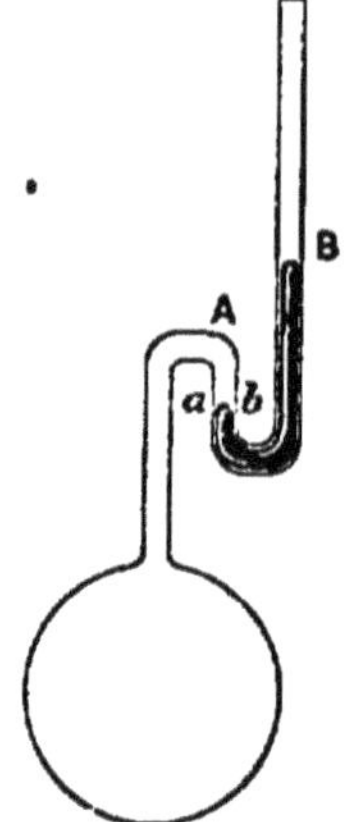

Fig. 94.

Le degré de température sera la variation de température qui produit sur une masse d'air assujettie à garder un volume constant, une variation de force élastique égale au centième de celle qu'elle éprouve entre la température de la glace fondante et celle de la vapeur d'eau bouillante, sa force élastique dans la glace fondante étant de 760mm (Cette variation de 0° à 100° est de 28 centimètres de mercure).

Mesure des dilatations. — 1° *Dilatation des solides.* — L'expérience prouve qu'une barre métallique subissant des variations de température peu considérables (entre 0° et 150° par exemple) éprouve des allongements sensiblement proportionnels aux variations de température.

Le *coefficient de dilatation linéaire* d'une barre solide est le nombre qui exprime l'allongement de l'unité de longueur de la barre quand la température varie de 1°.

Soit δ le coefficient de dilatation linéaire.

Par définition une barre de 1m, pour une élévation de température de 1° s'allonge de δ ; pour une élévation de température de 2°, elle s'allonge de $2\,\delta$; pour une élévation de température de t degrés, elle s'allonge de $t\delta$.

Une barre de longueur L_0 à 0° s'est allongée pour une élévation de température de t degrés de $L_0\delta t$.

Donc une barre de longueur L_0 à 0° est devenu, à t degrés :

$$L = L_0\,(1 + \delta t)$$

$1 + \delta t$ s'appelle le *binôme de dilatation.* La formule permet de résoudre le problème inverse, car en se refroidissant à 0 la barre reprend exactement la longueur primitive :

$$L_0 = \frac{L}{1 + \delta t}$$

De même à t'

$$L = L_0 (1 + \delta t)$$
$$L' = L_0 (1 + \delta t')$$
$$\frac{L}{L'} = \frac{1 + \delta t}{1 + \delta t'}$$

Le *coefficient de dilatation cubique* d'un corps est l'accroissement de l'unité de volume de ce corps quand la température varie de 1°. Elle est indépendante de la forme du corps. Les formules suivantes s'établissent comme pour le coefficient de dilatation linéaire :

$$V = V_0 (1 + kt)$$
$$\frac{V}{V'} = \frac{1 + kt}{1 + kt'}$$

Considérons l'unité de volume d'un cube du corps à 0°. Portons le à 1° Le volume V devient, par définition du coefficient, $1 + k$, quelle qu'ait été la forme du corps. Le corps a encore sa forme cubique, et son arête est devenue, par définition de δ $(1 + \delta)$; son volume : $(1 + \delta)^3$

Donc $$1 + k = (1 + \delta)^3$$
$$K = 3\delta + 3\delta^2 + \delta^3$$

Mais les différents coefficients δ sont tous très petits. Ils ont tous au moins quatre zéros avant le premier chiffre significatif des décimales, comme le coefficient de dilatation du fer, par exemple, pour lequel :

$$\delta = 0.000012$$
$$3\delta^2 = 0.000.000.000.432$$
$$\delta^3 = 0.000.000.000.000.001.728.$$

Pratiquement, le coefficient de dilatation cubique est le triple du coefficient de dilatation linéaire.

$$K = 3\delta$$

On peut donc ne mesurer que l'un des deux coefficients.

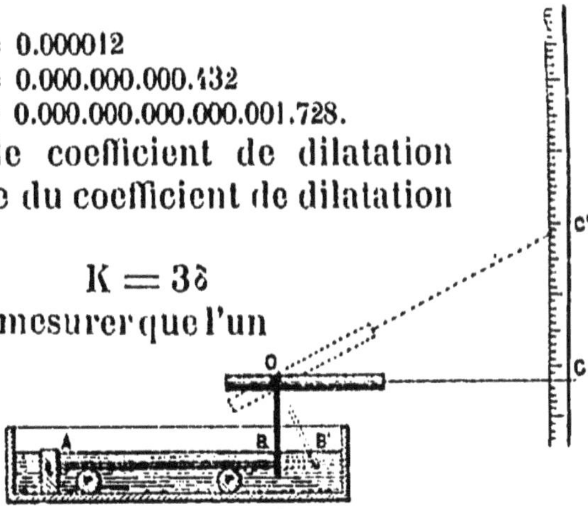

Mesure des coefficients de dilatation linéaire des solides (principe de la méthode de Lavoisier et Laplace) (fig. 95).

Fig. 95.

— Une barre AB de 2^m de long environ est placée sur des rouleaux r. Une de ses extrémités A bute contre un talon t, l'autre B contre la petite branche d'un levier coudé BOC mobile dans un plan vertical autour de O. La grande branche se déplace le long d'une échelle graduée située dans ce plan vertical. La barre étant à 0° dans la glace fondante, on remplace la glace par un bain à 2°. La barre éprouve un allongement BB' et OC devient OC'. Les triangles semblables BOB', COC' donnent :

$$BB' = CC' \frac{OB}{OC}$$

Il suffira de mesurer à chaque expérience CC' sur l'échelle et de le multiplier par le rapport constant $\frac{OB}{OC}$ des deux bras de levier.

La grande branche du levier était le rayon visuel passant par l'axe d'une lunette mobile autour de O et visant la mire éloignée de 200^m environ et dont on pouvait lire les divisions grâce à la lunette.

On avait $$\frac{OB}{OC} = \frac{1}{744}$$

Résultats. — L'expérience montre qu'entre 0° et 100° les allongements des barres sont sensiblement proportionnels aux élévations de température. Au-dessus de 100°, les allongements réels sont un peu plus grands que ne l'indique cette règle. — Les coefficients de dilatation d'une même substance peuvent être modifiés par des actions mécaniques (martelage) ou des alternatives de chaleur forte et de refroidissement (trempe).

2° *Dilatation des liquides et des gaz.* — On trouve que les coefficients de dilatation des liquides sont plus grands (10 fois plus environ) que ceux des solides.

Le coefficient de dilatation cubique des gaz est le

même pour tous : il est égal à 0.00367 ou $\frac{1}{273}$. — On trouve que quelques liquides présentent des anomalies dans leur dilatation : ainsi quand on chauffe l'eau de 0° à 4°, son volume diminue pour croître ensuite d'une manière continue au delà de 4°. On dit que l'eau a un *maximum de densité* à 4°. (C'est pour cela que l'on prend l'eau à 4° pour définir le gramme).

Calculs relatifs aux dilatations. — 1° Les densités d'un même corps à 2 températures t et t' sont inversement proportionnelles à leurs binômes de dilatation.

Soit un poids P d'un corps, V et D son volume et sa densité à t ; V' et D' son volume et sa densité à t' :

$$P = VD = V'D'$$

$$\text{D'où } \frac{D}{D'} = \frac{V'}{V}$$

Mais $\frac{V'}{V} = \frac{1 + \alpha t'}{1 + \alpha t}$ Car les volumes d'une même masse de gaz sous la même pression sont entre eux comme les binômes de dilatation. (Voir les calculs pour la dil. cubique.)

Donc $\frac{D}{D'} = \frac{1 + \alpha t'}{1 + \alpha t}$ — ou les densités sont inversem. prop. aux binômes de dilatation.

2° Relation entre les volumes d'une masse gazeuse quand la pression et la température changent.

Soit V le volume d'une masse gazeuse à la température t et à la pression H ; V' ce volume à la température t' et à la pression H'.

Pour passer de V à V', comprimons d'abord à température constante jusqu'à la pression H'. La loi de Mariotte donne :

$$V H = V_1 H'$$

Ce volume V_1, dilatons-le en le portant de t à t' sous la pression constante H' ; on a :

$$\frac{V_1}{V'} = \frac{1 + \alpha t}{1 + \alpha t}$$

$$\text{d'où } V' = V \times \frac{H}{H'} \times \frac{1 + \alpha t'}{1 + \alpha t}$$

Cette formule peut s'écrire plus simplement :

$$\frac{V\,H}{1 + \alpha t} = \frac{V'\,H'}{1 + \alpha t'} = \text{constante.}$$

Etant donnée une masse de gaz, le produit du volume par la pression divisé par le binôme de dilatation est une quantité constante.

CONDUCTIBILITÉ

On dit que la chaleur se propage par *conductibilité* quand elle gagne de proche en proche et lentement à travers les molécules du corps. La conductibilité des diverses substances pour la chaleur est très différente (fer, charbon, bois).

1° *Conductibilité des solides.* — On compare les conductibilités au moyen de l'appareil d'Ingenhousz. Des tiges de différentes substances, de longueur et de diamètre égaux, sont enfoncées de longueurs égales dans une boîte où on verse de l'eau bouillante. Ces tiges sont couvertes de cire. La cire fond jusqu'au bout pour l'argent, fond à peine pour le bois (fig. 96).

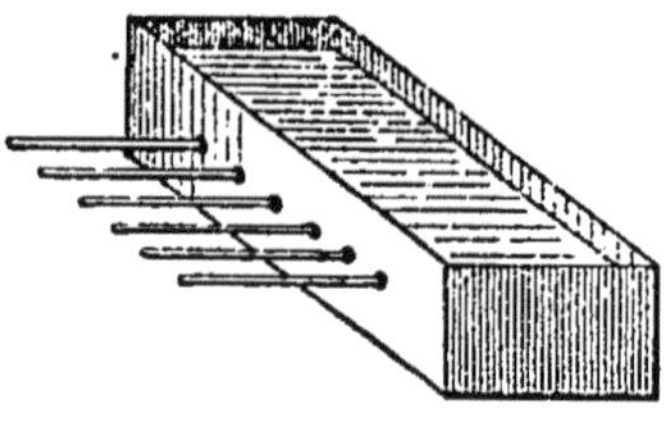

Fig. 96.

On constate que les métaux sont bons conducteurs; les deux corps qui conduisent le mieux la chaleur sont l'argent et le cuivre. Les verres, les poteries, le charbon, le bois, sont mauvais conducteurs.

2° *Conductibilité des liquides.* — Elle est très faible. Si on chauffe de l'eau placée dans une éprouvette par la partie supérieure (on entoure cette partie d'un manchon dans lequel on met des charbons ardents), on constate que l'eau peut bouillir en haut sans qu'un thermomètre placé au fond du liquide indique une élévation de température (fig. 97).

Quand on chauffe un vase rempli d'eau par la partie inférieure, c'est grâce aux courants qui se produisent

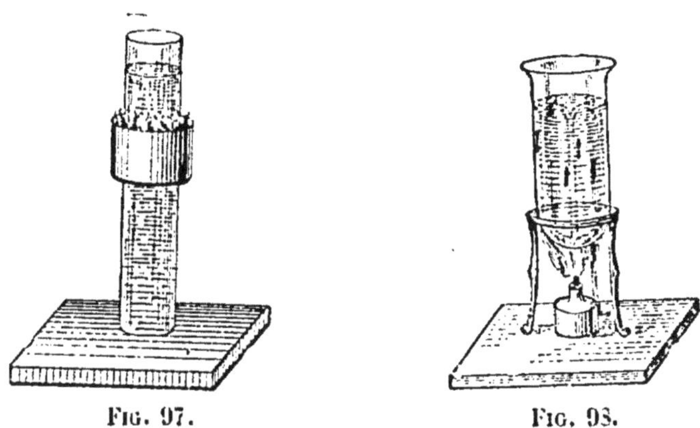

Fig. 97. Fig. 98.

par suite de la différence des densités entre les couches chaude et froide du liquide, que la masse totale s'échauffe. — On peut mettre en évidence l'existence de ces courants en mettant de la sciure de bois dans le liquide (fig. 98).

3° *Conductibilité des gaz.* — Les gaz sont encore plus mauvais conducteurs que les liquides. C'est ce qui explique l'utilité des fourrures, de la laine, etc.. pour protéger du refroidissement ou même du réchauffement dans certains cas (conservation de la glace).

Applications usuelles de la conductibilité. — Si par un temps froid on applique la main sur un morceau de fer, puis sur un morceau de bois à la même température, le fer semble plus froid que le bois : c'est que la chaleur communiquée par la main s'est répandue dans toute la masse : il ne s'est donc pas échauffé sensiblement à l'endroit du contact comme le bois, où la chaleur communiquée par la main est restée à la surface et lui a donné presque immédiatement la température de la main.

Inversement, le cuivre chaud produit des brûlures plus fortes que du bois ou du fer à la même température.

Propriété des toiles métalliques. — Plaçons une toile métallique au-dessus d'une bougie ou d'un bec de gaz allumé, la flamme ne traverse pas la toile; les gaz la traversent, car on peut les allumer au-dessus avec la flamme d'une allumette. Cela tient à ce que la toile métallique refroidit les gaz sans s'échauffer elle-même beaucoup à cause de sa grande conductibilité.

Application : lampe des mineurs (fig. 99). — Elle ne communique avec l'atmosphère que par une toile métallique. Si le mineur est au milieu d'un mélange détonant d'air et de *grisou* (gaz hydrogène carboné) la flamme de la lampe produit une détonation à l'intérieur de la lampe, mais, grâce à la toile métallique, la flamme ne se communique pas au dehors, et l'explosion de la mine n'a pas lieu.

Fig. 99.

Conservation de la chaleur. — Les gaz étant très peu conductibles, les corps qui les retiennent en les immobilisant sont les meilleurs pour conserver la chaleur. — Exemples : fourrures, laines, édredons, etc...

SIXIÈME LEÇON

CHANGEMENTS D'ÉTAT

Nous avons dit que la même substance peut se présenter sous des états différents. Exemple : glace, eau, vapeur.

De même des corps différents, liquides ou gazeux, peuvent se mélanger : un liquide peut absorber un solide ou un gaz ou le restituer.

Tous ces phénomènes sont des *changements d'état.*

FUSION

Considérons un solide, du plomb par exemple, et chauffons-le. Sa température augmente ; à un moment donné, une partie d'abord puis peu à peu toute la masse devient liquide. Pendant tout ce temps, la température reste stationnaire. C'est la fusion. Quand elle est achevée, la température monte de nouveau.

On a constaté par l'expérience que tous les corps sont susceptibles de fusion, pourvu qu'on dispose d'une source de chaleur à une température suffisante. Ainsi les corps les plus rebelles à la fusion, les plus *réfractaires*, le quartz, la platine, l'alumine, la magnésie, ont été fondus. Le charbon a été ramolli.

Lois de la fusion. — 1° Un même corps, sous la même pression, fond toujours à la même température, dite température de fusion du corps;

2° Cette température se maintient constante pendant toute la durée de la fusion.

Exceptions apparentes à la première loi : fusion à des températures plus basses sous l'influence de la pression. — La glace comprimée se liquéfie au-dessous de zéro. Quand la pression cesse, l'eau produite regèle immédiatement. C'est le **regel.**

Expériences : — 1° On comprime entre deux planches creusées en forme de lentille des morceaux de glace concassés. On obtient un bloc unique parfaitement transparent. Sous l'influence de la pression, l'eau se liquéfiait au-dessous de zéro et coulait dans les intervalles, où, revenue à la pression ordinaire, elle se solidifiait : ainsi ont été comblés tous les vides;

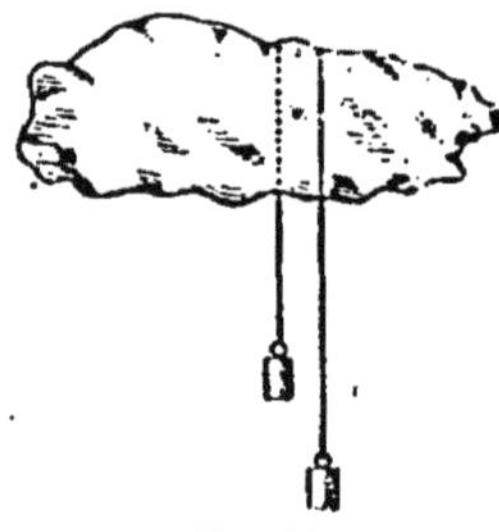

Fig. 100.

2° Un fil tendu par deux poids traverse un morceau de glace sans le couper, car l'eau produite regèle par dessus (fig. 100);

3° La fusion de la glace sous pression explique la possibilité de la marche des glaciers : la masse de glace glisse sur l'eau de surfusion qui la sépare du sol.

SOLIDIFICATION

Si on refroidit un liquide suffisamment, on arrive en général à le solidifier.

Les lois de la solidification sont celles de la fusion :

1° Un liquide à la même pression se solidifie toujours

à la même température. Cette température de solidification est la température de fusion du solide formé ;

2° Cette température se maintient constante, quelque énergique que soit le refroidissement, pendant toute la durée de la solidification ;

3° Si la solidification se fait lentement, il se produit le plus souvent des cristaux de formes géométriques dans le sein de la masse. (Exemple : soufre fondu dans un creuset.)

Exceptions à la première loi . surfusion. — Le plus souvent, une masse *entièrement liquide* commence à se solidifier à la température de solidification. Quelquefois on peut abaisser la température beaucoup au-dessous de ce point. Mais si on introduit dans le liquide surfondu une parcelle du solide dans lequel le liquide peut se transformer : 1° à cette température, *instantanément*, la solidification se produit pour une partie d'autant plus grande du liquide que la température f_1 était plus au-dessous du point de solidification f; 2° en même temps, toute la masse solide et liquide prend brusquement la température f; 3° la solidification continue *lentement* pour le reste du liquide à la température f.

On réalise la surfusion de l'eau et on la maintient solide jusqu'à —20°, en la plaçant dans des tubes capillaires ou en suspendant des gouttes d'eau dans un liquide de même densité (mélange d'huile et de chloroforme). Mais qu'un cristal de glace vienne à la toucher, cette eau se congèle immédiatement et la température s'élève.

L'élévation soudaine de température au moment de la solidification est due à la mise en liberté instantanée de la chaleur latente du liquide solidifié. Dégagée d'un seul coup en chaque point de la masse et transformée en chaleur sensible au thermomètre, elle peut élever d'un seul coup la température de toute la masse.

Changements de volume pendant la fusion et la solidifica-

tion. — La plupart des liquides éprouvent une diminution de volume en se solidifiant; l'eau fait exception : son volume augmente.

Application : — Pour briser de vieux projectiles, on les remplit complètement d'eau; on les bouche avec un tampon solide et on les abandonne au froid de l'hiver. L eau, en se refroidissant, tend à augmenter de volume, et, si le froid est assez vif, elle brise les projectiles et se transforme en glace.

CHALEUR DE FUSION

Quand on chauffe un corps en train de se liquéfier, quelle que soit l'énergie du foyer, la température reste constante jusqu'à ce que le corps soit tout entier fondu, l'énergie du foyer ne sert qu'à rendre la fusion plus rapide. Que devient la chaleur fournie? Elle est absorbée tout entière par le travail intérieur nécessaire à la transformation du solide en liquide. Elle sert à vaincre les forces de cohésion qui enchaînaient les molécules les unes aux autres et à leur rendre l'état de mobilité relative qu'elles ont dans les liquides.

On appelle cette chaleur : *chaleur de fusion*. Elle est assez considérable. Ainsi, pour l'eau, la chaleur de fusion est 79 cal.,2, la *calorie* étant la quantité de chaleur nécessaire pour élever de 1 degré la température de 1 kilo d'eau. Ainsi, la seule transformation de 1 kilo de glace à 0° en eau à 0° exige la chaleur nécessaire pour échauffer à 79° 1 kilo d'eau à 0°.

Cette chaleur absorbée pendant la fusion doit être *rendue* à la solidification. — C'est pour cela que, quelle qu'elle soit, l'énergie de la source refroidissante ne peut qu'accélérer la solidification : le corps, grâce à la chaleur de solidification qui se dégage, garde une température constante.

La chaleur de solidification, c'est la chaleur de fusion qui se dégage.

DISSOLUTION

La dissolution est une sorte de fusion particulière. Elle se produit quand un solide, mis en contact avec un liquide, se mélange intimement à lui et disparaît dans sa masse.

1° Les différents corps sont inégalement solubles dans les différents liquides ;

2° La quantité de substance dissoute, ou la solubilité du solide, augmente en général avec la température ;

La dissolution est en général accompagnée d'une absorption de chaleur, car nous avons vu qu'un corps absorbe de la chaleur pour devenir liquide : or, le corps dissous peut être considéré comme liquéfié et mêlé à l'état liquide dans la masse.

Application. — Si on ne donne pas de chaleur extérieure au dissolvant, sa température s'abaissera par le fait de la dissolution. C'est le principe des *mélanges réfrigérants.*

En voici quelques-uns :

Dissolution d'un sel dans un acide ou dans l'eau :

Acide chlorhydrique et sulfate de soude ;
Azotate d'ammoniaque dans l'eau.

On peut, par exemple, en prenant de l'eau et de l'azotate d'ammoniaque à 12°, obtenir un mélange à —14°.

Mélange de neige et de sels :

Neige et sel marin......... On peut obtenir —21°
Neige et chlorure de calcium — —50°

Ces derniers mélanges sont plus énergiques, parce que la fusion de la neige prend, elle aussi, de la chaleur et ajoute son effet à celui de la dissolution du sel dans l'eau de fusion.

CRISTALLISATION

Une quantité donnée d'un liquide donné peut, à une température donnée, dissoudre un poids fixe d'un corps solide.

1° *Formation des cristaux.* — Si donc la quantité de liquide diminue ou si la température s'abaisse, il vient un moment après lequel la dissolution ne peut plus contenir tout le solide. C'est le *point de saturation*. Au delà, le solide commencera à se déposer sous une forme géométrique régulière : on dit qu'il cristallise.

2° *Chaleur de dissolution.* — En même temps le corps dissous, redevenant solide, abandonne une certaine quantité de chaleur : la *chaleur de dissolution.*

3° *Sursaturation.* — Si on refroidit lentement une solution concentrée d'un sel, de telle manière qu'elle ne soit pas en contact avec un cristal de sel solide identique, on peut abaisser la température beaucoup au-dessous de celle où s'est produite la saturation *s*. Mais si on introduit dans le liquide sursaturé un petit cristal du solide qui doit se former, instantanément la cristallisation s'opère pour une fraction d'autant plus grande du sel que la température était plus inférieure à la température *s*. La chaleur de cristallisation se dégage, la température monte, et le liquide venu à son point de saturation continue à cristalliser lentement à mesure qu'il se refroidit.

Expérience. — On peut effectuer aisément la sursaturation avec du sulfate de soude en couvrant le col du ballon où il bout avec du papier; laissant refroidir lentement, on provoque la cristallisation soudaine par l'addition d'un petit cristal de sulfate. L'élévation de température est aisément perceptible à la main.

Forme et pureté des cristaux. — Un corps cristallise dans une ou plusieurs formes cristallines fixes. Dans les mêmes circonstances, ce sont toujours les mêmes cristaux qui se forment. Ainsi le soufre fondu cristallise en refroidissant en longues aiguilles prismatiques. Dissous dans le sulfure de carbone, il cristallise en octaèdres.

Les cristaux qui se forment dans une dissolution contenant plusieurs sels ne contiennent chacun qu'un seul sel. On applique cette propriété à la purification des sels.

VAPORISATION

Propriétés générales des vapeurs.

On donne le non de *vaporisation* au phénomène de la transformation d'un liquide en vapeur, c'est-à-dire en un fluide analogue aux gaz.

Formation des vapeurs dans le vide. — Propriétés de ces vapeurs. — Lorsqu'un liquide est introduit dans la chambre barométrique d'un baromètre, une partie de ce liquide se transforme instantanément en vapeur qui déprime la colonne mercurielle; les liquides émettent donc dans le vide des vapeurs qui ont une force élastique semblable à celle des gaz (fig. 101).

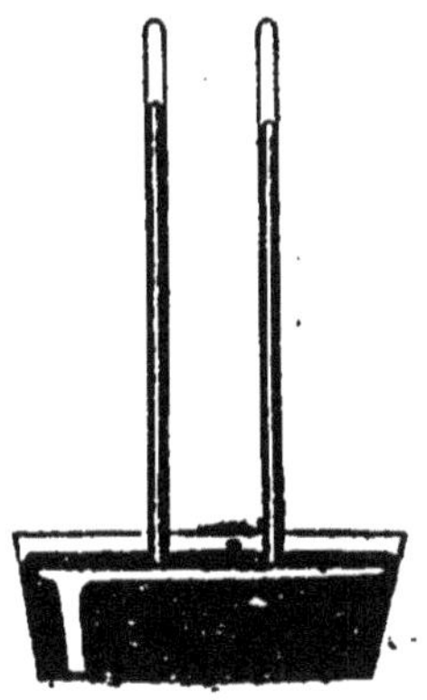

Fig. 101.

S'il reste un excès de liquide au-dessous du mercure, c'est que l'espace est saturé de vapeurs ; la vapeur est dite alors *vapeur saturante ;* elle est dite *non saturante* si tout le liquide s'est transformé en vapeur.

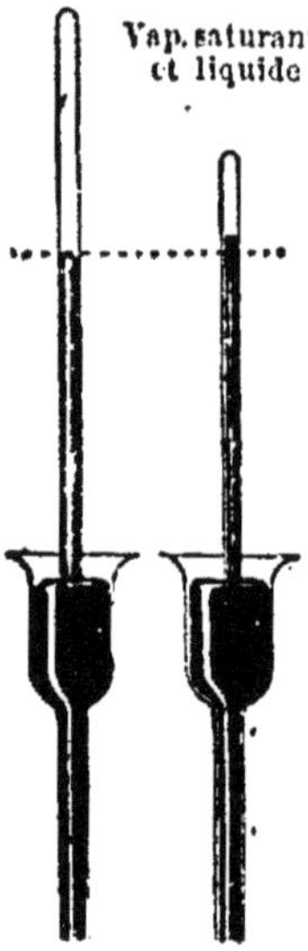

Vapeur saturante

Vap. saturante et liquide

Fig. 102.

Si l'on change le volume occupé par une vapeur saturante (fig. 102), on constate que la hauteur de la colonne mercurielle au-dessus du mercure de la cuvette reste invariable.

— C'est donc que la force élastique de la vapeur ne change pas ; seulement, quand on diminue le volume, une partie de la vapeur repasse à l'état liquide, et quand on l'augmente, une partie du liquide se vaporise.

Cette force élastique de la vapeur saturante, la plus grande que puisse prendre la vapeur du liquide à la température de l'expérience, s'appelle la *force élastique maximum* ou *tension maximum* de la vapeur pour cette température

Cette force élastique maximum dépend :

1° Des liquides : elle est, à une même température, d'autant plus grande que le liquide est plus volatil :

eau à 20° : 17mm,39
alcool à 20° : 44mm
éther à 20° : 433mm ;

2° De la température : pour un même liquide, elle augmente quand la température augmente :

eau à 0° : 4mm
eau à 100° : 760mm.

Les vapeurs non saturantes raréfiées suivent la loi de Mariotte. Sous des pressions croissantes leur volume finit par subir des diminutions plus fortes que ne l'indique cette loi; quand la pression égale la force élastique minimum, elles redeviennent vapeurs saturantes et rentrent dans le cas précédent.

La force élastique des vapeurs saturantes dans le vide aux différentes températures a été déterminée par comparaison entre deux baromètres placés dans des milieux à ces températures, en prenant la différence des hauteurs. On a trouvé ainsi que la glace elle-même émet des vapeurs.

Formation des vapeurs dans les gaz. — Les liquides émettent des vapeurs dans les gaz comme dans le vide: la quantité de vapeur émise par un liquide dans un gaz sec et la tension de cette vapeur sont les mêmes que dans le vide à la même température; seulement, la vaporisation se fait presque instantanément dans le vide.

On démontre également par l'expérience que la *force élastique d'un mélange de gaz et de vapeur est égale à la somme des forces élastiques que possèderaient séparément le gaz et la vapeur s'ils occupaient seuls le volume du mélange.*

Hygrométrie. — On appelle *état hygrométrique* le rapport $\frac{f}{F}$ entre la force élastique actuelle f de la vapeur d'eau dans l'air et la force élastique maximum F que pourrait avoir cette vapeur d'eau à la température de l'expérience.

C'est encore le rapport $\frac{p}{P}$ entre le poids de la vapeur d'eau p contenue actuellement dans un volume déterminé d'air et le poids P qui serait contenu dans ce même volume s'il était saturé de vapeur à la même température.

$f = Vp$ 1re masse loi de Mariotte (1)
$F = VP$ 2e —
d'où $\frac{f}{F} = \frac{p}{P}$

(1) Etendue au cas où, le volume étant fixe, le poids du gaz varie, la force élastique est alors proportionnelle au poids. $f = Vp$.

On appelle *hygromètres* les appareils destinés à déterminer l'état hygrométrique.

Hygromètre à cheveu de Saussure. — C'est le premier hygromètre employé. Il est fondé sur la propriété que présentent les cheveux de s'allonger quand l'air est humide et de se raccourcir quand l'air est sec. Les allongements sont amplifiés par un levier; le cheveu doit avoir été dégraissé.

Hygromètres à condensation. — Ils sont fondés sur ce principe : si on refroidit une couche d'air, la force élastique de la vapeur qu'elle contient ne change pas; seulement, il arrive un moment où la vapeur d'eau devient vapeur saturante. A ce moment, la vapeur se dépose sous la forme d'un léger brouillard sur les corps environnants. Si on connaît la température à laquelle se fait le dépôt de rosée, il n'y aura qu'à chercher dans les tables de M. Régnault pour avoir la force élastique correspondant à cette température et par suite la force élastique de la vapeur d'eau dans l'air au moment de l'expérience, c'est-à-dire la quantité *f*. F est également donné par les tables quand on connaît la température de l'air ambiant. — Cet hygromètre est utilisé dans les *expériences sur les poudres,* pour connaître l'état hygrométrique de l'air au moment des expériences.

ÉVAPORATION

On appelle *évaporation* la production de vapeurs à la *surface libre* d'un liquide.

La rapidité de l'évaporation dépend :

1° De la température du liquide et de celle de l'espace environnant (plus active en été qu'en hiver, car les tensions des vapeurs augmentent avec la température);

2° De l'étendue de la surface libre (exemple : les marais salants, réservoirs très larges et peu profonds pour évaporer l'eau de mer et obtenir le sel);

3° De la quantité de vapeurs contenue dans l'espace environnant : l'évaporation de l'eau est très faible dans les temps humides;

4° De l'agitation de l'air (grand vent, séchoirs) : cette agitation renouvelle les couches d'air en contact avec le liquide à mesure qu'elles se saturent.

L'évaporation est accompagnée d'une production de froid, car il y a passage de l'état liquide à l'état gazeux, et par suite absorption de chaleur. — On le vérifie expérimentalement au moyen de l'*expérience de Leslie* et du *cryophore de Wollaston.*

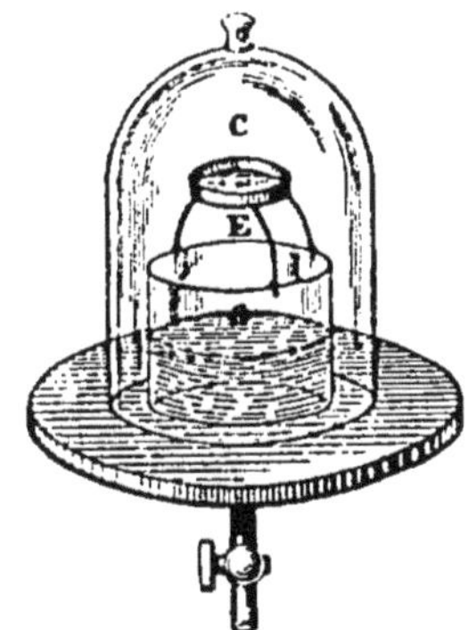

Fig. 103.

Dans l'expérience de Leslie (fig. 103), on fait le vide sous la cloche C où se trouvent de l'acide sulfurique S et de l'eau dans la capsule E. L'évaporation rapide de l'eau toujours absorbée par l'acide congèle E.

Le « cryophore de Wollaston » est un tube terminé en ses deux bras par deux boules A et B. On a fait le vide en faisant bouillir de l'eau placée dans A et, quand la vapeur a chassé l'air, en fermant la boule B à la lampe.

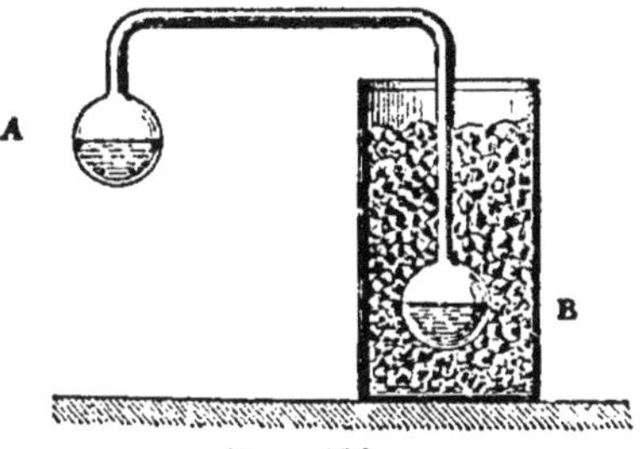

Fig. 104.

— Si on place B dans un mélange réfrigérant (fig. 104), la vapeur se condense en glace dans B et une évaporation se produit en A. Elle refroidit assez le liquide qui reste en A pour le congeler.

Applications. — *Appareil Carré à acide sulfurique* (fig. 105). — C'est l'appareil de Leslie appliqué à la pro-

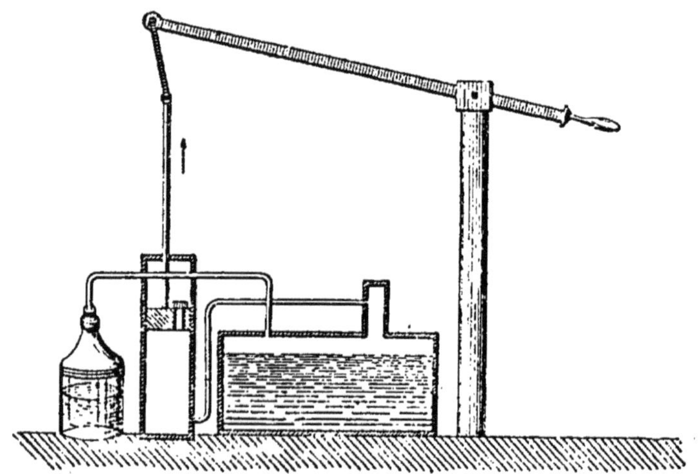

Fig. 105.

duction de la glace dans une carafe. Cette carafe est fixée à l'extrémité d'un tube communiquant avec un cylindre plein d'acide sulfurique concentré : une pompe permet de faire le vide.

Appareil Carré à ammoniaque (fig. 106). — Le vase A contient une solution d'ammoniaque. Il communique avec B. Le système A B est complètement fermé. B contient un récipient ouvert R où on peut mettre de l'eau.

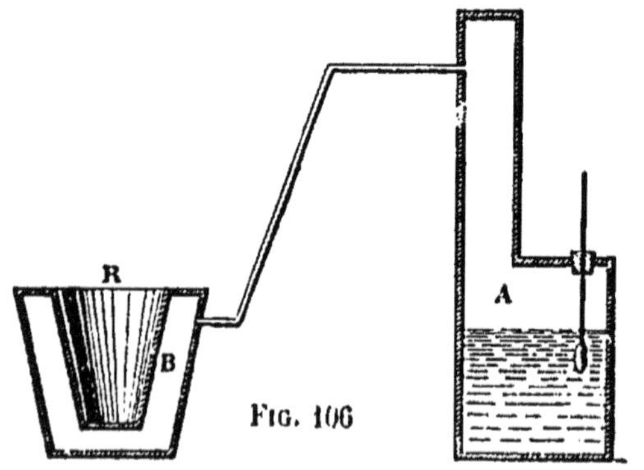

Fig. 106

En chauffant A jusqu'à 120°, le gaz ammoniaque passe

dans B. L'eau seule reste en A. Plaçons A dans l'eau froide, B va s'évaporer rapidement en produisant un froid intense. L'opération peut se répéter tant qu'on veut avec le même liquide. On n'use que du charbon, et on se trouve « faire de la glace avec du feu ».

Alcarazas. — Ce sont des vases en terre poreuse; l'eau qu'ils renferment suinte à travers les parois et s'évapore, d'où refroidissement pour le vase et l'eau renfermée à l'intérieur de ce vase.

ÉBULLITION

On appelle *ébullition* la production de vapeurs au sein même du liquide sous forme de bulles qui viennent crever à la surface.

Lois de l'ébullition. — 1° *Pour un même liquide placé dans les mêmes conditions, l'ébullition se produit toujours à la même température;*

2° *Cette température, une fois atteinte, demeure constante pendant toute la durée de l'ébullition.*

La deuxième loi conduit à la notion de *chaleur de vaporisation :* la chaleur du foyer n'élevant pas la température, devient pour ainsi dire latente dans le corps; elle sert à triompher des actions moléculaires qui s'opposent au changement d'état.

On appelle *chaleur latente de vaporisation* d'un corps à une température donnée t, la quantité de chaleur absorbée par 1 kilo de ce corps à t° pour se transformer en vapeur à cette température t°.

Variation du point d'ébullition des liquides. — Le point d'ébullition varie lorsque changent certaines conditions dans lesquelles est placé le liquide.

Influence de la pression. — Pour qu'un liquide entre en ébullition à une température donnée, il faut que la force élastique de sa vapeur à cette température soit au moins égale à la pression supportée par le liquide. Car, sans cela, les bulles de vapeur n'ayant pas une force élastique suffisante pour résister à la pression, ne sauraient rester à l'état gazeux.

Il suffit donc de diminuer la pression supportée par un liquide pour qu'il entre en ébullition à une température plus basse; de même, en augmentant la pression, on élève le point d'ébullition.

On peut vérifier cette double conséquence en faisant bouillir de l'eau sous le récipient de la machine pneu-

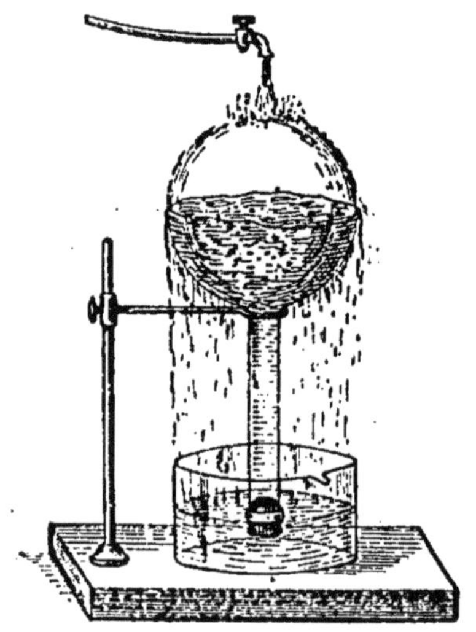

Fig. 107.

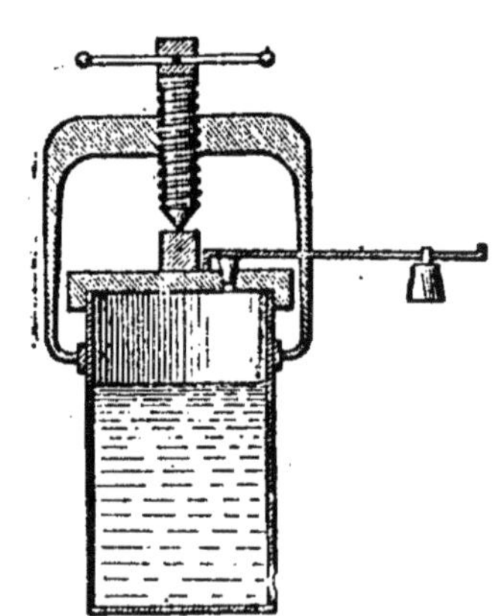

Fig. 108. — Marmite de Papin.

matique ou dans le *vase de Franklin* (fig. 107) à une température bien inférieure à 100°; ou bien en portant cette eau à une température bien plus élevée dans la *marmite de Papin* (fig. 108) sans que l'ébullition se produise.

Influence de la présence d'un gaz au sein du liquide. — On prouve par de nombreuses expériences que l'ébullition ne se fait à la température où elle devient possible dans les conditions où l'on opère, que s'il y a un gaz au sein du liquide.

Appareil de Donny (fig. 109). — Dans un tube plusieurs fois lavé à l'éther et à l'acide sulfurique, on introduit de l'eau ; on fait bouillir cette eau longtemps et on ferme la pointe *p* pendant que la vapeur se dégage encore. On laisse refroidir ; à ce moment la pression sur le liquide est extrêmement faible : elle est due seulement à la vapeur d'eau qui se trouve dans les boules (15 à 20mm de pression). On place la partie ABC dans un bain de chlorure de calcium (qui bout à une température supérieure à 135°) que l'on chauffe. La branche CDE n'étant pas chauffée, la pression sur le liquide reste très faible, et pourtant l'ébullition ne se produit que lorsque la courbure ABC atteint 135°, tandis qu'elle aurait dû se produire, étant donnée la faiblesse de la pression, aux environs de 20°.

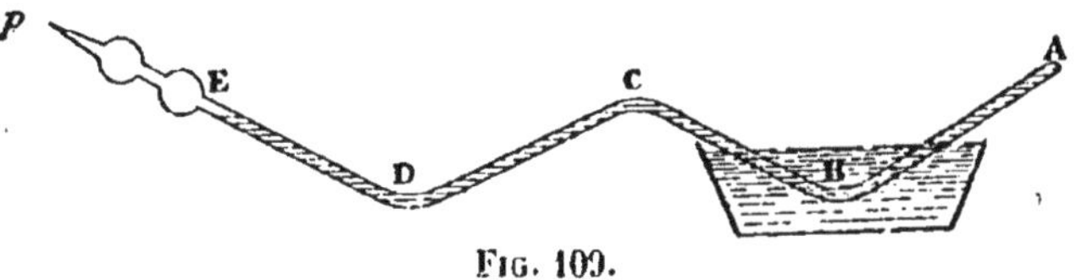

Fig. 109.

Expérience de Dufour. — De même, des gouttes d'eau préalablement privées d'air par l'ébullition, mises en suspension dans un mélange convenable d'huile de lin et d'essence de girofles, peuvent être portées à la température de 178° sans qu'il y ait ébullition. Il suffit de toucher avec une tige quelconque ces gouttes d'eau pour que l'ébullition se produise avec une extrême vivacité. La tige solide apporte en effet avec elle une certaine quantité d'air qui lui était adhérente.

Quand on est parvenu ainsi à élever la température d'un liquide au-dessus du point d'ébullition normal sous la pression employée, il suffit de faire arriver par un moyen quelconque un gaz au sein du liquide pour déterminer une ébullition tumultueuse (décomposition de l'eau par la pile).

Ces faits expliquent la manière dont se fait généralement l'ébullition d'un liquide : c'est au contact des parois que naissent les bulles de vapeurs, car c'est là surtout que se trouvent des bulles d'air interposées entre les parois et le liquide. C'est même en certains points des parois que les bulles se forment de préférence, là par exemple où se trouvent des aspérités. Une fois nées, les bulles forment une atmosphère intérieure où la vapeur se forme aisément; elles montent, *en grossissant très vite,* jusqu'à la surface.

On comprend également pourquoi l'ébullition, lorsqu'elle a duré un certain temps, ne se fait plus qu'avec difficulté, et pourquoi, dans ce cas, la température s'élève : cela tient à ce que les gaz contenus dans le liquide ou restés adhérents à la paroi ont été chassés. L'eau dans ces conditions retirée du feu peut cesser de bouillir à une température de 101° ou 102° Si on jette dans cette eau de la limaille de fer, on voit l'ébullition recommencer vivement; c'est évidemment grâce à l'air entraîné par la limaille. (Gay-Lussac.)

Ebullition des liquides visqueux. — Elle présente des phénomènes particuliers : il se forme des bulles prenant un grand développement et soulevant, en se dégageant, toute la masse liquide, ce qui produit des soubresauts dangereux pour le vase.

Un thermomètre, placé dans le liquide, monte dès qu'une bulle se forme jusqu'à ce que la suivante se dégage, puis il redescend brusquement pour remonter de nouveau, et ainsi de suite. On chauffe ces liquides au moyen de grilles annulaires.

Ebullition des solutions salines. — La température d'ébullition des diverses solutions salines est supérieure au point d'ébullition de l'eau. Elle varie avec le sel employé.

Pour l'eau saturée de chlorure de sodium : 108°.
— — chlorure de calcium : 178°.

Vaporisation totale. Point critique. — L'expérience établit que si on chauffe un liquide en vase clos, dans un tube très résistant, il vient une température (*point critique*) où le liquide tout entier est réduit en vapeur, même si le tube n'a qu'une capacité égale à 2 ou 3 fois celle du liquide. A partir de ce moment, sa force élastique n'augmente plus que très lentement avec sa température. Cette température du point critique serait de 413° pour l'eau.

SEPTIÈME LEÇON

DISTILLATION

1° Soit une vapeur provenant de l'ébullition d'un corps qui est liquide à la température ordinaire. Si elle passe dans un vase refroidi, elle se liquéfiera elle-même, sur les parois du vase.

Exemple : eau bouillant dans une cornue dont on refroidit le tube. (Fig. 110.)

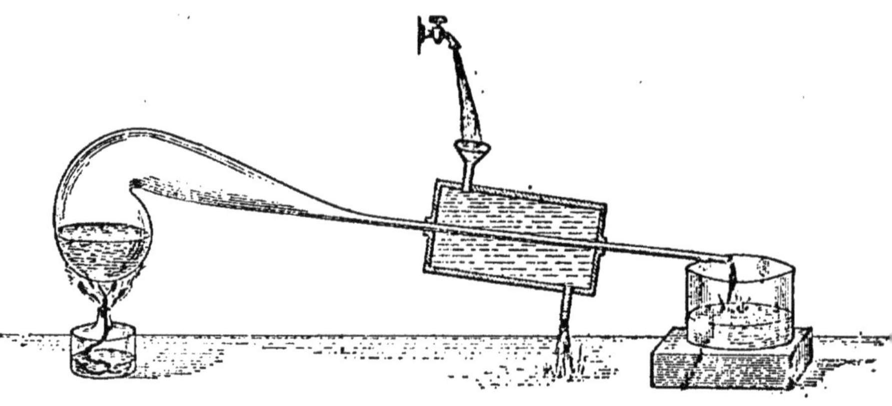

Fig. 110.

2° Si un liquide est impur (contenant des dissolutions salines ou mêlé à un autre liquide), en le chauffant avec précaution, les liquides les plus volatils, c'est-à-dire bouillant à la température la plus basse, passent d'abord, puis les autres ; les sels, non volatils, restent dans la cornue.

C'est un moyen de séparer des liquides mélangés, et, par plusieurs opérations successives, de les obtenir à l'état de pureté.

L'opération se nomme *distillation.*

La distillation est surtout utilisée pour séparer l'alcool des liqueurs alcooliques (vin, cidre, etc...) de l'eau qu'il contient.

L'appareil destiné à distiller l'eau se nomme un *alambic* (fig. 111) : la vapeur produite par l'ébullition de l'eau dans la chaudière A se rend par un large tube T dans un tube étroit en hélice nommé *serpentin.* Les parois du serpentin sont constamment maintenues froides par l'eau d'un vase V, renouvelée constamment par le bas et s'échappant en haut par un trop-plein. L'eau distillée s'écoule dans le vase V'.

L'eau de source ou de rivière contient toujours des matières étrangères; l'eau distillée évaporée sur une lame de platine ne doit donner aucun résidu.

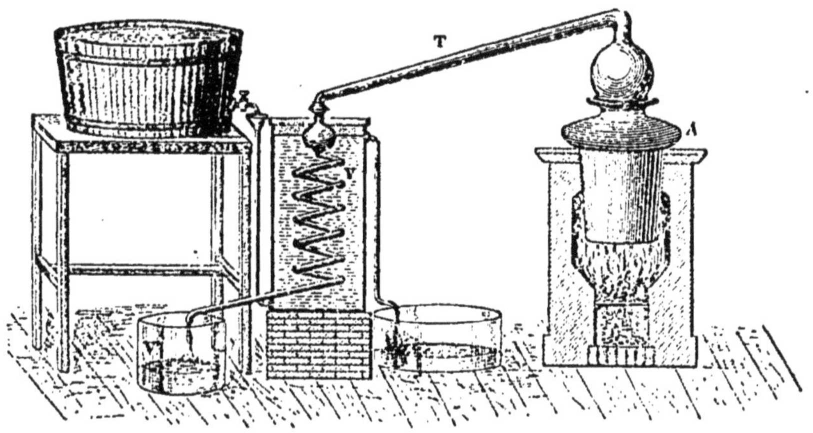

Fig. 111.

Pour les liquides plus volatils que l'eau, une simple cornue dont le col aboutit dans un ballon refroidi suffit.

Certains solides sont eux aussi volatils. Ainsi le sel

ammoniac peut être volatilisé et recueilli sur des parois froides. Cette distillation s'appelle *sublimation*.

Distillations successives. — Si on soumet un mélange d'alcool et d'eau à des distillations successives, en ne recueillant chaque fois que les premières parties du liquide volatilisé, on obtient des liquides dont la teneur en alcool est de plus en plus forte et le point d'ébullition se rapproche de plus en plus de celui de l'alcool absolu.

Mais on ne peut arriver ainsi à enlever toute l'eau : il faut achever, par un procédé chimique, la déshydratation, si on veut obtenir ce qu'on appelle l'alcool absolu, c'est-à-dire pur ets ans mélange d'eau.

Liquéfaction des gaz. — Si les vapeurs ressemblent aux gaz, les gaz peuvent être considérés comme des vapeurs très éloignées de leur point de saturation.

A l'aide de la pression seule ou du froid seul, on est arrivé à liquéfier quelques gaz.

En combinant le froid et la pression, on a réussi pour les autres.

Mais la pression seule ne peut suffire à liquéfier certains gaz, tant qu'ils restent au-dessus d'une température variable avec les différents gaz, mais fixe pour chacun d'eux et appelée *température du point critique*. Il faut refroidir le gaz au-dessous de ce point pour le liquéfier.

Ces températures sont très basses pour certains gaz. On peut les obtenir par l'évaporation rapide des gaz liquéfiés à des températures très basses. Cette évaporation absorbe de la chaleur aux corps plongés dans ces liquides et produit un froid intense : ainsi l'hydrogène, le plus résistant de tous les gaz, a été liquéfié par compression dans l'azote liquide qui, en s'évaporant dans le vide, produit un froid de — 213°.

MACHINES A VAPEUR

Force élastique de la vapeur d'eau. — Quand l'eau bout en vase clos, la force élastique de sa vapeur va en croissant très rapidement, beaucoup plus vite que ne l'indiquerait la loi de Mariotte, et, sous ces pressions croissantes, la température d'ébullition augmente. — C'est le principe de la *marmite de Papin*, qui emploie la force élastique de la vapeur à chauffer l'eau au-dessus de 100°.

Principe de la machine à vapeur. — Si une chaudière fermée communique avec un piston contenu dans un cylindre fermé, la force élastique croissante de la vapeur d'eau devient supérieure à la pression atmosphérique et à la résistance du piston : elle pousse le piston. L'accroissement de volume tend à faire diminuer la pression dans la chaudière, mais une nouvelle quantité de vapeur se dégage, et la pression de nouveau rétablie pousse encore le piston jusqu'à l'amener au bout de sa course.

Si à ce moment un dispositif spécial fait arriver la vapeur par le côté B (fig. 112), ferme la communication de A avec la chaudière et ouvre à la vapeur de A une

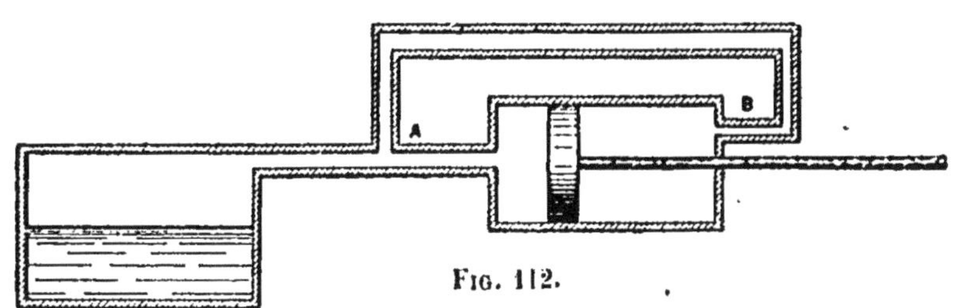

Fig. 112.

issue avec le dehors, le piston sera poussé en sens inverse par la vapeur de la chaudière et reviendra en A après avoir accompli un mouvement alternatif rectiligne d'allée et de venue.

Ce mouvement, la mécanique apprend à le transformer en mouvement circulaire continu : la machine à vapeur est créée.

Nous étudierons successivement les points suivants :

1° Production de la vapeur.	Chaudières. Alimentation. Organe de sûreté.
2° Distribution de la vapeur.	Cylindre, piston, tiroir. Condenseur.
3° Transformation du mouvement du piston.	Bielle. Manivelle.
4° Organes régulateurs.	Volant. Régulateur à boules.

Production de la vapeur. — Longtemps la machine fut relativement faible : cela provenait de la grande dépense de vapeur qu'elle exige et de la difficulté qu'on éprouvait à en produire rapidement.

Aussi chercha-t-on à développer la *surface de chauffe*.

Chaudières. — Les deux types principaux sont la *chaudière à bouilleurs* pour les installations fixes et la *chaudière tubulaire* pour les machines mobiles (locomotives, etc...).

Fig. 113.

La *chaudière à bouilleurs* (fig. 113) se compose d'un gros cylindre A appelé corps de la chaudière et de deux autres cylindres plus petits ou *bouilleurs* BB' placés au-dessous du premier et qui communiquent avec lui par deux tubulures appelées *évents*. Les bouilleurs sont remplis d'eau, ainsi qu'une partie de la chaudière. Le foyer est à l'une des extrémités de la chaudière; la flamme et les gaz chauds traversent d'abord le carneau C, reviennent ensuite d'arrière en avant par le carneau D et retournent dans la cheminée par le carneau E.

Dans la chaudière tubulaire (fig. 114), le corps de la chaudière est traversé par 120 à 150 tuyaux *t, t*, que doivent

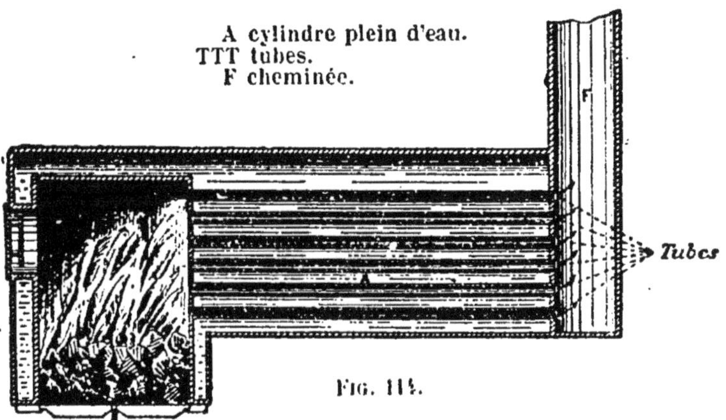

Fig. 114.

parcourir la flamme et les gaz chauds avant de se rendre à la cheminée F. La surface de chauffe est alors considérable; le foyer placé à l'extrémité de la chaudière est lui-même entouré d'eau.

La vapeur produite dans la chaudière s'en va dans une espèce de dôme où elle est prise par un tuyau T qui la conduit au cylindre (fig. 115). Ce tuyau est entouré de vapeur dans tout son trajet, afin que la vapeur qui est à l'intérieur de lui ne se refroidisse pas L'admission de la vapeur dans le tuyau T se fait au moyen d'une clé que le chauffeur manœuvre à l'aide d'une manette.

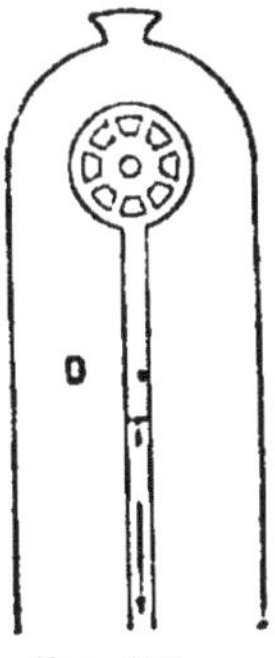

Fig. 115.

Alimentation. — La chaudière s'alimente elle-même soit par une pompe actionnée par le mouvement du piston et qui lui envoie de l'eau prise au dehors ou au condenseur, soit par un système particulier appelé l'*injecteur Giffard*.

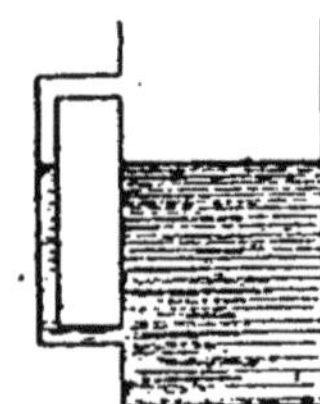

Fig. 116.

Niveau d'eau. — Un tube en verre disposé comme l'indique la figure 116 montre le niveau et permet de régler l'alimentation.

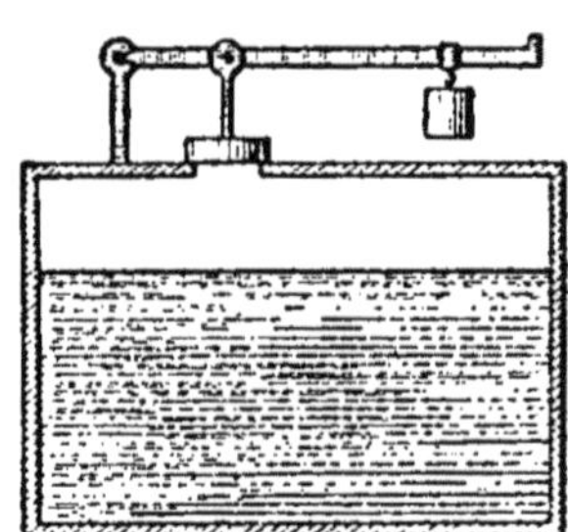

Fig. 117.

Organe de sûreté. — Une soupape est pressée contre une ouverture par un levier qui porte un poids réglé pour abaisser le levier quand la pression atteint une valeur dangereuse (fig. 117).

Distribution de la vapeur. — La vapeur arrive de la chaudière par un réservoir accolé aux parois du cylindre et appelé *boîte à vapeur*. De cette chambre partent deux conduits *aa'*, *bb'*, qui viennent aboutir aux deux extrémités du cylindre. On y trouve une troisième ouverture C qui communique soit avec l'extérieur, soit avec le condenseur. Dans la boîte à vapeur se trouve le tiroir *mn* mis en mouvement par le mécanisme. Son rôle est de distribuer la vapeur et de la faire arriver en temps convenable dans l'une ou l'autre extrémité du cylindre pour agir sur l'une ou l'autre face du piston.

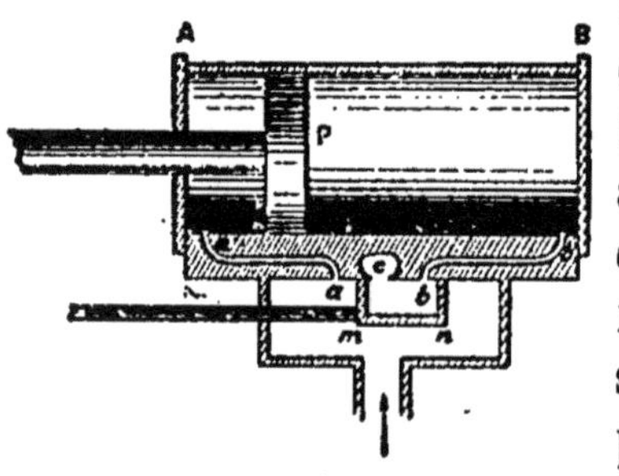

Fig. 118.

Supposons le tiroir dans la position représentée par la figure 118. La vapeur passe de la boîte à vapeur dans le cylindre par le conduit *aa'* qui seul est libre et vient faire marcher le piston dans le sens indiqué par la flèche. L'air ou la vapeur qui se trouvent dans la partie droite B du cylindre s'échappent par le conduit bb', arrivent dans le tiroir et au delà s'en vont dans l'atmosphère ou le condenseur par l'ouverture c. Quand le piston P est arrivé à l'extrémité B, le mécanisme agit sur la tige du tiroir et l'amène dans la position de la figure 119.

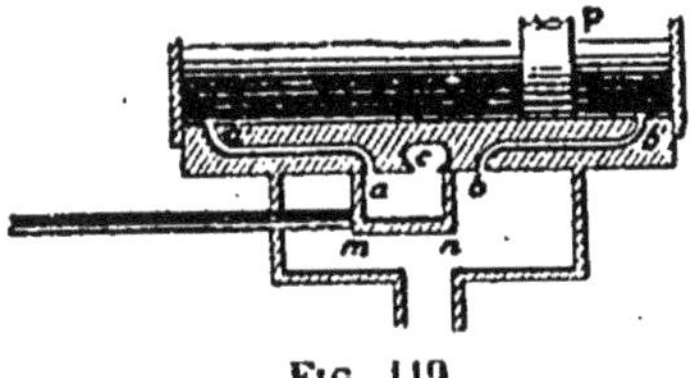
Fig. 119.

La communication entre la boîte à vapeur et l'extrémité A est supprimée : la vapeur arrive alors dans le cylindre par le conduit bb' et fait marcher le piston en sens inverse. La vapeur du côté A du cylindre s'échappe cette fois par le conduit aa' et s'en va dans le tiroir et l'atmosphère ou le condenseur.

Quand le piston est revenu à l'extrémité A du cylindre, le tiroir est revenu à la position qu'il occupait dans la figure 118 et le mouvement recommence.

Condenseur. — Le condenseur est une cavité close dans laquelle arrive constamment un jet d'eau froide. Dès que la vapeur du cylindre arrive dans cette cavité, elle se condense immédiatement et sa pression devient tout au plus de 1/10 d'atmosphère, *force élastique maximum de la vapeur d'eau correspondant à la température des parties les plus froides de l'espace où elle est contenue.*

Détente. — Souvent on ne laisse arriver la vapeur que pendant une partie de la course du piston ; on laisse ensuite la vapeur se détendre. On trouve dans l'emploi de la détente une grande économie de vapeur.

Transformation du mouvement alternatif en mouvement circulaire. — Cette transformation se fait de diverses manières ; la plus simple est la transformation directe à l'aide d'une *bielle*.

La tige du piston s'articule directement avec la bielle AB; on l'assujettit à se mouvoir dans une glissière afin que son mouvement soit bien rectiligne (fig. 120).

Fig. 120.

La bielle est articulée en A avec la tige du piston, en B avec la manivelle BO liée invariablement à l'*arbre de couche* O C, cylindre sur lequel s'enrouleront et viendront prendre leur mouvement les diverses courroies *dd* aboutissant aux diverses machines-outils.

Le mouvement est communiqué à la tige du tiroir par un organe particulier appelé *excentrique*, grâce auquel se fait la transformation du mouvement curviligne en un mouvement rectiligne.

L'excentrique (fig. 121) est un disque de métal monté excentriquement sur l'arbre de couche et entouré d'un collier qui glisse sur lui et qui est relié au moyen d'une bielle à la tige du tiroir. — En ce moment, la tige est tirée; mais quand l'arbre de couche aura tourné, amenant B en A et M en N, le point M se trouvera en M_1; le collier se sera donc déplacé dans le sens de la flèche et aura communiqué un mouvement rectiligne à la tige.

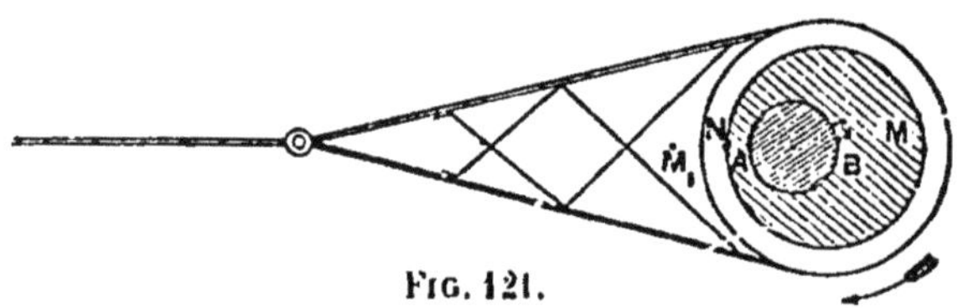

Fig. 121.

Organes régulateurs. — Les machines à vapeur sont généralement destinées à faire fonctionner les divers outils d'un atelier. Mais le nombre des outils, les résistances rencontrées par ces outils peuvent varier à chaque instant. De là des changements brusques dans la vitesse de la machine, changements qui ne sont pas sans inconvénients.

Volant. — On les évite en fixant sur l'arbre de couche une énorme roue en fonte dont le mouvement, à cause de la grandeur de sa masse, ne pourra s'accélérer ou se retarder que très difficilement et lentement.

Régulateur à boules. — Enfin, il pourrait arriver que, les résistances étant assez faibles, le mouvement s'accélérât de plus en plus et que la machine *s'emportât.*

On obvie à cet inconvénient au moyen du *régulateur à boules* (fig. 122).

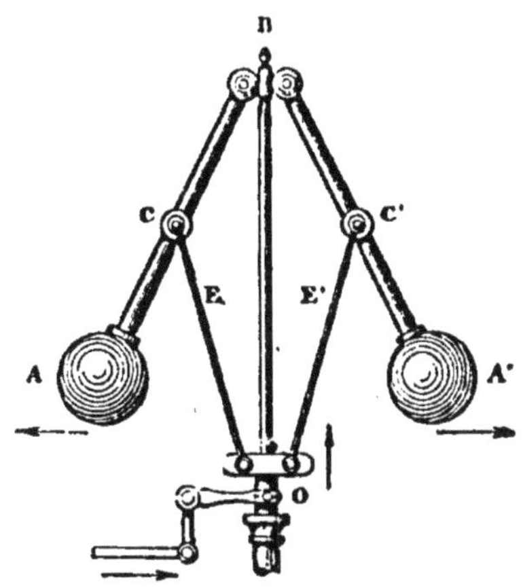

Fig. 122. (Le mouvement s'accélère...)

Il se compose de deux boules pesantes A et A' reliées au moyen de tiges articulées C et C' à une tige verticale B tournant autour de son axe Cette tige est ellemême mise en mouvement par l'arbre de couche. Les tiges C et C', qui portent les boules, sont reliées au moyen de tiges également articulées E et E' avec un anneau O qui glisse librement sur B et qui agit sur l'extrémité du levier coudé OFT qui tourne autour de F. Ce levier ferme plus ou moins le conduit par où la vapeur pénètre dans la boîte à vapeur. Quand le mouvement s'accélère, les tiges A et A' s'écartent (force centrifuge) et soulèvent l'anneau et tirent la tige *t*; l'ouverture de la boîte à vapeur, se ferme en partie ; quand le mouvement se ralentit, les boules se rapprochent, et l'entrée de la boîte à vapeur s'ouvre davantage.

Diverses machines employées. — On distingue :

Les machines à basse pression (1 atm. à 1 atm. 1/2).
— à pression moyenne (3 à 5 atm.).
— à haute pression (au-dessus de 5 atm.).

Les premières nécessitent l'emploi du condenseur, grâce auquel la face du piston opposée à celle sur laquelle agit la vapeur est très faible. — Il y a avantage à le supprimer dans les dernières à cause du travail considérable qu'absorberait la pompe chargée d'y injecter de l'eau et celle qui retirerait cette eau.

HUITIÈME LEÇON

ÉLECTRICITÉ STATIQUE

ÉLECTRISATION PAR LE FROTTEMENT

Quand on frotte l'ambre jaune (*électron*), le verre, la résine, la cire à cacheter, les points frottés attirent les corps légers.

La cause de ces mouvements s'appelle l'*électricité.*

D'autres corps, les métaux, par exemple, semblent privés de cette propriété électrique. De fait, il n'en est rien; si on tient un bâton de métal par un manche de verre ou de résine, on constate qu'il attire lui aussi les corps légers, non pas seulement aux points frottés, mais aussi et surtout à l'extrémité. En y attachant une longue chaîne, l'extrémité attire encore les corps légers.

On admet que certains corps sont *bons conducteurs* de l'électricité : métaux, bois, corps humain, sol ., et certains autres *mauvais conducteurs* ou *isolants :* verre, résine, cire, air, etc.

Le frottement développe de l'électricité sur tous les corps : mais celle qui se développe sur les corps conducteurs s'écoule aussitôt dans le sol ; dans les corps mauvais conducteurs, elle reste à peu près à l'endroit même où le frottement l'a développée.

Loi des attractions et répulsions électriques. — 1° *Faits d'expérience.* — Suspendons par un fil de soie (corps isolant) à un support de verre une petite boule de sureau. Approchons un bâton de résine frotté avec du drap : la balle est attirée et vient toucher la résine (fig. 123); elle prend une partie de l'électricité de la ré-

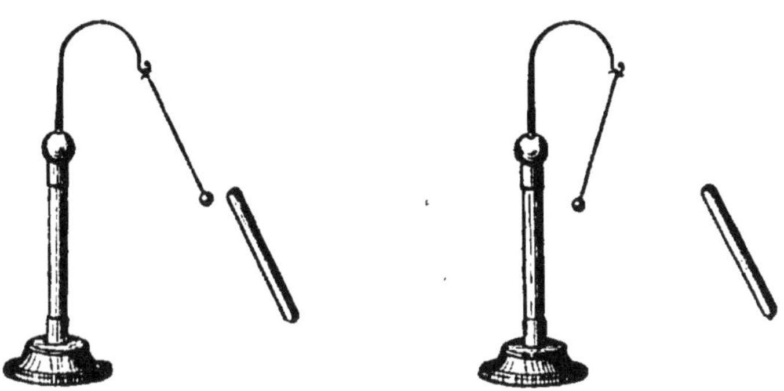

Fig. 123. Fig. 124.

sine et est aussitôt repoussée (fig. 124). Un bâton de verre frotté l'attire au contraire. L'électricité résineuse repousse donc l'électricité résineuse et attire l'électricité vitrée.

Touchons la boule avec la main : son électricité est conduite dans le sol; approchons le bâton de verre : elle est attirée, chargée d'électricité vitrée au contact, puis repoussée. Donc l'électricité vitrée repousse l'électricité vitrée. Approchons le bâton de résine : la boule est attirée. Donc l'électricité vitrée attire l'électricité résineuse.

Chargeons deux pendules différents, l'un avec l'électricité vitrée, l'autre avec l'électricité résineuse, et présentons-leur successivement les divers corps qui peuvent être électrisés. Si l'un d'eux attire la boule chargée d'électricité résineuse, il repousse l'autre, et réciproquement.

Voici les conclusions de ces expériences :

1° *Il y a deux espèces d'électricité et deux seulement. Chaque corps à l'état neutre contient en égale quantité ces deux électricités combinées : l'électrisation les sépare ;*

2° *Deux corps chargés d'une même électricité se repoussent ;*

3° *Deux corps chargés d'électricités différentes s'attirent.*

(Aux dénominations *vitrée, résineuse*, on a substitué celles de *positive, négative.*)

Enfin une autre expérience prouve que *deux corps frottés l'un contre l'autre prennent des électricités contraires;* on le constate en plaçant du drap, par exemple, sur un plateau isolant et en le frottant avec un bâton de verre. Le drap repousse le pendule chargé d'électricité négative et attire l'autre. Il est donc chargé d'électricité négative; le verre l'est de positive.

2° *Mesure des attractions et répulsions électriques.* — Coulomb est arrivé à mesurer la quantité d'électricité ou les charges électriques d'un corps. Il a pu mesurer aussi et fixer avec précision l'intensité des forces d'attraction et de répulsion. Elles obéissent à la loi suivante :

L'attraction ou la répulsion f entre deux petites sphères électrisées est égale au produit de leurs charges électriques q et q' divisé par le carré de la distance des centres :

$$f = \frac{qq'}{r^2}$$

r étant toujours positif, f sera positif, c'est-à-dire répulsif, si q et q' sont de même signe.

Coulomb vérifia ces lois à l'aide d'un appareil sensible aux très petites forces, appelé la *balance de torsion.*

Lois de la distribution de l'électricité. — Elles résultent des lois d'attraction et de répulsion. On les vérifie à l'aide d'un *plan d'épreuve* et de la *balance de torsion*. Le plan d'épreuve est un petit disque métallique isolé, qui, placé sur une surface, se charge d'une quantité d'autant plus grande d'électricité que le point touché est plus électrisé.

1° *L'électricité se porte tout entière à la surface des conducteurs.* — Prenons une sphère métallique électrisée et isolée A. (1) Recouvrons-la exactement par deux hémisphères métalliques B et B', puis enlevons ces hémisphères (fig. 125)[1] : ils sont électrisés comme l'était

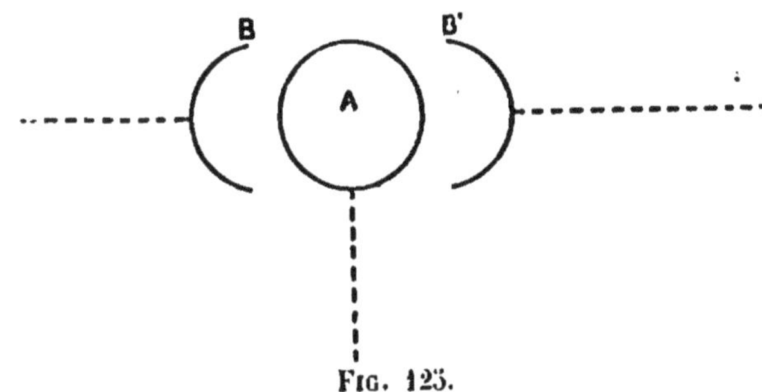

Fig. 125.

la sphère; la sphère ne l'est plus. (2) Touchons l'intérieur avec le plan d'épreuve : il ne prend pas d'électricité. En touchant l'extérieur, il se charge d'électricité de même nom que la sphère (fig. 126). (3) Un sac de mousseline est électrisé à sa surface extérieure; rien à l'intérieur. Retournons-le au moyen d'un fil de soie : l'électricité a passé à l'extérieur (fig. 127).

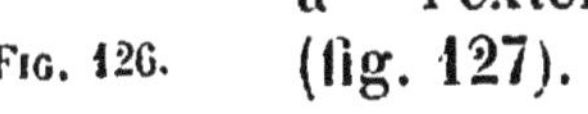

Fig. 126.

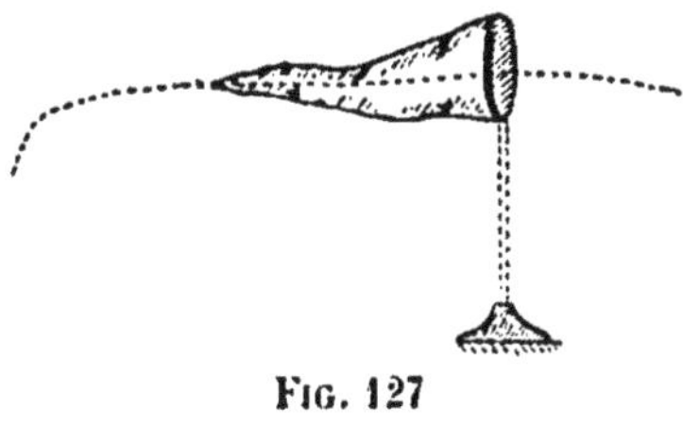

Fig. 127

(1) Dans nos schémas se rapportant à des expériences d'électricité, les parties conductrices sont représentées en traits pleins, les parties isolantes en traits discontinus.

2° *L'électricité s'accumule vers les pointes.* — L'électricité, qui se répartit uniformément sur une sphère, se porte de préférence vers le petit axe d'un ellipsoïde Si l'ellipsoïde s'allonge, la quantité qui est à l'extrémité du petit axe devient plus forte.

Sur un disque circulaire, l'électricité s'accumule vers les bords.

Si on allonge de plus en plus l'ellipsoïde, son extrémité prend la forme d'une pointe et, l'électricité s'y cacumulant sur un espace de plus en plus restreint, la force répulsive d'électricité de même nom va en croissant et l'électricité finit par se perdre dans l'air malgré la résistance de ce milieu. — C'est pour éviter cette déperdition qu'on a des arrondis partout dans les appareils électriques.

Lorsqu'on place une pointe sur le conducteur d'une machine électrique, l'écoulement par la pointe est manifesté par un courant d'air capable de courber la

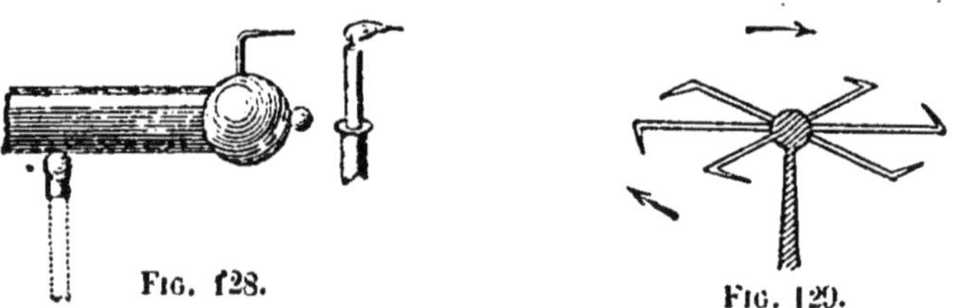

FIG. 128. FIG. 129.

flamme d'une bougie (fig. 128). L'air électrisé positivement fuit la pointe et est constamment renouvelé.

Le *tourniquet électrique* (fig. 129) s'explique de même.

Electrisation par influence. Electroscope. — Nous avons dit qu'on pouvait charger un corps d'électricité en lui faisant toucher un corps électrisé.

On peut aussi développer des phénomènes d'électricité à distance.

Soit A chargé d'électricité positive (fig. 130). On approche un cylindre BC portant en B et en C deux petits pendules formés de balles de sureau suspendues à des fils conducteurs de lin.

1° On voit les deux pendules *bb* et *cc* diverger, d'autant plus que BC s'approche plus de A.

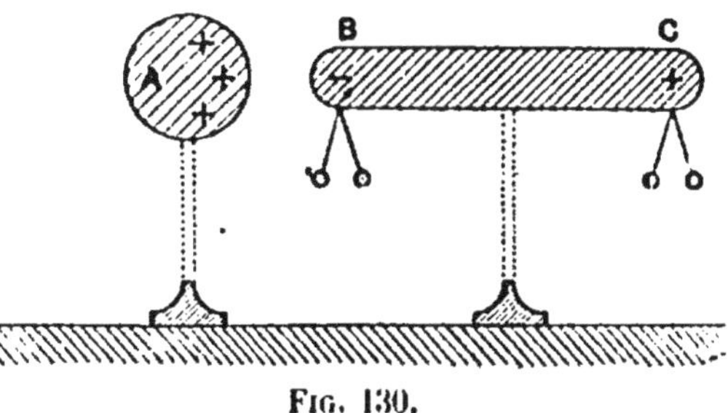

Fig. 130.

2° On peut constater à l'aide d'un bâton de résine approché lentement que les pendules *bb* sont chargés d'électricité négative et *cc* de positive.

On explique ces faits en disant que l'électricité positive de A a décomposé par influence l'électricité neutre de BC, attiré le fluide négatif en B, et repoussé le positif en C.

Entre les deux régions, il doit y avoir une *ligne neutre*. On le constate avec le plan d'épreuve.

Si on éloigne la sphère A, les pendules se rapprochent, puis retombent et restent immobiles. Il n'y a plus d'électricité.

Si l'on rapproche la sphère, les mêmes faits se reproduisent.

Cas où l'on met le corps influencé en communication avec

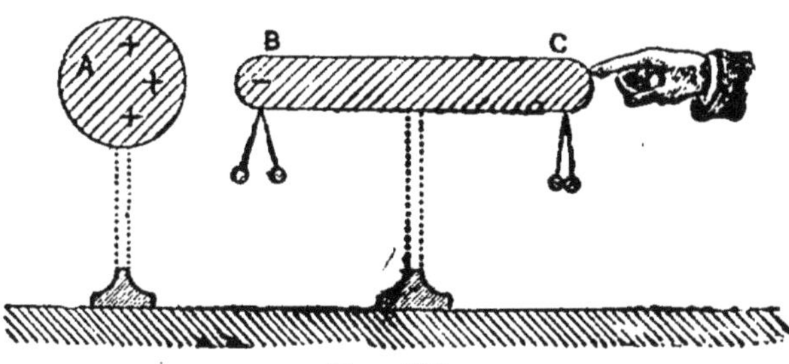

Fig. 131.

le sol. — Touchons C avec le doigt (fig. 131); les pendules de C retombent, ceux de B divergent un peu plus : l'électricité positive de C s'est écoulée dans le sol.

L'électricité négative de B y a été maintenue par l'action de l'électricité positive de A et s'est même accrue d'électricité négative venant de la main.

Si on supprime la communication avec le sol et si on éloigne A, les pendules *bb* se rapprochent un peu, *cc'* divergent; mais on constate que *bb*, *cc* et tout le cylindre sont chargés d'électricité négative.

La charge *induite* de BC est au plus égale à la charge *inductrice* de A.

Etincelle. — Si on rapproche A de BC, il se produit une combinaison avec lumière et bruit des deux électricités à travers l'air : c'est l'étincelle.

Quand on approche la main d'une source d'électricité positive, le corps subit l'influence : l'électricité négative est attirée dans la main, la positive refoulée dans le sol; en approchant davantage, il y a étincelle.

Si on approche une sphère isolée d'une machine, source continue d'électricité positive, l'étincelle jaillit; la machine a perdu une partie de sa charge et la sphère reste chargée positivement.

Si les charges sont très fortes, à longues distances, l'étincelle se produit en zig-zag.

Les phénomènes d'influence expliquent *l'attraction des corps légers.* — Un bâton de verre A électrisé positivement (fig. 132) étant en présence d'une petite boule de sureau, les électricités se répartissent en B et en C comme nous l'avons vu : l'électricité négative de B attire la boule vers A, mais la positive de C la repousse. — Les quantités sont égales, mais la distance de B étant moindre, l'attraction l'emporte et l'électricité, ayant une certaine adhérence au corps, l'entraîne.

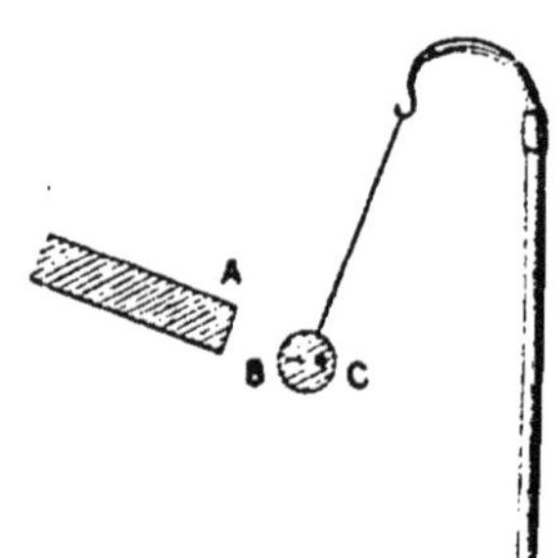

Fig. 132.

Électroscopes. — Ce sont des instruments destinés à révéler la présence de l'électricité sur un corps, et la sorte de cette électricité.

1° *Pendule électrique.* — L'électroscope le plus simple est le pendule électrique, déjà décrit. On prend deux pendules chargés différemment, et on leur présente lentement, successivement, le corps dont on cherche l'état électrique.

2° *Electroscope à feuilles d'or* (fig. 133). — Cet instrument est plus sensible. — Deux feuilles d'or *a* et *b* sont suspendues à une tige conductrice dans l'atmosphère desséchée d'une cloche de verre traversée par cette tige; deux petites boules *c* et *d* terminent deux colonnes métalliques à hauteur de *a* et de *b*.

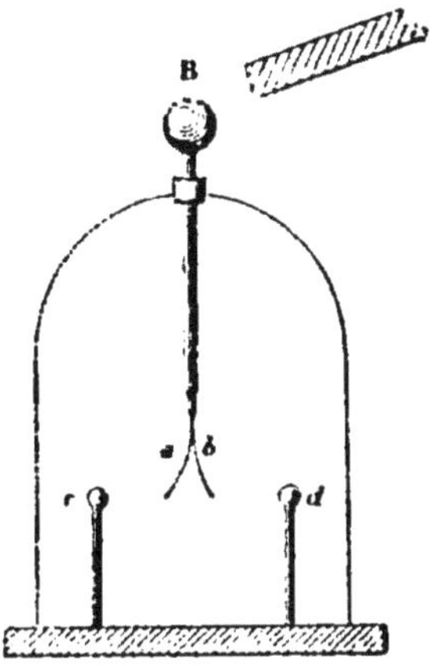

Fig. 133.

Pour reconnaître qu'un corps est électrisé, on l'approche du bouton B, et on voit s'il y a divergence des feuilles d'or.

Pour savoir de quelle électricité est chargé le corps, on commence par charger l'électroscope d'une électricité connue en touchant B du doigt et en approchant une source négative, par exemple. L'électricité négative est repoussée dans le sol, la positive est attirée en B. En enlevant le doigt, puis la source, l'appareil reste chargé d'électricité positive (influence).

Le corps chargé d'une électricité inconnue est approché de loin et lentement. Si la divergence augmente, c'est qu'une nouvelle quantité d'électricité positive a été chassée dans les feuilles d'or, et l'électricité négative attirée dans la boule B : le corps est donc chargé positivement. — Si la divergence diminue, c'est de l'électricité négative qui va dans les feuilles d'or, de la positive qui est attirée dans la boule : le corps est donc chargé d'électricité négative.

Remarques. — Il est nécessaire, pour être certain du sens de l'électricité, de recommencer en chargeant l'électroscope d'une électricité contraire (ici, négative). Les résultats doivent être inverses.

Les boules *c* et *d* ne servent qu'à augmenter la sensibilité de l'appareil.

Electrophore (fig. 134, 135, 136). — C'est une machine électrique très simple. Il se compose :

1° D'un gâteau de résine R enfermé dans un moule ;

2° D'un plateau de métal ou de bois P recouvert d'une feuille d'étain et muni d'un manche isolant.

On charge la résine d'électricité négative en la frottant avec une peau de chat bien sèche ; on y place ensuite le plateau par sa face *a b* (fig. 134) ; l'électricité po-

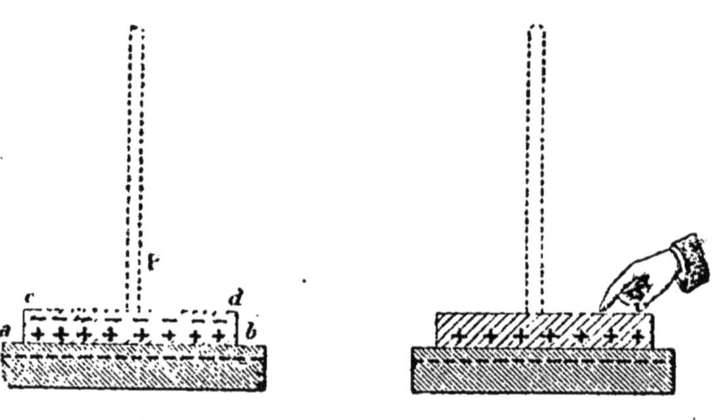

Fig. 134. Fig. 135.

sitive est attirée sur cette face, la négative repoussée sur la face *c d*. (L'électricité positive n'est pas neutralisée par celle du gâteau à cause des aspérités de la résine et de son peu de conductibilité ; il n'y a contact qu'en peu de points.) — On touche ensuite la face *c d* avec la main (fig. 135) : l'électricité se perd dans le sol. Enfin on soulève le plateau (fig. 136) : il est chargé positivement.

On peut ainsi, dans un air sec, charger d'électricité positive autant de plateaux que l'on voudra, sans frotter de nouveau la résine à laquelle l'électricité négative semble collée.

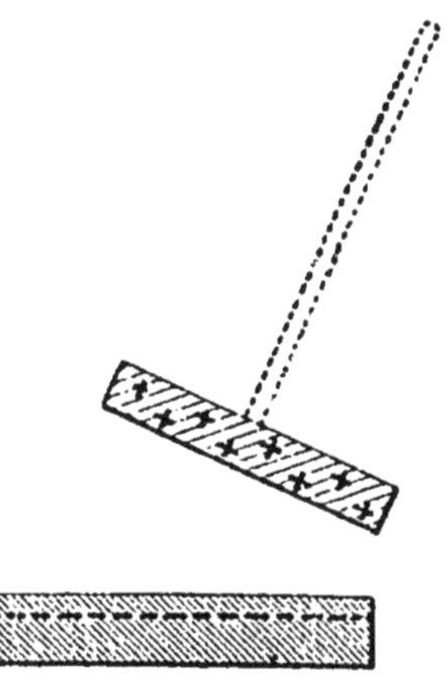

FIG. 136.

MACHINE ÉLECTRIQUE (1)

La machine électrique ordinaire (fig. 137, 138 et 139), ou *machine de Ramsden*, se compose :

1° D'un plateau de verre V qui peut être mis en mouvement autour de son centre par une manivelle M. Il passe à frottement entre quatre coussins de drap *cc* et *dd*.

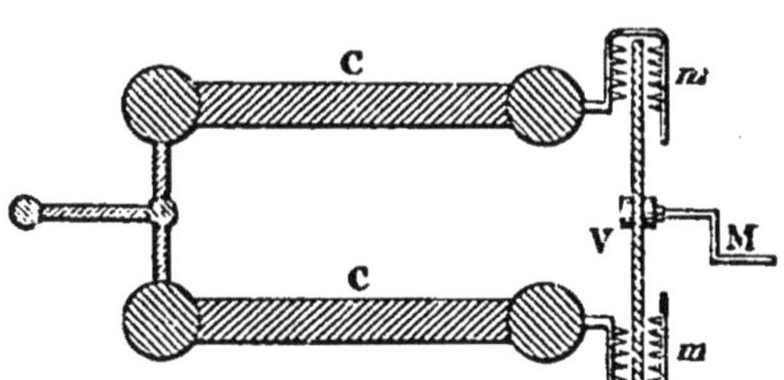

FIG. 137. — Coupe par l'axe des cylindres C.

2° De deux conducteurs CC cylindriques, terminés par des sphères, et portés par des pieds isolants *pp*. Ils détachent autour du plateau V deux petits collecteurs *mm* présentant à ce plateau des pointes métalliques.

(1) Cette machine n'est susceptible d'aucune application industrielle. Dans les vraies machines électriques usuelles (dynamos), l'électricité est produite par des courants d'induction.

Entre les frottoirs, le plateau V se charge d'électricité positive; en passant devant les peignes *m m*, cette électricité décompose le fluide neutre des collecteurs. L'électricité négative est attirée en *m*, s'écoule par les pointes et va sur le verre neutraliser l'électricité positive du plateau qui redevient neutre. L'électricité positive s'accumule sur les conducteurs; le pendule E sert *d'électromètre*; il est relié par un fil conducteur à une petite colonne métallique et au repos s'appuie contre elle. Il diverge quand il est chargé d'électricité, et d'autant plus que la charge est plus forte.

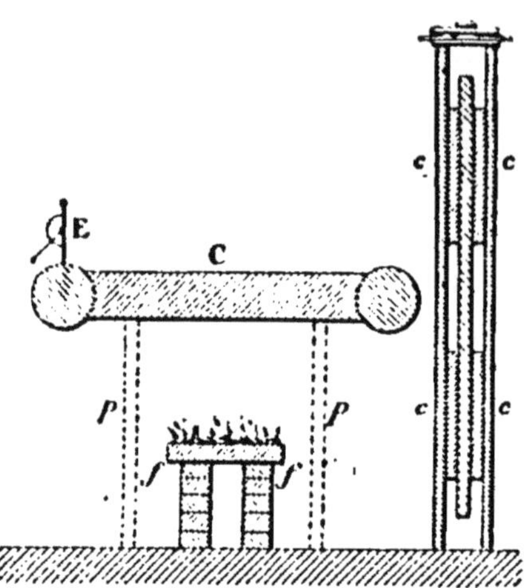

Fig. 138. — Coupe d'un collecteur électromètre.

Coupe du plateau V, des frottoirs et des supports par 2 plans verticaux, passant, l'un par l'axe de C, l'autre par l'axe de V.

Par les temps très humides, la machine électrique peut ne donner aucune électricité sensible, car l'air humide est bon conducteur : aussi est-il bon de placer sous les conducteurs quelques charbons allumés *f f* (fig. 138).

On a construit des machines électriques supérieures à celles de Ramsden, dont la plus répandue est la *machine de Holtz*. Nous ne la décrirons pas.

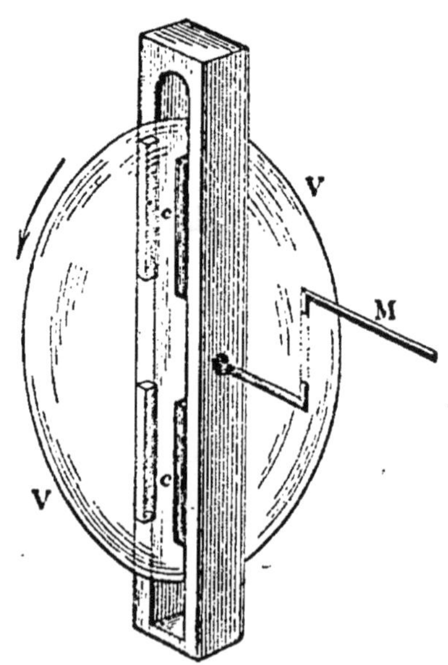

Fig. 139. — Plateau et frottoir.

La machine débite une quantité d'électricité d'autant plus grande que la rotation des plateaux est plus rapide et que la surface influencée par les frottoirs et les pointes est plus grande.

Plus le débit est grand, plus il jaillit d'étincelles entre un conducteur de la machine et une sphère non isolée placée près de lui.

Plus la tension de cette électricité est forte, plus longue est l'étincelle qui peut jaillir entre le conducteur et cette sphère.

Cette tension, appelée aussi *potentiel* de la machine, augmente avec la longueur des conducteurs.

Différence de potentiel. — Deux réservoirs ou deux sources d'électricité A et B contiennent des quantités d'eau ou d'électricité différentes. Faisons communiquer A et B : l'eau ou l'électricité ira de l'un à l'autre s'il y a une différence de niveau ou de potentiel. — Le mouvement cessera quand A et B seront au même niveau ou au même potentiel.

Deux corps A et B contiennent des quantités de chaleur ou d'électricité différentes. Mettons-les en présence. Il y aura de la chaleur ou de l'électricité cédée à l'un par l'autre, s'il y a une différence de température ou de potentiel. La chaleur ne va pas du corps qui en a le plus à celui qui en a le moins; soit, par exemple, 1 litre d'eau où on met 1 gramme de plomb fondu; 1 litre d'eau contient bien plus de chaleur; il prendra pourtant de la chaleur au plomb. — Le mouvement cessera quand les deux corps seront à la même *température*, — ou au même *potentiel*.

Il y a donc, outre l'élément quantité, un deuxième élément, cause des mouvements d'électricité, et analogue aux différences de niveau ou de température; c'est la *différence de potentiel*.

Deux corps électrisés étant réunis par un conducteur se mettent au même potentiel presque instantanément.

En raison de ces analogies, le potentiel est appelé quelquefois « niveau électrique » ou « température électrique ».

CONDENSATEUR

Principe. — Si on met en communication un plateau métallique A (fig. 140) isolé avec une source électrique S, il se charge d'électricité.

Mais il vient un moment où une particule électrique *m* éprouve la même répulsion de la part du plateau A que de l'électricité de la machine. Le mouvement de l'électricité cesse, le plateau a atteint sa *limite de charge*.

On peut cependant, par un artifice particulier, y condenser encore de l'électricité.

Approchons un plateau B dont la face 2 communique avec le sol (fig. 141). L'influence de A attire de l'élec-

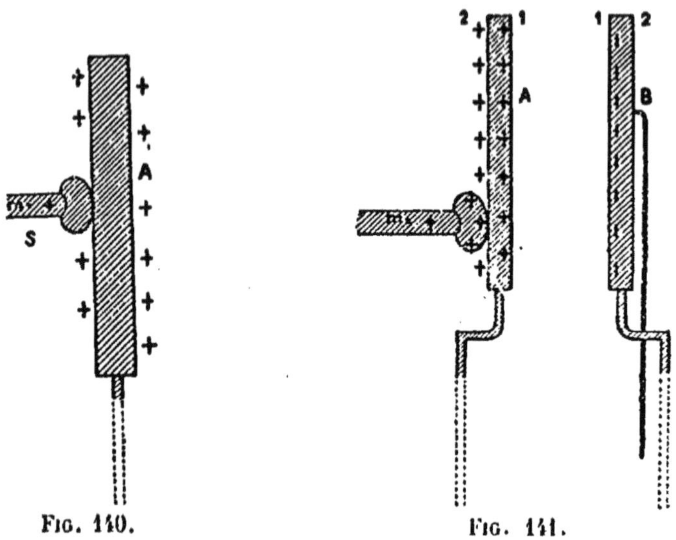

Fig. 140.

Fig. 141.

tricité négative sur la face 1 de B, l'électricité positive s'écoule par le sol.

Mais cette électricité négative attire sur la face 1 de A de l'électricité positive de la face 2. Cette électricité plus éloignée agit moins sur *m*. Il peut donc venir encore de l'électricité de la source sur le plateau A.

Approchons B : l'influence augmente. L'électricité positive s'accumule sur A, la négative sur B et une nouvelle quantité d'électricité positive vient sur le plateau. La quantité d'électricité condensée grandit quand on rapproche les plateaux tant qu'il n'y a pas d'étincelle (1).

(1) L'étincelle jaillit à une distance d'autant plus grande que le potentiel de la source est plus grand ; nous avons déjà dit que les forts potentiels sont caractérisés par de longues étincelles.

Limite de charge. — Il y a une limite de charge pour une distance donnée des plateaux quand l'action répulsive de l'ensemble des deux plateaux (action répulsive de A diminuée de l'action attractive moindre de B) est égale pour la molécule électrique *m* à l'action répulsive de la machine.

Le condensateur étant chargé, supprimons la communication avec la source électrique et le sol. L'expérience montre que tout le fluide négatif de B est sur sa face interne, mais qu'il y a de l'électricité positive sur la face externe de A.

Décharge successive. — Supposons deux pendules *p p'* sur les faces externes de A et de B. Si on touche A, on a une petite étincelle, *p* retombe, *p'* se lève. Il y a alors en B, sur la face externe, un peu d'électricité négative mise en liberté. Touchons B : *p'* retombe, *p* se lève, etc. On finit ainsi par décharger le condensateur en enlevant à chaque fois une portion de sa charge.

Décharge instantanée. — Réunissons par un conducteur métallique les deux plateaux : nous aurons une forte étincelle.

Bouteille de Leyde (fig. 142). — Le condensateur le plus usité est la bouteille de Leyde, où la lame isolante est remplacée par un flacon de verre ; l'un des plateaux remplacé par des feuilles d'or ou de clinquant, ou tout autre conducteur appliqué sur la face interne. Au milieu est une tige métallique terminée par un bouton et qui sort du goulot fermé à la gomme laque. L'autre plateau est représenté par une feuille d'étain collée jusqu'aux trois quarts de la hauteur sur la surface extérieure. On la charge en la prenant à la main et on approche le

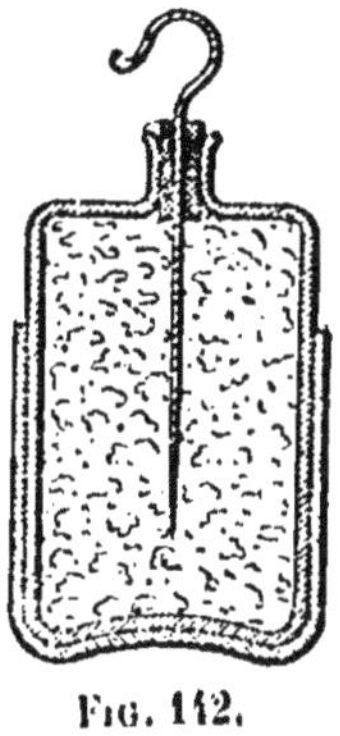

Fig. 142.

bouton de l'extrémité d'un conducteur de la machine électrique. On la décharge en réunissant les deux faces par un conducteur métallique articulé, tenu par deux manches de verre et appelé *excitateur universel* (fig. 143).

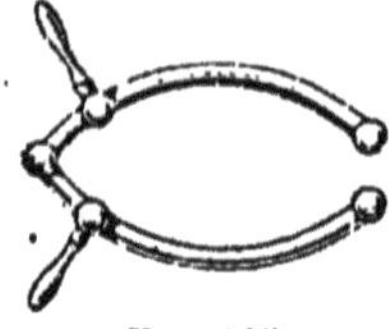

FIG. 143.

Batteries. — Une batterie se compose d'un certain nombre de grandes bouteilles de Leyde ou *jarres* placées dans une caisse en bois dont l'intérieur est garni d'une feuille d'étain qui fait communiquer toutes les armatures extérieures et qui communique elle-même avec une poignée métallique A (fig. 144). On la charge en mettant le bouton B qui est réuni aux boutons de toutes les jarres en communication avec une machine électrique. Un électromètre indique les progrès de la charge; la batterie se charge comme un condensateur unique à grande surface; l'électricité négative s'échappe par la poignée dans le sol.

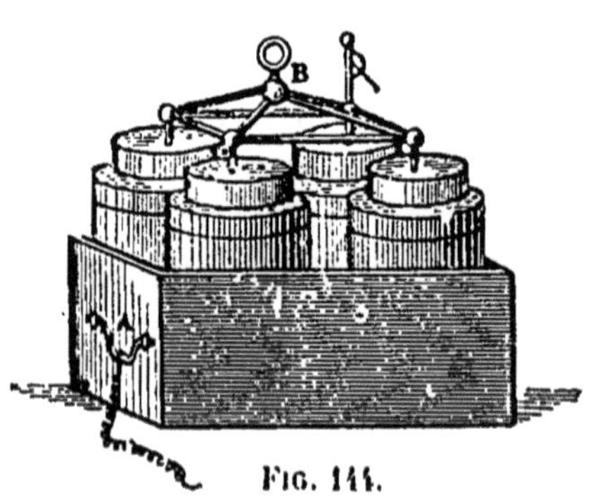

FIG. 144.

On obtient avec les batteries de très puissants effets électriques.

Effets des décharges des conducteurs. — La violence des effets dépendra toujours du travail employé pour développer l'électricité de la machine et charger le condensateur. C'est cette énergie dépensée qui se retrouve sous forme de chaleur, de bruit, de lumière ou d'actions mécaniques ou chimiques.

Effets mécaniques. — On perce une plaque de verre en faisant communiquer deux pointes voisines, entre lesquelles se trouve une plaque de verre, avec les deux armatures d'une batterie (fig. 145).

Fig. 145.

En faisant passer cette décharge entre deux boules voisines dans l'eau (fig. 146), on peut briser le vase de verre qui la contient, tant est brusque la commotion que l'eau reçoit.

Fig. 146.

En passant dans l'air, la décharge peut produire un refoulement équivalent à une petite explosion (*mortier électrique*, fig. 147).

Effets calorifiques. — En passant à travers un fil fin, la décharge le rougit et souvent le fond. — A travers des gaz raréfiés, l'électricité produit comme un œuf lumineux épanoui (*œuf électrique*). — A travers le vide absolu, elle ne passe pas

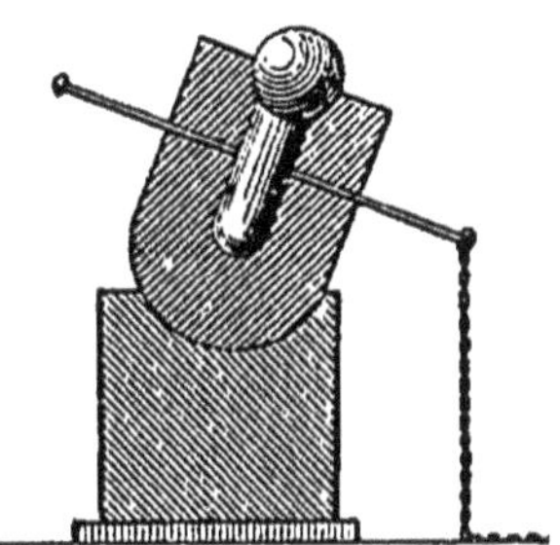

Fig. 147.

Effets physiologiques. — Sur le corps humain, la décharge produit un effet particulier qui peut devenir très dangereux si la charge est forte. On a pu, avec des décharges de batteries, foudroyer des animaux de forte taille.

Application : Etoupille électrique. — Il existe des étoupilles électriques employées par le génie et dans lesquelles on produit une étincelle entre deux petites boules placées dans du fulmicoton qui s'enflamme et enflamme le fulminate de mercure. Ces étoupilles ne sont pas très sûres, car on ne peut les vérifier comme celles à travers lesquelles on peut faire passer un courant continu.

Electroscope condensateur de Volta. — Pour les sources qui donnent beaucoup d'électricité d'une façon continue et à un très faible potentiel, comme les piles électriques (*voir plus loin*), l'électroscope ordinaire n'est pas assez sensible pour en indiquer la nature : on emploie alors l'électroscope condensateur.

L'électroscope condensateur (fig. 148) est un électroscope à feuilles d'or où la boule supérieure est remplacée par un plateau métallique A verni à la gomme laque (isolant). Sur ce plateau on pose un second plateau B à manche de verre, dont la face inférieure seule est vernie.

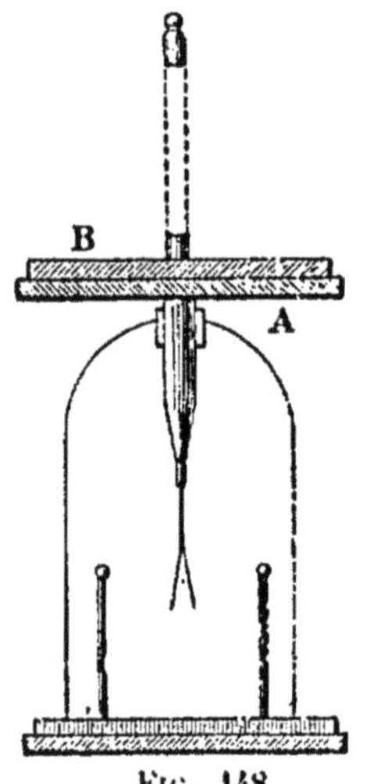

Fig. 148.

On met en communication avec la source la partie inférieure du plateau A ; en établissant la communication de B avec le sol, B sert de condensateur et permet l'accumulation de l'électricité sur A. Supprimant les communications avec la source et le sol, et en enlevant B, l'électricité de A se répand en partie dans les feuilles qui divergent. En approchant un corps chargé d'une électricité connue, on saura quelle est la nature de l'électricité de la source.

FOUDRE — PARATONNERRE

Eclair. Foudre. — Soit un nuage chargé d'électricité positive. Supposons qu'il passe auprès d'un autre nuage chargé d'électricité négative,

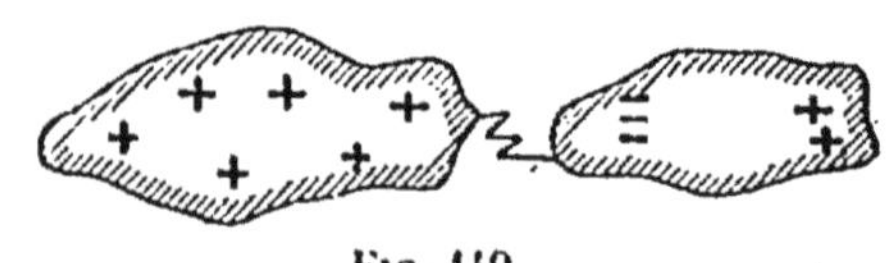
Fig. 149.

ou même simplement d'un nuage neutre qu'il influence : entre eux, l'étincelle peut jaillir, c'est l'*éclair* (fig. 149).

Supposons un nuage N électrisé positivement passant au-dessus du sol. Son électricité attire l'électricité négative du sol à la surface; l'électricité positive est refoulée au loin et disparaît. L'électricité du sol s'accumule vers tous les objets en saillie. Si la tension est suffisante, la distance assez rapprochée, l'électricité du sol et celle du nuage se combinent d'un seul coup; une étincelle, un éclair jaillit : c'est la *foudre*. — Le point du sol touché est dit *foudroyé* (fig. 150).

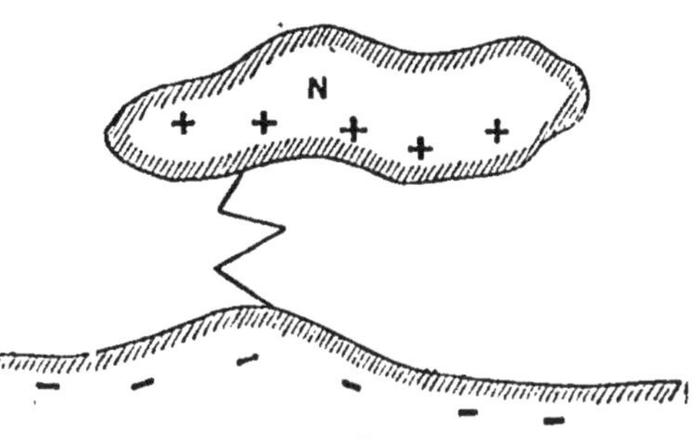

FIG. 150.

Danger des arbres. — Un arbre présente une pointe et est corps conducteur élevé; c'est donc lui que la foudre frappera de préférence, et d'autant plus qu'il sera plus élevé au-dessus des autres.

De même un édifice élevé isolé au milieu d'un plan sans arbres ou au sommet d'une hauteur; un clocher, etc..., sont dits *attirer la foudre*.

Pouvoir protecteur des pointes : Paratonnerre. — Comment protéger ces points? — En ne permettant pas à l'électricité de s'y accumuler en grande quantité. Pour cela, il faut lui procurer un écoulement facile par des pointes. Toutes les parties de l'édifice à protéger devront communiquer avec une pointe élevée par où se dégagera l'électricité, et cette pointe devra communiquer elle-même avec le sol : c'est le principe du paratonnerre ordinaire. — Ou encore, le sol communiquera avec une sorte de cage métallique à nombreuses petites pointes dont on couvrira l'édifice (paratonnerre-cage).

— *Paratonnerres des édifices militaires.*

On admet que la *protection d'un paratonnerre* s'étend sur tous les points à l'intérieur du cône dont le sommet est la pointe de la tige et la base, sur le sol, un cercle dont le rayon est voisin de $2h$, h

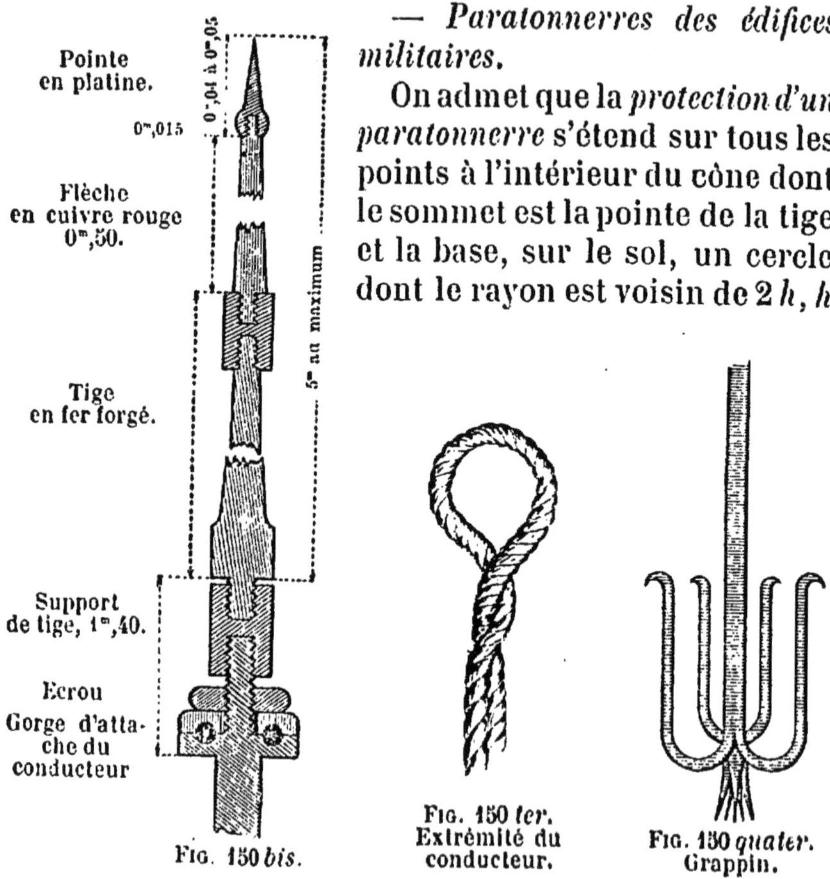

Fig. 150 *bis*.

Fig. 150 *ter*. Extrémité du conducteur.

Fig. 150 *quater*. Grappin.

étant la hauteur de la pointe — ou, plus rapidement, un paratonnerre couvre sur le sol le double de sa hauteur

— Nous donnons ci-contre le détail de la tige. — La pointe est en platine à cause du peu de fusibilité du métal qui, de petite section, risquerait de fondre au passage de l'électricité. — La flèche, encore mince, est en cuivre rouge, métal très conducteur. — La tige, plus épaisse, peut être simplement en fer. Toutes les parties sont réunies par des écrous.

— Le support de tige, fixé au bâtiment, porte une gorge d'attache circulaire où on serre l'extrémité du conducteur à l'aide d'un écrou.

Le conducteur est formé d'une âme en chanvre sur laquelle s'enroulent 7 torons de fils de cuivre.

Le conducteur est amené à la terre dans un puits ordinaire ayant au moins 1 mètre d'eau de profondeur. Le câble descend dans le puits et se termine par un grappin en fer galvanisé (pour éviter la rouille) qu'on place dans un panier de coke tassé, plongé dans l'eau.

Si on ne peut pas faire de puits, on amène la tige à une tranchée humide terminée par une sorte de puisard creusé dans le sol, où on place le panier de coke.

MAGNÉTISME

Aimants. Pôles. — Une pierre naturelle, la pierre d'aimant (*magnès*), attire le fer et quelques autres métaux (nickel, etc...). — Un barreau d'acier trempé, frotté avec un aimant, prend et garde cette propriété.

Si on le plonge dans la limaille de fer, à ses deux extrémités s'attachent des houppes de limaille. Les deux points P et P' qui paraissent des centres d'action sont aux extrémités : on les appelle *pôles*.

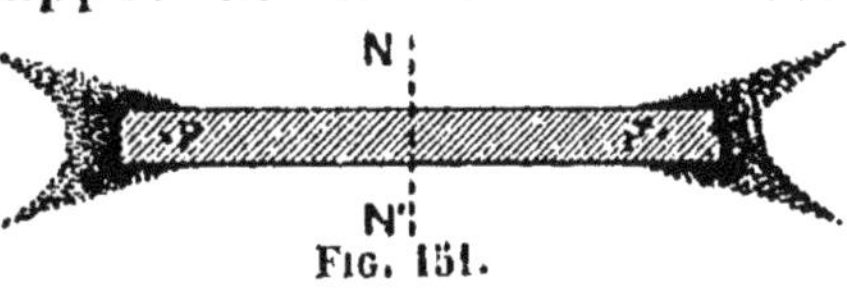

Fig. 151.

Au milieu est une ligne neutre NN' (fig 151).

Un aimant suspendu par un fil tourne toujours l'un de ses pôles dans la direction du nord. On construit des aiguilles légères en forme de losanges aimantés et pouvant osciller autour d'un pivot vertical. On donne à la pointe qui se dirige vers le nord une teinte bleue.

Action réciproque des pôles. — Présentons au pôle

nord de cette aiguille le pôle sud d'un aimant; il est attiré, et, une fois au contact, y reste tant qu'on ne fait pas un effort suffisant pour séparer les deux pôles. Le pôle sud de l'aiguille est au contraire repoussé. Des effets inverses se produisent quand on fait agir le pôle nord de l'aimant.

Deux pôles de même nom se repoussent; deux pôles de nom contraire s'attirent.

Au contact d'un aimant, le fer doux agit comme un aimant. Ainsi on peut suspendre plusieurs petits barreaux de fer au pôle d'un aimant (fig. 152). Une fois

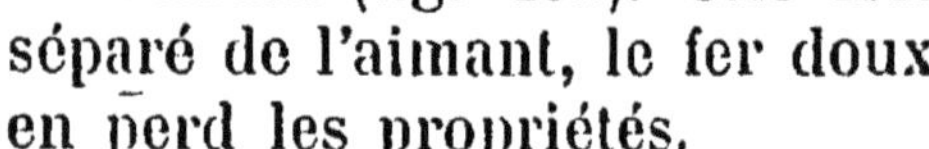

séparé de l'aimant, le fer doux en perd les propriétés.

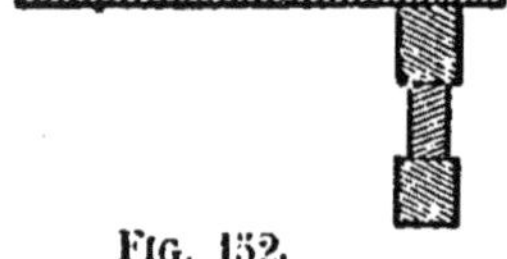

Fig. 152.

L'acier, dans les mêmes conditions, ne manifeste d'abord aucune trace d'aimantation. Mais, au bout d'un certain temps, il s'y forme des pôles, et cette aimantation est permanente.

Un aimant brisé donne naissance à autant d'aimants ayant leurs pôles orientés comme dans l'aimant pri-

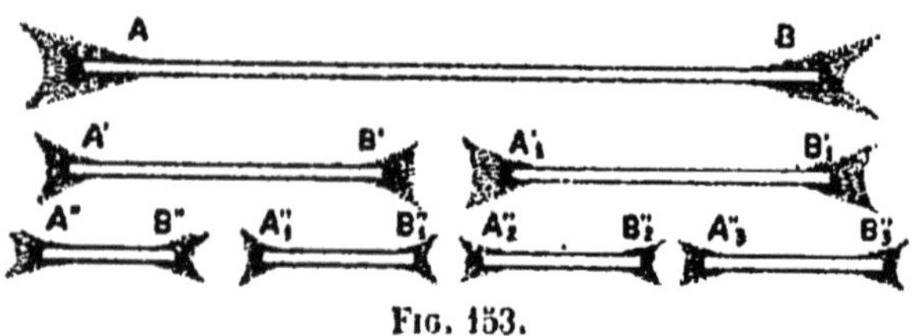

Fig. 153.

mitif On en fait l'expérience avec de longues aiguilles (fig 153).

Nous voyons dans ces actions bien des ressemblances et aussi des différences avec les actions électriques A l'origine on les expliquait aussi par l'hypothèse d'un fluide spécial, le fluide magnétique, dont chaque molécule serait composée de deux demi-molécules, l'une de fluide austral, l'autre de fluide boréal, orientées indifféremment dans les corps non aimantés. L'aimantation, au lieu de les séparer et de les éloigner comme il arrive pour la molécule d'électricité neutre, ne ferait que les orienter toutes dans un sens déterminé sans les faire voyager sur le corps magnétique, aux molécules duquel elles resteraient comme collées.

Ainsi, dans un aimant, il y a des molécules de fluide neutre orientées en nombre de plus en plus grand quand on approche de la ligne neutre. Nous le représentons (fig. 154) par des cercles de plus en plus grands. Chaque fluide agit comme un petit aimant.

Avec cette disposition, on voit que les actions doivent être maxima dans la direction de la ligne des centres. L'action de a_2 sur mn est supérieure à celle de b quoique un peu plus éloignée, car il y a plus de molécules magnétiques orientées dans la branche a_2. Le système b_1 a_2 agit donc comme a_1, etc.

La force totale dans le sens de a_1 est :

$$a_1 + (a_2 - b_1) + (a_3 - b_2) + \ldots + (a_n - b^n - _1).$$

Chacune des parenthèses est plus grande que zéro.

Cette théorie explique les phénomènes des pôles, de la ligne neutre, de l'aimant brisé.

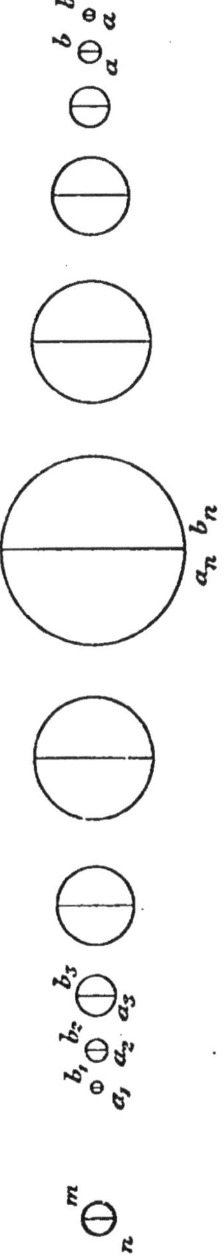

Fig. 154.

Déclinaison et inclinaison.

L'aiguille aimantée mobile autour d'un axe vertical s'appelle *aiguille de déclinaison*. Elle ne se dirige pas exactement vers le nord. A Paris, elle fait en ce moment un angle de 15° vers l'ouest avec le plan du méridien (plan mené par la verticale du lieu O L et la ligne des pôles PP', fig. 155).

La *déclinaison* en un lieu est l'angle fait par la partie australe de la ligne des pôles de l'aiguille de déclinaison, avec le plan du méridien du lieu.

Si une aiguille placée dans le plan méridien est mobile autour d'un axe horizontal passant par son centre de gravité, sa pointe australe s'incline au-dessous de l'horizon. Cette aiguille s'appelle *l'aiguille d'inclinaison*.

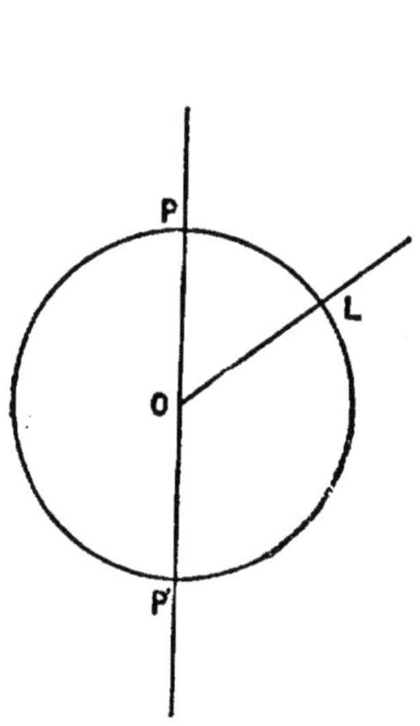

Fig. 155. — O centre de la terre; P P' ligne de ses pôles; O L verticale de L; P O L plan méridien de L.

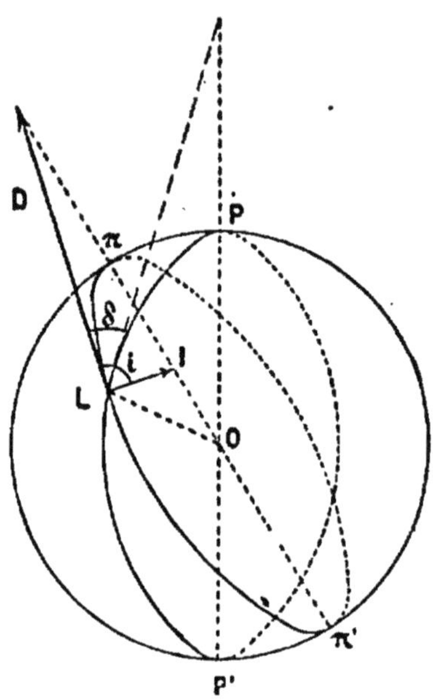

Fig. 155 *bis*. — L D aiguille de déclinaison, L I aiguille d'inclinaison; δ angle de déclinaison; *i* angle d'inclinaison; πLπ' méridien magnétique de L; P L P' méridien géographique; L O verticale de I.

L'*inclinaison* est l'angle que fait la partie australe de la ligne des pôles de l'aiguille d'inclinaison avec le plan horizontal.

Une aiguille pouvant osciller librement autour de son centre de gravité se placerait donc de telle sorte que le plan mené par elle et la verticale, c'est-à-dire le plan du méridien magnétique, ferait avec le plan du méridien géographique un angle égal à la *déclinaison*. Dans le plan méridien magnétique, cette aiguille ferait un angle égal à l'*inclinaison* avec l'horizontale de ce plan.

Hypothèse de l'aimant terrestre. — Cette influence de la terre sur l'aimant est simplement *directrice*. L'expérience montre qu'elle ne saurait produire le plus léger déplacement (aiguille flottante).

On l'explique en supposant qu'il existe au centre de la terre un aimant orienté à peu près nord-sud. Cet aimant étant très éloigné, son action sur chacun des pôles d'une aiguille est égale et contraire.

Deux forces égales et parallèles appliquées aux deux extrémités d'une aiguille constituant un *couple*, elles donnent à l'aiguille leur direction et ne sauraient produire un déplacement (fig. 156).

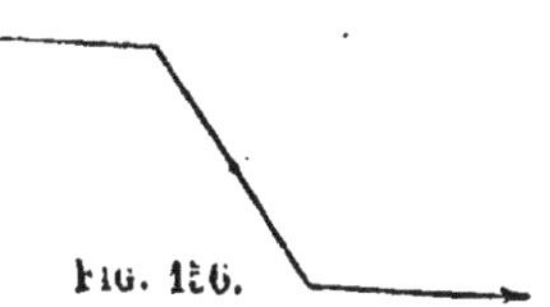

Fig. 156.

BOUSSOLES USUELLES

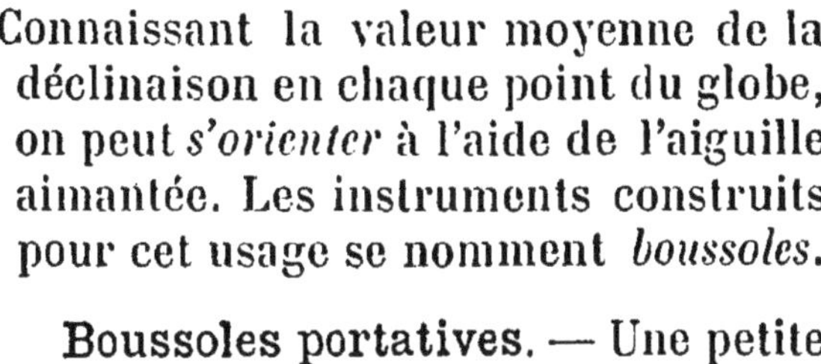

Boussole. — Connaissant la valeur moyenne de la déclinaison en chaque point du globe, on peut *s'orienter* à l'aide de l'aiguille aimantée. Les instruments construits pour cet usage se nomment *boussoles*.

Fig. 156 *bis*. — F F ligne de foi ; O I aiguille aimantée faisant avec la ligne de foi l'angle calculé pour la direction du navire ; G gouvernail.

Boussoles portatives. — Une petite aiguille aimantée peut, à l'aide de griffes, se fixer à un carton pour un levé d'itinéraire. Elle indique la direction d'une manière approchée et suffisante pour ces sortes de levés.

Le *déclinatoire* est une boussole plus longue, portée par une petite boite en bois ; elle a environ 8 centimètres de longueur ; elle peut se fixer sur une planchette et permet une orientation assez précise.

On a construit encore pour des levés de détail des boussoles portées par des trépieds et qui sont de vrais instruments de précision. Les aiguilles, longues de plus de 10 centimètres, sont mobiles sur un limbe gradué de 0 à 400 grades.

Elles servent à trouver les angles que

font entre elles les lignes de petits polygones tracés sur le terrain (levés de fortification).

Boussole marine. — Elle se compose d'une aiguille aimantée portée sur un limbe où sont marqués les degrés et la rose des vents.

La boîte porte une ligne fixe FF placée dans la direction de l'axe du navire. Si on connaît approximativement la position du point où l'on se trouve, on sait par cela même, quel angle fait la ligne nord-sud avec la route à suivre, et, en tenant compte de la déclinaison du lieu, quel angle l'aiguille aimantée doit faire avec la ligne de foi. Si le navire s'écarte de cette direction, on en est averti par la boussole et on l'y ramène à l'aide du gouvernail. La boussole est maintenue horizontale par une suspension particulière dite à la Cardan.

Aimantation par simple touche.

En présence d'un aimant, une tige d'acier s'aimante, mais, par le frottement, on obtient des résultats plus rapides et plus énergiques.

Pour aimanter une tige d'acier par le procédé de la simple touche, on appuie fortement sur elle l'extrémité australe par exemple d'un barreau aimanté, et on le fait glisser dans le sens de la longueur de A vers B (fig. 157). — On recommence plusieurs fois de suite en faisant toujours glisser l'aiguille de même de A vers B. L'opération terminée, on constate qu'il s'est formé un pôle boréal en B.

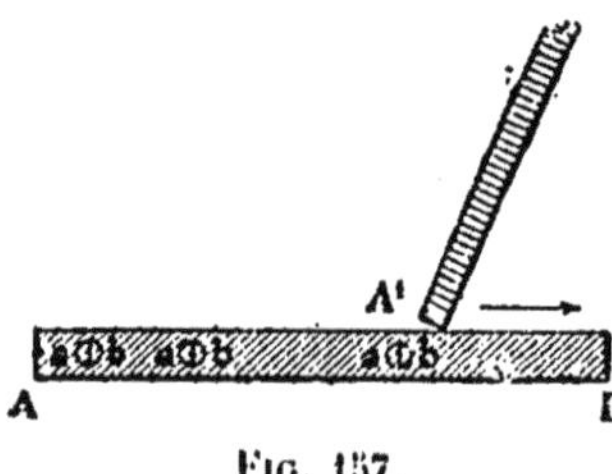

Fig. 157.

On obtiendrait une aimantation plus énergique en plaçant l'aiguille sur un aimant et en la frottant comme l'indique la figure.

Explication. — Les vibrations dues au frottement de A_1 quand il passe au-dessus d'une molécule magnétique lui permettent de s'orienter.

On augmente la rapidité et l'intensité de l'aimantation en plaçant *le pôle* B_2 *et le pôle* A_2 de deux aimants sous les extrémités du

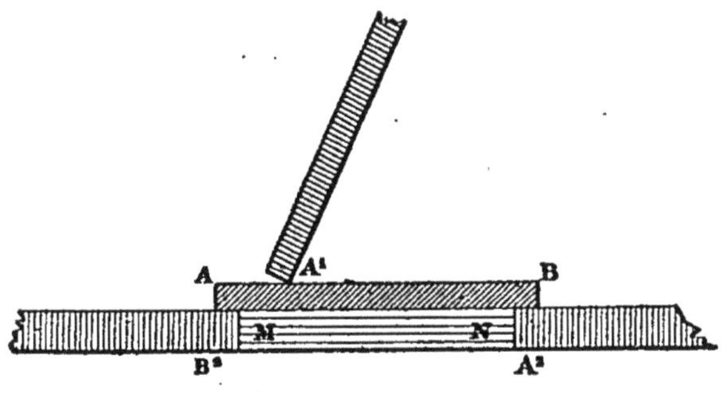

Fig. 158.

barreau que soutient une pièce de bois M N (fig 158). B_2 et A_2 déterminent la même orientation des molécules magnétiques.

M est un pôle austral, N un pôle boréal.

Variations de la déclinaison et de l'inclinaison.

1° En un même lieu. — La déclinaison subit en un point du globe des *variations diurnes* de quelques minutes. Elle marche vers l'ouest du matin jusqu'à l'heure la plus chaude et revient ensuite vers l'est. Si on fait chaque année la moyenne des déclinaisons observées et si on compare les moyennes de diverses années, on voit que la déclinaison, orientale au XVIe siècle, est devenue depuis progressivement occidentale. Elle est égale aujourd'hui à 15° (1894).

L'inclinaison va en diminuant; elle est aujourd'hui de 65° 45' environ.

Il y a aussi des variations accidentelles qui sont de vrais orages magnétiques; elles coïncident en général avec l'apparition des aurores boréales, phénomènes magnéto-électriques et lumineux qui se passent probablement dans les hautes régions de l'atmosphère.

2° En divers lieux. — La déclinaison varie beaucoup avec les divers points du globe. Occidentale en Europe, elle est orientale en Chine et au Japon. Une table de ces déclinaisons est entre les mains des marins. Il faut en tenir compte pour trouver la vraie direction nord à l'aide de la boussole.

L'inclinaison varie aussi. Il y a à 18° du pôle boréal un point où l'aiguille est verticale, la pointe australe en bas (*pôle magnétique boréal*). Depuis ce point, déplaçons-

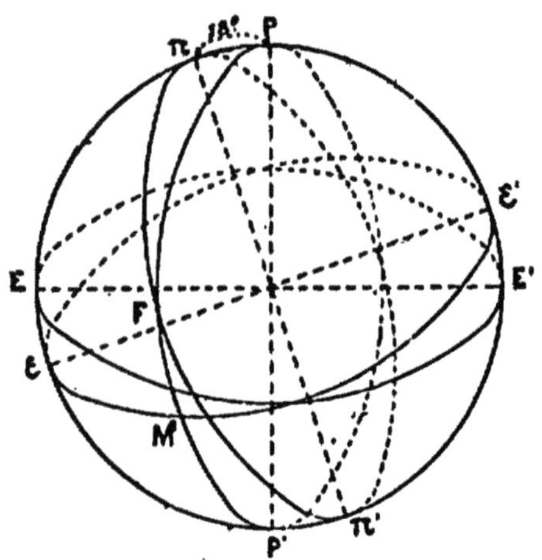

Fig. 158 *bis*. — P P', E M E ligne des pôles et équateur géographiques; P F P' méridien de Paris; π π' pôles magnétiques; ε M ε' équateur magnétique; π F π' méridien magnétique de Paris.

nous sur un méridien PπEP'; la pointe australe se relève, l'inclinaison passe de 90° à 0° en ε (*équateur magnétique*), puis la pointe australe est en haut; l'aiguille redevient verticale en π' à 18° du pôle austral géographique (*pôle magnétique austral*).

Il en est de même sur tous les méridiens magnétiques, c'est-à-dire sur tous les grands cercles passant par ππ'.

Ainsi, pour un lieu F, le méridien géographique est PFP';
— — magnétique — πFπ'.

NEUVIÈME LEÇON

ELECTRICITÉ DYNAMIQUE

Pile de Volta. — Si on place debout dans un vase isolant plein d'eau acidulée une plaque de zinc et une plaque de cuivre terminées chacune par un fil de cuivre, on constate à l'aide de l'électroscope condensateur la présence sur le fil P d'électricité positive, et sur le fil N d'électricité négative (fig. 159).

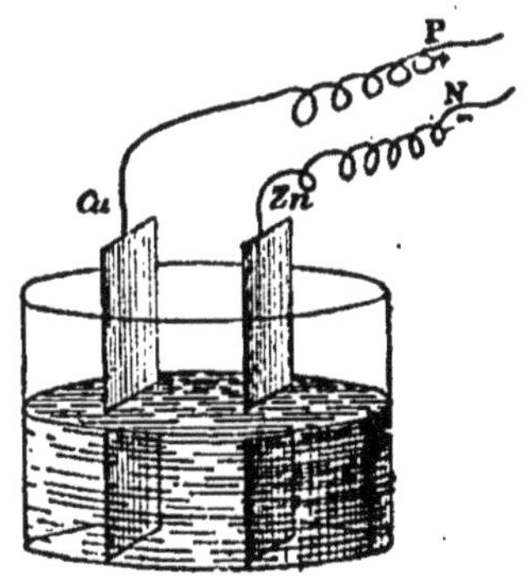

Fig. 159.

Si on joint PN, ces deux électricités doivent se combiner, et elles se combinent.

Mais, quand on sépare de nouveau P et N, on les retrouve chargés d'électricité comme auparavant. C'est que l'électricité positive et l'électricité négative sont venues constamment en P et N remplacer celles qui se combinaient; ou, pour parler autrement, que l'électricité circule du cuivre au zinc : il y a *courant*.

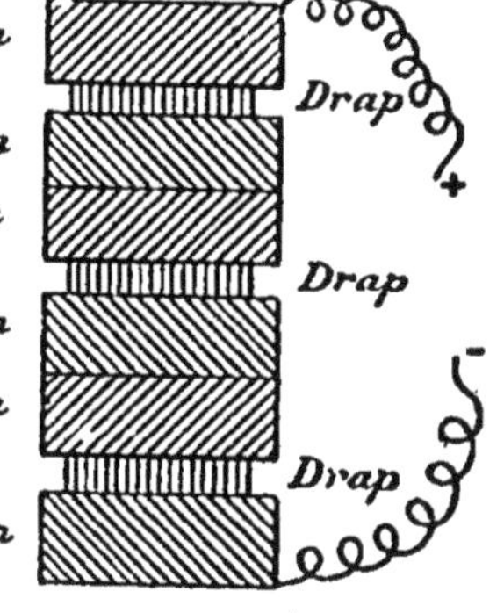

Fig. 160.

Différents effets, sur lesquels nous reviendrons, montrent qu'il y a un passage continu d'électricité du cuivre au zinc hors du vase et du zinc au cuivre dans le vase; c'est le *courant électrique*.

En remplaçant l'eau acidulée interposée entre le cuivre et le zinc par une rondelle de drap imbibée d'eau acidulée, et si on *empile* l'un sur l'autre au-dessus d'un pied isolant plusieurs systèmes zinc-rondelle de drap-cuivre, on obtient la pile de Volta ; c'est la première pile électrique qui ait été construite. Le zinc inférieur est appelé *pôle négatif*, le cuivre supérieur *pôle positif* (fig. 160 *bis*). — En mettant un fil de cuivre à chacun de ces pôles, l'un est chargé d'électricité positive immobile, l'autre d'électricité négative immobile. Si on établit entre eux un contact métallique, l'électricité circule du cuivre au zinc dans le conducteur; du zinc au cuivre dans la pile, il y a un courant.

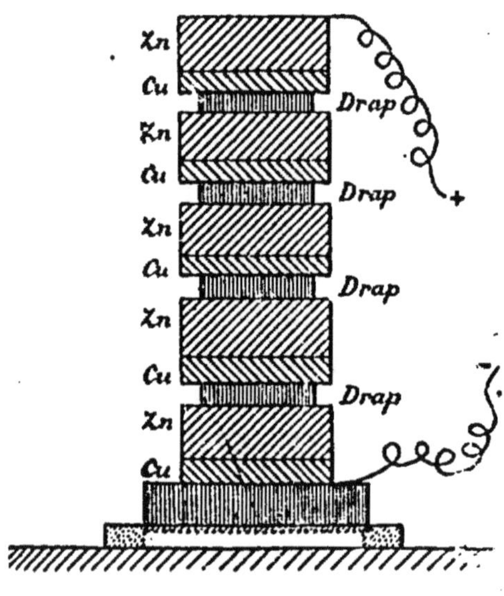

Fig. 160 *bis*.

La pile, telle qu'elle est représentée sur la figure, est la pile construite par Volta. Depuis, on a remarqué que le zinc supérieur et le cuivre inférieur ne servaient que de conducteurs, et on les a supprimés.

C'est en supposant cette suppression faite qu'on dit que le zinc est le pôle — et le cuivre le pôle +.

Cette circulation d'électricité ne se fait pas sans une certaine dépense d'énergie. Cette énergie est empruntée à la chaleur que dégage l'action chimique de l'acide sur le zinc.

La rondelle de drap ne joue dans la pile de Volta d'autre rôle que celui de véhicule de l'eau acidulée; aussi a-t-on imaginé de nombreuses dispositions qui la suppriment, entre autres la *pile à auge* où les zincs et les cuivres sont installés verticalement et parallèlement sur un bâti qu'on met dans une auge et qu'on peut enlever dès qu'on ne veut plus utiliser le courant de la pile (fig. 161).

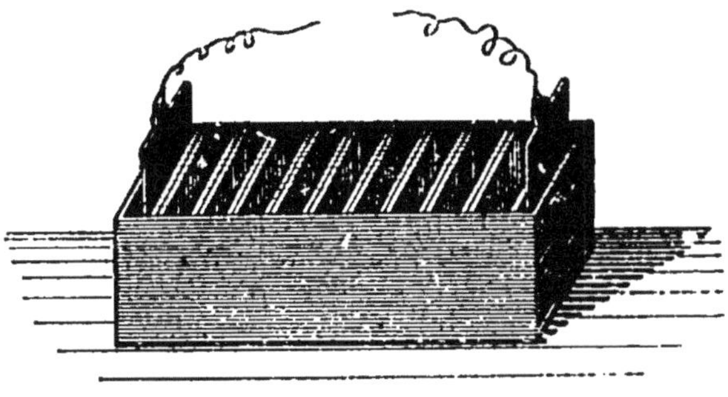

Fig. 161.

Emploi du zinc amalgamé. — Si on prend une lame de zinc parfaitement pur, on constate que tant que les fils partant des deux plaques ne sont pas réunis par un contact métallique nu, c'est-à-dire quand le circuit n'est pas fermé, le zinc n'est pas attaqué sensiblement par l'acide. Si au contraire on emploie le zinc impur du commerce, l'action chimique a lieu même en circuit ouvert et la dépense du zinc est bien plus grande; en outre, la pile s'affaiblit très vite.

Le zinc pur serait cher; aussi le remplace-t-on par le *zinc amalgamé,* préparé avec le zinc du commerce dont la surface a été mise en contact avec le mercure : ce zinc se comporte dans la pile comme du zinc pur.

Grâce au zinc amalgamé, la pile ne travaille plus en circuit ouvert, mais, lorsqu'on laisse le courant longtemps fermé, elle s'affaiblit très vite sans que le zinc ou l'acide soient usés sensiblement.

Nous allons étudier les causes de cet affaiblissement et chercher à obtenir des piles à courant constant.

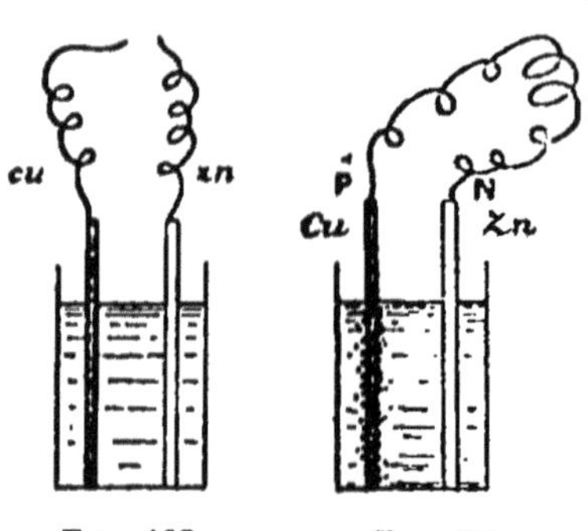

Fig. 162. Fig. 163.

Pour cela, observons ce qui se passe dans un élément formé de cuivre et de zinc amalgamé plongé dans l'eau acidulée.

Tant que le circuit n'est pas fermé, on n'observe aucun dégagement gazeux (fig. 162).

Quand le circuit est fermé, au contraire, on voit sur la lame de cuivre se former de petites bulles gazeuses qui s'y accumulent peu à peu ; en même temps, le courant s'affaiblit (fig. 163).

Ces bulles gazeuses sont de l'hydrogène produit par la réaction chimique qui s'établit en circuit fermé.

Or, l'électricité positive de P pour arriver à N suit le zinc et, à travers le liquide conducteur, passe au cuivre et sort de nouveau par P, ayant accompli un circuit fermé.

Cet hydrogène, moins conducteur que le liquide, gêne donc le passage de l'électricité. C'est une cause d'affaiblissement du courant; une autre cause est le contact moins intime de l'acide et du cuivre.

Cela diminue la force électromotrice ou la différence de niveau d'un pôle à l'autre, car cet élément dépend du contact du cuivre et de l'eau acidulée. Il faut donc empêcher la formation de ces bulles sur le cuivre et pour cela absorber l'hydrogène.

Piles à courant constant. — 1° *Pile au bichromate de potasse.* — On augmente la constance de la pile en ajoutant un corps avide d'hydrogène, c'est-à-dire en ajoutant, par exemple, du bichromate de potasse à l'eau acidulée. Ce sel s'empare de l'hydrogène provenant de l'attaque du zinc qui nuisait à la constance du courant.

Dans cette pile, on remplace le cuivre par du charbon de cornue. On obtient un meilleur résultat avec les piles à deux liquides.

2° *Piles à deux liquides.* — Elles se composent d'un vase ordinaire contenant l'eau acidulée et la lame de zinc; on y plonge un vase poreux plein d'un liquide oxydant dont le rôle sera d'absorber l'hydrogène. Au milieu de ce vase se trouve le corps conducteur qui formera le pôle positif.

Pile de Bunsen. — Dans la pile de Bunsen, le liquide du vase poreux est l'acide azotique. Mais comme il attaquerait le cuivre, l'électrode positive est formée d'un charbon très dur, très compact et bon conducteur, appelé *charbon des cornues.* — Il n'y a pas de dégagement d'hydrogène, mais l'acide sulfurique n'est pas renouvelé et la pile s'affaiblit lentement; elle a en outre l'inconvénient de dégager des vapeurs nitreuses dues à l'attaque de l'acide azotique par l'hydrogène. Par contre, elle a une grande force électromotrice.

Pile de Daniell. — La pile de Daniell est la plus constante que l'on connaisse, car elle peut garder très longtemps constante la quantité des substances actives. — Dans le vase poreux, on place autour de la lame de cuivre une dissolution de sulfate de cuivre qui absorbe l'hydrogène, dépose du cuivre sur la lame et restitue à la liqueur qui entoure le zinc l'acide sulfurique dépensé.

Réaction dans le vase poreux :

Le passage du courant qui décompose l'eau de l'acide autour du zinc met en liberté de l'hydrogène, qui se substitue au cuivre du sulfate de cuivre pour produire de l'acide sulfurique. Cet acide traverse le vase poreux et maintient à l'eau acidulée une acidité constante; d'autre part, le cuivre va se déposer sur l'électrode positive, l'électrode cuivre, et ne peut y gêner la réaction : le volume de cette électrode va donc en croissant :

$$SO^4Cu + H = SO^4H + Cu$$

Pile Callaud — La pile Callaud est une modification de la pile de Daniell; le vase poreux est supprimé; une lame de zinc descend jusqu'à moitié du vase dans de l'eau acidulée ; elle est accrochée au vase.

Une lame de cuivre est au fond ; on a placé des cristaux de sulfate de cuivre, et elle communique avec le dehors, par un fil de cuivre isolé à la gutta-percha.

On a ainsi tous les éléments essentiels de la pile de Daniell.

Pile Leclanché. — Dans la pile Leclanché, l'oxydant contenu dans le vase poreux n'est plus un liquide : c'est une poudre solide de bioxyde de manganèse, tassée autour d'un prisme de charbon de cornue.

L'eau acidulée est remplacée par une dissolution de chlorhydrate d'ammoniaque (ou, à défaut, de chlorure de sodium, c'est-à-dire de sel marin); la lame de zinc est remplacée par un bâton de zinc amalgamé.

Cette pile ne travaille pas du tout en circuit fermé; elle s'affaiblit assez promptement quand le courant passe d'une façon continue, mais elle reprend toute sa force au repos. Aussi convient-elle très bien pour des services intermittents comme la télégraphie, les sonneries électriques, etc...

Signalons une précaution à prendre dans l'emploi de la pile : il faut de temps en temps remplacer l'eau qui s'est échappée par l'évaporation. On doit aussi empêcher les sels de grimper le long du vase poreux et du zinc. Ils établiraient ainsi une sorte de chaîne conductrice du zinc au cuivre. Pour empêcher l'ascension des « sels grimpants », on enduit de stéarine le haut du vase poreux.

On doit éviter aussi l'introduction du sel ammoniac et de l'eau dans le vase poreux par la partie supérieure, qui pour cela est vernie.

On a construit des éléments Leclanché où le vase poreux était supprimé. Une lame de zinc amalgamé était serrée par l'intermédiaire de corps non conducteurs, à l'aide d'anneaux en caoutchouc, autour de deux lames épaisses formées d'une pâte solidifiée de charbon de cornue et de bioxyde de manganèse. La résistance intérieure que la pile oppose au passage du courant est ainsi diminuée de la résistance du vase poreux.

Pour constater les effets des courants, dont nous allons parler, il faudra le plus souvent employer plusieurs éléments de pile associés ensemble de diverses manières; on augmente ainsi notablement la puissance des courants. (Voir plus loin : *Association des éléments*, page 158.)

Effets des courants.

Une pile est une source constante d'électricité.

Entre les deux bornes positive et négative s'attachent les fils du circuit extérieur : appelons-les le pôle positif et le pôle négatif; il y a une différence de potentiel constante causée par le contact intime des substances de natures différentes qui sont en présence. Si ces deux pôles sont unis par un conducteur, l'électricité pourra passer constamment du pôle positif au pôle négatif dans le circuit extérieur, du pôle négatif au pôle positif dans l'intérieur de la pile.

Ce mouvement constant suivant un circuit fermé ne peut se faire sans qu'une résistance soit vaincue tant dans le circuit extérieur (résistance extérieure) que dans le circuit intérieur (résistance intérieure) de la pile. Pour vaincre cette résistance, il faut qu'une énergie soit absorbée par le courant : cette énergie, c'est la réaction chimique, produite dans la pile qui la fournit.

La pile agit comme une batterie électrique qui se déchargerait d'une façon continue et se rechargerait aussitôt.

La différence de potentiel entre les pôles est très petite, si on la compare à celle des batteries : mais le débit ou la quantité d'électricité qui circule est si grande que l'on peut obtenir des effets comparables à ceux des batteries : effets mécaniques, calorifiques, lumineux, chimiques.

Effets chimiques des courants. — *Décomposition de l'eau* (fig. 164). — Un vase de verre est traversé par deux fils de platine A et B; on verse de l'eau qu'on a très

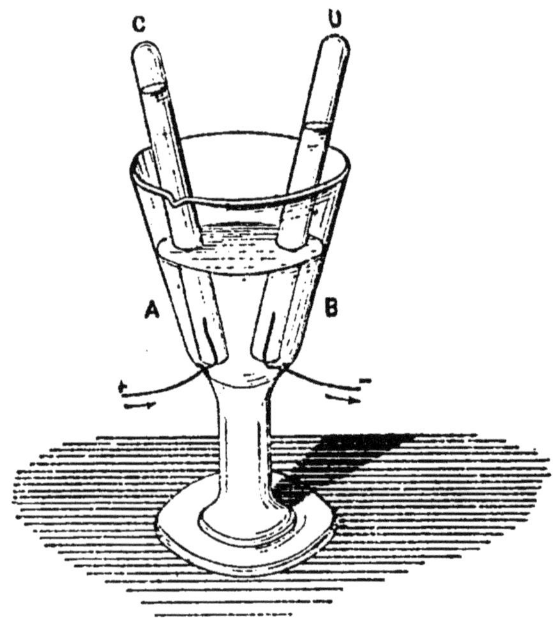

Fig. 164.

légèrement acidulée pour la rendre plus conductrice et on coiffe les fils avec deux éprouvettes pleines d'eau C et D. On constate, en mettant A en communication avec le pôle positif, B avec le pôle négatif :

1° Que le courant passe à travers les fils et l'eau;

2° Que son passage produit un dégagement gazeux sur les fils A et B et exclusivement sur les fils. Ces gaz vont s'accumuler dans les éprouvettes C et D et le volume du gaz en A est moitié du volume du gaz en B; on constate que A contient de l'oxygène, B de l'hydrogène. L'eau a été décomposée par le courant. — Le fil A s'appelle *électrode positive*, le fil B *électrode négative*. Le phénomène s'appelle *électrolyse* (décomposition par l'électricité).

Tout se passe comme si l'hydrogène avait été transporté dans le sens du courant.

Considérons maintenant la pile à tasse avec du zinc amalgamé. Il ne se produit rien en circuit ouvert; en fermant le circuit, de l'hydrogène se dépose sur le cuivre : c'est que l'eau de l'acide sulfurique est décomposée à l'intérieur de l'élément de pile, et l'hydrogène, se portant dans le sens du courant, va sur le cuivre, car le courant, dans l'intérieur de la pile, va du zinc au cuivre.

Décomposition des sels oxygénés. — *Galvanoplastie.* — Si on soumet à l'action d'un courant une dissolution d'un sel oxygéné, le métal du sel se porte à l'électrode négative, l'acide et l'oxygène à l'électrode positive.

Ainsi le sulfate de cuivre (CuO, SO^3) étant soumis à l'action d'un courant, le cuivre se déposera sur l'électrode négative. Ainsi on peut recouvrir des objets servant d'électrode d'une couche de cuivre : c'est le principe de la *galvanoplastie.*

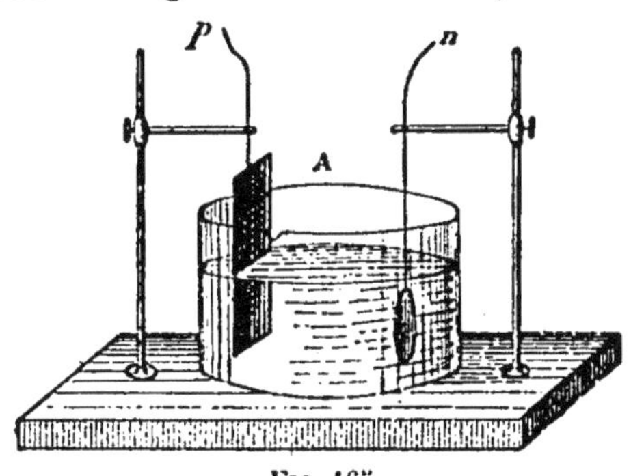

Fig. 165

Supposons qu'on veuille reproduire une des faces d'une médaille; on prend l'empreinte à la gutta-percha ramollie par une douce chaleur; c'est une empreinte inverse, creuse si la médaille est en relief. A la température ordinaire, la gutta redevient dure et garde l'empreinte. Si on y peut déposer une couche de cuivre, on aura l'empreinte en relief.

Le vase A (fig. 165) contient une solution saturée de sulfate de cuivre. On y place : 1° l'empreinte en gutta couverte d'une légère couche de plombagine qui la rend conductrice : ce sera l'électrode négative ; 2° une plaque de cuivre, électrode positive soluble. On relie *n* et *p* aux pôles négatif et positif d'une pile ; la décomposition du sulfate de cuivre porte le cuivre sur la gutta, l'acide et l'oxygène sur la plaque de cuivre qui est attaquée par eux. Ainsi se reforme le sulfate de cuivre dépensé, et la dissolution garde une teneur constante en sulfate de cuivre.

On peut reproduire galvaniquement plusieurs objets à la fois en les attachant tous à une tringle métallique et en plaçant en face de chacun des plaques de cuivre suspendues de même. Le tout plonge dans une auge à sulfate de cuivre.

La galvanoplastie sert au tirage des gravures. Au lieu d'employer la planche elle-même, on la reproduit galvaniquement ; ainsi on pourra renouveler le cliché quand il sera usé. C'est ainsi qu'on a opéré dernièrement pour la carte d'état-major, et aussi pour obtenir à la fois un grand nombre de clichés de timbres-poste avec le modèle unique fourni par le graveur. La dorure et l'argenture galvaniques se font d'après des procédés analogues ; l'électrode soluble est en or ou en argent, le bain est un cyanure double d'or ou d'argent et de potassium ; la dorure se fait dans un bain tiède (20° environ) ; les objets métalliques qui forment l'électrode négative ont été débarrassés de toute matière étrangère par des bains d'eau acidulée.

On recouvre de cuivre pour éviter leur oxydation les candélabres et les objets en fonte, les plaques de blindage des navires.

On recouvre de nickel les objets en laiton, en fer ou en acier.

Effets calorifiques des courants. — Un fil fin de platine, placé entre les pôles d'une pile de plusieurs éléments Bunsen, devient incandescent; avec des fils plus fins, on arrive à la fusion du platine. Un fil de fer de même diamètre devient rouge sombre quand le platine est blanc, et le cuivre reste obscur. Cela tient à ce que le cuivre, plus conducteur, oppose une moindre résistance et par conséquent emprunte moins de chaleur au courant.

Effets lumineux. Arc voltaïque. — Avec une pile d'une cinquantaine d'éléments de Bunsen, on peut fermer le circuit avec deux baguettes de charbon de cornue taillées en pointe.

En les écartant un peu, une sorte d'arc lumineux se produit, et il continue à jaillir entre les deux charbons, même quand on les éloigne de 8 à 10 centimètres.

La pointe se creuse du côté du charbon positif, et on voit des petites parcelles de charbon transportées au pôle négatif, qui garde une forme arrondie.

Si on a deux corps différents, deux métaux par exemple, à la place des charbons, le transport se fait de l'un à l'autre, mais surtout du pôle positif au pôle négatif.

Ce sont ces particules solides interposées qui rendent conducteur l'arc électrique et permettent le passage de l'électricité; élevées à une haute température, elles rendent lumineux l'arc, comme les parcelles de charbon solides (noir de fumée) rendent lumineuse la flamme d'une bougie ou d'une lampe.

Mais l'éclat de la lumière est dû surtout à l'incandescence des charbons eux-mêmes.

L'arc voltaïque produit par une machine de Gramme est utilisé pour éclairer les abords des places fortes, à l'aide d'appareils optiques qui en projettent au loin la lumière.

Effets physiologiques.— Ils se produisent au moment de l'établissement ou de la rupture du courant, ou encore aux moments où le courant varie. Ce sont des contractions musculaires d'autant plus grandes que le courant est plus fort. Ils semblent dus aux courants d'induction qui se produisent alors et dont nous parlerons. Aussi utilise-t-on surtout en médecine des appareils d'induction.

Constantes des piles. — La force électromotrice d'un élément de pile, ou la différence de niveau électrique des deux pôles, dépend uniquement de la nature des substances mises en contact. Elle est donc la même pour deux éléments identiques : Volta, Daniell, Bunsen, etc., quel que soit d'ailleurs le volume de ces éléments (1). Elle se manifeste par une différence de potentiel aux bornes zinc et cuivre.

La *résistance* que doit vaincre le courant est intérieure ou extérieure : intérieure, elle dépend de la nature des substances de la pile et diminue quand augmentent leur conductibilité et leur surface; extérieure, elle dépend de la nature du circuit. Plus le fil est gros et court, plus la résistance extérieure est faible.

L'intensité du courant est la quantité d'électricité qui passe en une seconde par un *point quelconque* du circuit. (Cette quantité est en effet constante partout, à l'intérieur comme à l'extérieur de la pile.)

Cette intensité pour un élément donné augmente avec la force électromotrice et diminue avec la résistance.

R étant la résistance du circuit entier,

E la force électromotrice de l'élément de pile,

Ohm a émis la loi suivante :

$$I = \frac{E}{R + r}$$

R étant la résistance intérieure de la pile,

r — extérieure —

Association des éléments de piles. — Il y a deux manières principales d'associer les éléments de piles :

---

(1) Mais non pas entre un élément Volta et un Bunsen, par exemple.

1° *En tension ou en série.* — Le pôle positif de l'un des éléments (1) est attaché au pôle négatif de (2) et ainsi de suite (fig. 166). — Il reste deux pôles libres ; ce sont eux qui constituent les deux pôles de la pile P et N et auxquels on attache les fils du circuit extérieur C.

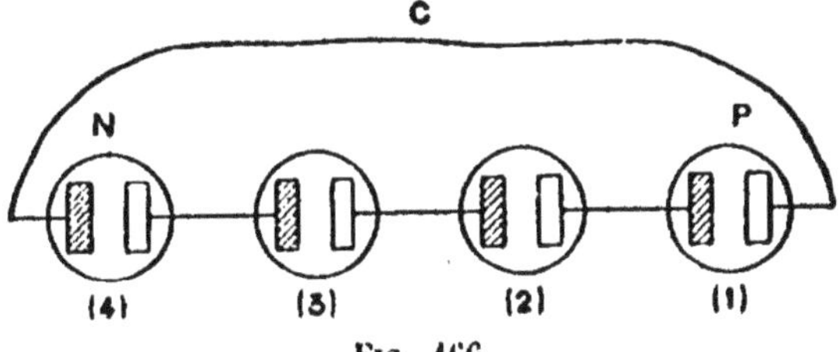

FIG. 166.

Dans une pile ainsi montée, les forces électromotrices s'ajoutent et la résistance aussi ; l'intensité est donnée par la formule :

$$I = \frac{n E}{n R + r}$$

R étant la résistance intérieure d'un élément, r celle du circuit, E la force électromotrice d'un élément. Ainsi, quand la résistance intérieure est très faible par rapport à celle du circuit, n R est négligeable par rapport à r et on a sensiblement :

$$I = n E.$$

L'intensité est donc sensiblement proportionnelle au nombre des éléments.

2° *En quantité ou en batterie.* — Tous les pôles positifs sont reliés entre eux en N, tous les négatifs en P (fig. 167). En joignant P et N, on ferme le circuit.

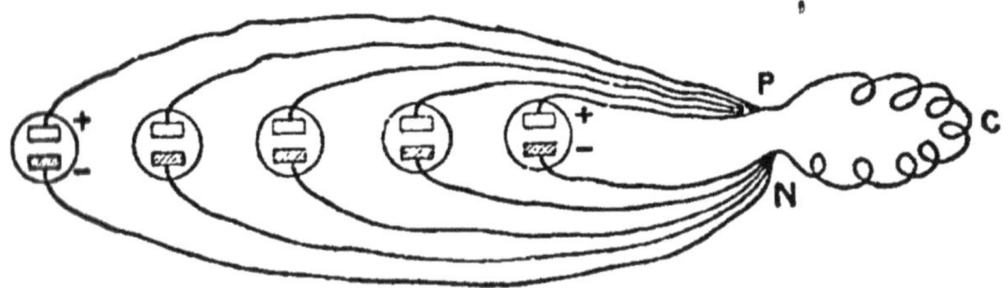

FIG. 167.

Dans un pareil assemblage, tout se passe comme si tous les cuivres unis plongeaient avec tous les zincs dans le même liquide. La résistance intérieure est n fois moindre pour n élément ; la force électromotrice ne change pas.

$$I = \frac{E}{\frac{R}{n} + r} = \frac{n E}{R + n r}$$

Le mode d'association en batterie doit être employé pour le cas où la résistance extérieure est faible par rapport à la résistance intérieure, c'est-à-dire quand $n\,r$ est négligeable par rapport à R. On a alors :

$$I = n\,E.$$

Modes intermédiaires. — On peut associer divers éléments en tension et les groupes ainsi formés en quantité suivant les circonstances

Action des courants sur l'aiguille aimantée.

GALVANOMÈTRES

Principe du galvanomètre. — Soit XX' une aiguille aimantée, libre, orientée (fig. 168). Plaçons au-dessus ou au-dessous et parallèlement à ses pointes un fil métallique. On constate que l'aiguille s'écarte de sa position primitive dans un sens ou dans l'autre, suivant la direction du courant, d'après la règle suivante, due à Ampère :

Un courant rectiligne agissant sur un aimant tend à le placer dans une position perpendiculaire à la sienne, de manière que le pôle austral soit à gauche du courant.

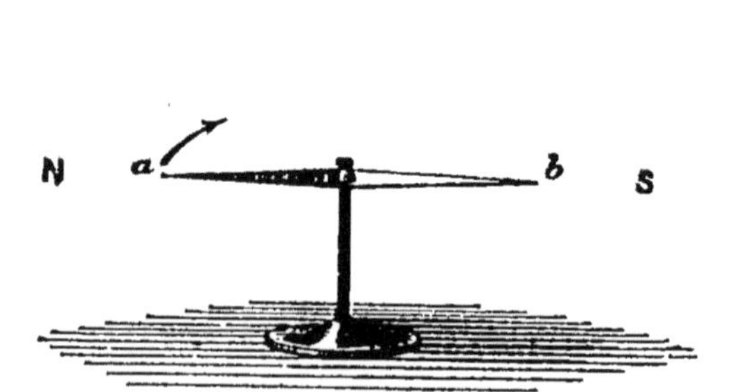

Fig. 168

La gauche du courant est la gauche de l'observateur supposé couché le long du courant qui entre par les pieds et sort par la tête, et le visage tourné vers l'aiguille.

Ainsi, dans le cas de la figure, si le courant va dans le sens de la flèche, la pointe australe sera déviée vers l'est.

Mais le courant n'est pas la seule force qui agisse sur l'aiguille aimantée; son action est variable d'ailleurs avec son intensité et sa distance à l'aiguille. L'aiguille sollicitée aussi par le magnétisme terrestre s'écartera d'autant plus de sa position d'équilibre magnétique que le courant sera plus fort et plus rapproché.

C'est là le principe des *rhéomètres* ou *galvanomètres.*

Galvanomètre — On admet que l'intensité d'un courant est proportionnelle au volume d'hydrogène électrolysé dans un voltamètre en une seconde. — Si on place un voltamètre dans le circuit et si on place une aiguille aimantée sous une longue portion rectiligne du courant, on constate que les déviations de l'aiguille sont proportionnelles aux quantités d'hydrogène décomposées par seconde dans le voltamètre. (Ce n'est exact que pour les petites déviations jusqu'à 10 ou 12 degrés.)

On peut donc se servir de cette propriété pour mesurer l'intensité des courants.

Organes du galvanomètre. — Le galvanomètre se compose d'un cadre multiplicateur entourant une aiguille aimantée ou mieux une aiguille aimantée astatique mobile sur un cercle horizontal divisé.

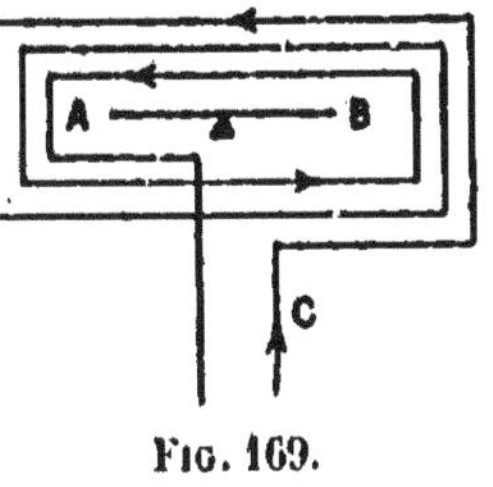

Fig. 169.

Cadre multiplicateur. — On multiplie l'action du courant en enroulant le fil conducteur sur un cadre allongé vertical qu'on oriente dans le plan du méridien magnétique (fig. 169).

Lançons le courant dans le fil par C et supposons que

l'observateur d'Ampère suive le fil dans le sens du courant. Sa gauche sera constamment vers l'ouest du plan méridien magnétique. Chaque élément du circuit tend donc à porter l'aiguille A à gauche. L'action de tous les fils s'ajoute et la déviation est beaucoup plus forte.

Le galvanomètre est un cadre multiplicateur placé autour d'une aiguille astatique.

Aiguille astatique (fig. 170). — Il faut que le courant soit assez fort pour vaincre la résistance de l'aiguille ordinaire fortement aimantée. On ne cherchera pas à diminuer l'aimantation dont on n'est pas tout à fait maître, et d'ailleurs on diminuerait aussi l'effet du courant. On a imaginé de placer l'une au-dessus de l'autre, parallèlement, deux aiguilles, invariablement liées, d'aimantation presque égale, et de pôles opposés; *ab* est l'aiguille la plus forte. Le système se tourne vers le nord avec une force égale seulement à la différence très faible des deux aimantations.

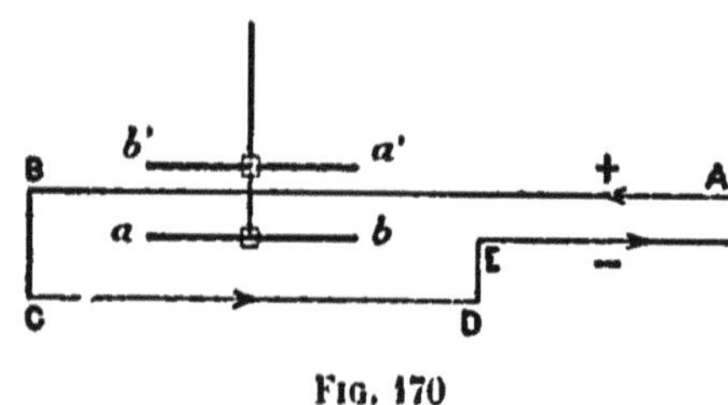

Fig. 170

Le cadre est disposé autour de *ab* comme précédemment, mais *a'b'* est au-dessus et très voisin de AB.

1° L'action de tout le fil tend, dans le cas donné, à dévier *a* vers l'ouest (en avant du plan de la figure);

2° AB tend à porter *a'* vers la gauche de l'observateur d'Ampère qui regarde *a'b'*, c'est-à-dire vers l'est, ou l'arrière du plan de la figure; sur BCDE l'observateur a dû se retourner, sa gauche a changé de côté, l'effet est inverse.

L'action de AB sur *a'b'* concorde avec celle de tout le fil sur *ab*, car porter *a'* à l'est, c'est porter *b'* à l'ouest où tend déjà à se porter *a*. Cette action est prépondérante par rapport à celle de BCD beaucoup plus éloigné de a' b'.

L'action du courant tend à dévier les deux aiguilles dans le même sens; le système, soustrait pour ainsi dire à l'action de la terre, c'est-à-dire *astatique*, fonctionne donc comme une aiguille unique très impressionnable au courant.

Si l'aiguille $a'b'$ est sur un cercle divisé, on obtient le *galvanomètre ordinaire*.

Si au milieu on place un miroir, on peut observer les très petites déviations d'un rayon qu'on y fait réfléchir : c'est le *galvanomètre Thompson*.

Emploi du galvanomètre. — Il faut d'abord *l'orienter* de telle sorte que, lorsque le courant ne le traverse pas, l'aiguille soit au zéro. On fait ensuite passer le courant.

L'aiguille est déviée plus ou moins à droite ou à gauche suivant le sens et l'intensité du courant.

Unités électriques :

— Les graduations sont faites à l'aide d'artifices particuliers, soit en partant d'une unité arbitraire, soit en se servant du système des unités électriques adoptées récemment par le congrès des électriciens.

L'unité d'intensité est *l'ampère* ;

— de force électromotrice est *le volt* ;

— de résistance est *l'ohm*.

— Ces unités correspondent entre elles et sont liées aux unités fondamentales (centimètre, gramme, seconde) par des relations simples qui permettent de les introduire dans les calculs mécaniques.

DIXIÈME LEÇON

ACTION DES COURANTS SUR LES COURANTS

Ces actions diffèrent suivant la direction et les positions relatives des courants.

Elles peuvent se diviser en :

Actions de déplacement;
— d'orientation;
— de rotation.

Déplacement des courants par les courants. — 1° *Loi des courants parallèles : deux courants parallèles et de même sens s'attirent; deux courants parallèles et de sens contraire se repoussent.*

On peut démontrer ces lois à l'aide de dispositifs qui permettent à un courant attiré ou repoussé par un courant parallèle fixe de tourner autour d'un axe pour se rapprocher ou s'écarter du courant fixe.

Le courant fixe est constitué par une branche d'un cadre multiplicateur MN; le courant mobile par une branche d'un fil métallique BC, replié plusieurs fois comme l'indique la figure, et pouvant tourner autour d'un axe *ac* formé par deux aiguilles d'acier plongeant dans de petits godets coniques pleins de mercure *a* et *c* (fig. 171).

On fait arriver le courant d'une pile P par A*a*BC*c* MNP.

On a ainsi un courant ascendant en M et un courant descendant en B.

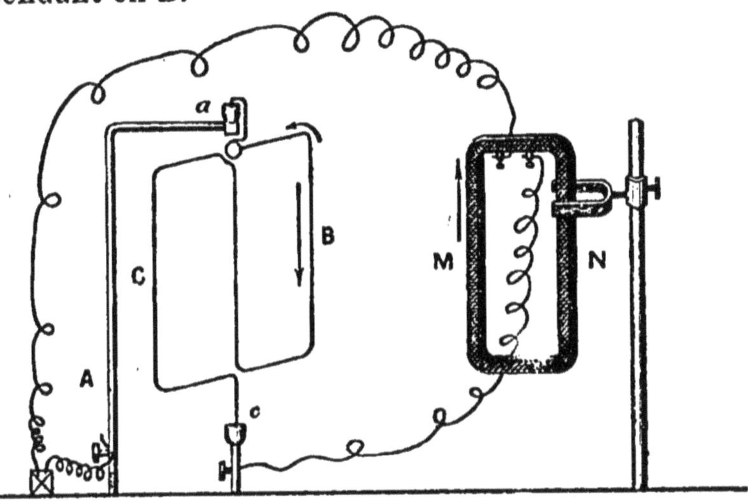

Fig. 171.

B fuit M ; C au contraire est attiré par M.

On obtient l'effet inverse en retournant le multiplicateur, de manière que la branche N soit à la place de M.

2° *Loi des courants angulaires : deux courants rectilignes, dont les directions forment un angle, s'attirent lorsqu'ils s'approchent ou s'éloignent tous deux du sommet de l'angle;*

Ils se repoussent quand l'un s'approche et que l'autre s'éloigne du sommet.

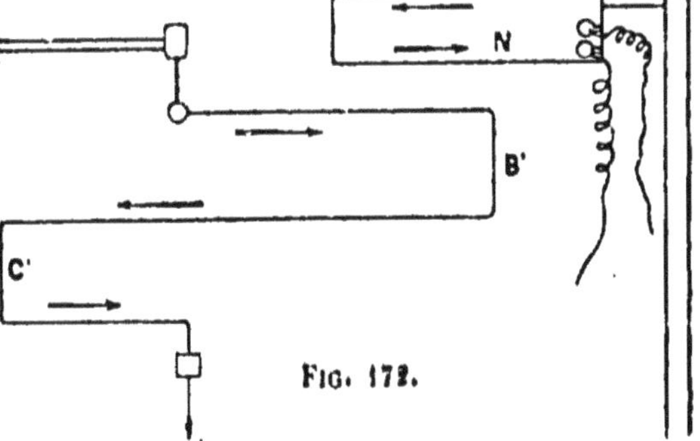

Fig. 172.

Pour démontrer cette loi, on remplace le cadre B C par le cadre B' C'. En plaçant M N comme dans la figure 172 ou renversé, et en faisant tourner B' C' à volonté, on vérifie la loi.

3° *Loi des courants sinueux : un courant sinueux* (où les sinuosités sont petites) *a la même action qu'un courant rectiligne de mêmes extrémités.*

On le prouve en faisant remonter, suivant une ligne sinueuse, le courant descendu par un fil rectiligne; l'action est nulle sur M et sur N : c'est que la partie ascendante sinueuse *mn* a une action contraire et égale à celle de la partie droite (fig. 173).

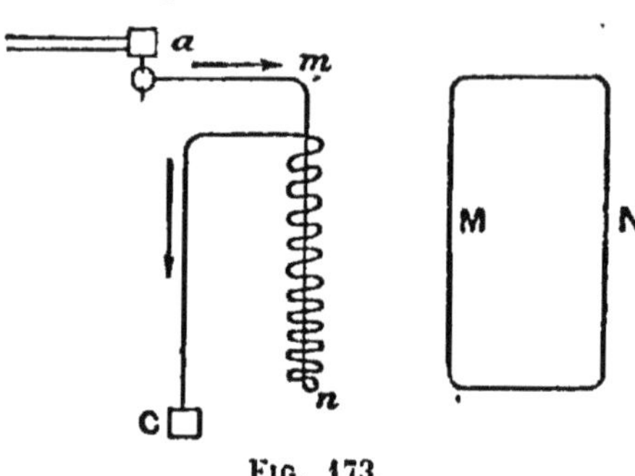

Fig. 173.

Orientation des courants par les courants. — Un courant vertical V, mobile autour d'un axe vertical, étant sollicité par un courant horizontal fixe, tend à se placer de telle sorte que le plan OZV (fig. 174) soit parallèle à *xy* et que V soit tourné du côté où va le courant *xy* si V est ascendant, en sens inverse si V est descendant. (Loi des courants angulaires.)

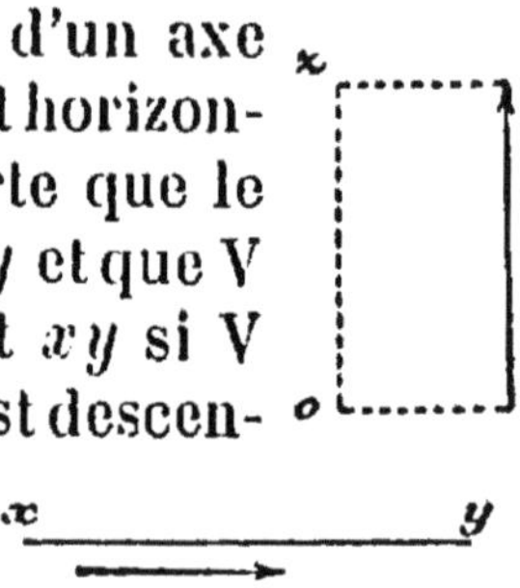

Fig 174.

Un circuit vertical, dans les mêmes conditions, tend à se placer de telle sorte que la partie horizontale soit parallèle au courant fixe et de même sens que lui.

Rotation des courants sous l'influence des courants. — Il y a des cas où, au lieu d'un simple déplacement, il se produit un *mouvement circulaire continu.*

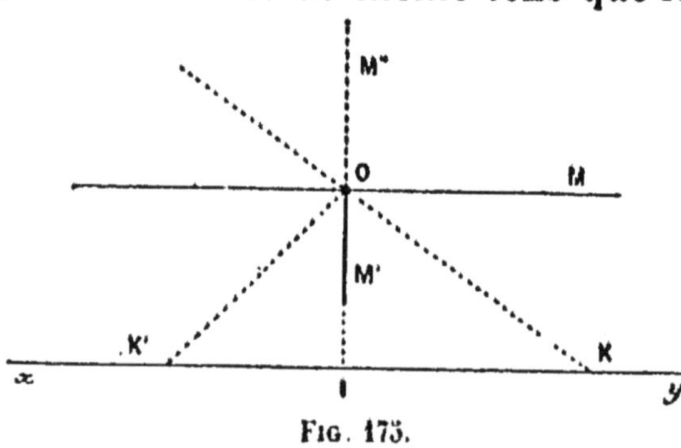

Fig. 175.

Exemple : Soit une portion OM de courant mobile dans un plan vertical, comme l'aiguille d'une horloge, et, dans ce plan, au-dessous de O M un courant horizontal xy. — Les lois des courants parallèles et angulaires montrent comment une rotation doit se produire dans le sens de la flèche M M' M''.

Courants terrestres. — La terre agit sur les courants comme sur les aimants : elle peut orienter ou faire tourner des courants mobiles. Tout se passe comme s'il existait un courant indéfini allant de l'est à l'ouest dans le plan de l'équateur magnétique.

Ainsi, un circuit vertical s'oriente de telle façon qu'il soit ascendant à l'ouest et descendant à l'est (fig. 176).

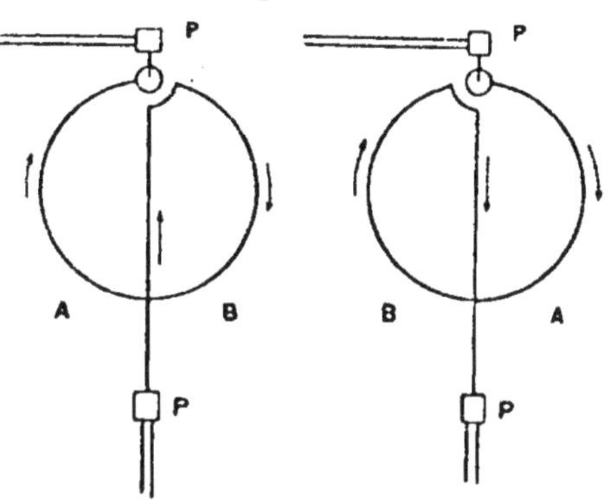

Fig. 176. Fig. 177.

Si on renverse le courant, le système entier tourne ; B vient à l'ouest, A à l'est, et le courant est dans les mêmes conditions (fig. 177).

En neutralisant ces effets de la terre par la disposition des fils, on obtient des courants astatiques.

Action des aimants sur les courants.

Les courants orientent l'aiguille aimantée; réciproquement les aimants agissent sur les courants. *Un courant mobile tend à se placer en croix avec un aimant fixe et à laisser le pôle austral à sa gauche.* (Règle d'Ampère.)

Nota. — **Intensité de l'action des courants sur les courants.** — Les actions des courants sur les courants sont proportionnelles aux intensités des courants et à la longueur de chaque conducteur influencé; elles sont inversement proportionnelles aux carrés des distances.

Des lois analogues régissent l'action mutuelle des aimants et des courants.

SOLÉNOÏDES

L'action des courants et des aimants les uns sur les autres présente de grandes analogies.

Ampère a construit avec des fils parcourus par des courants un appareil appelé *solénoïde* qui se comporte absolument comme un aimant.

C'est un fil conducteur revêtu d'une matière isolante et enroulé en hélice. Il est ensuite ramené suivant l'axe (fig. 178).

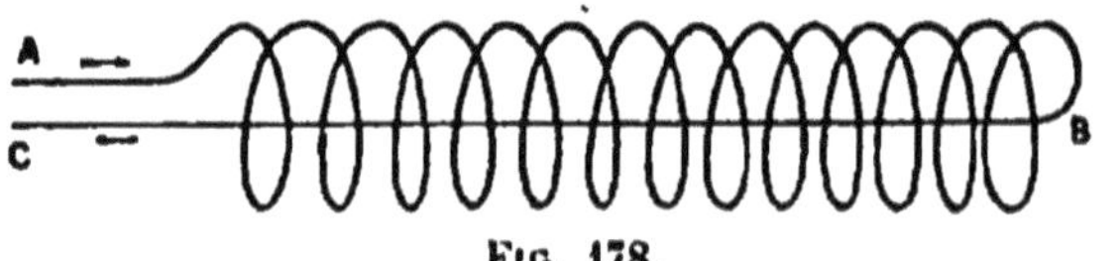

Fig. 178.

Le système est ainsi équivalent à une série de courants circulaires perpendiculaires à l'axe et tournant dans le sens des spires, car le retour du fil suivant BC compense l'effet partiel des spires agissant comme un courant rectiligne de mêmes extrémités.

On construit des solénoïdes mobiles et symétriques où le courant entre et sort par le milieu. Les extrémités ou pôles, c'est-à-dire les points les plus importants, sont ainsi dégagées (fig. 179).

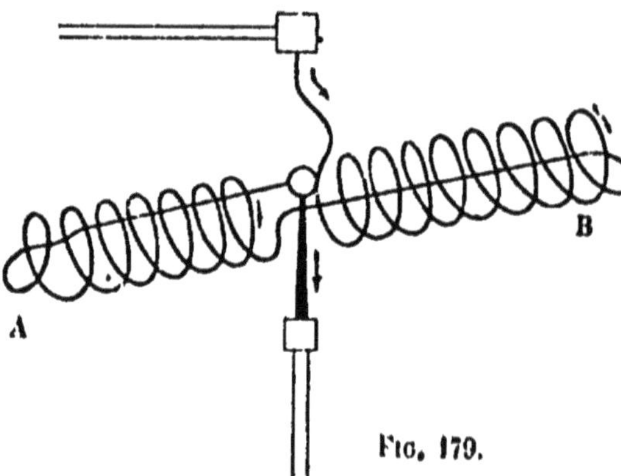

Fig. 179.

La disposition du fil est telle que le courant soit toujours de même sens dans les spires. Le courant sinueux va en s'éloignant de l'axe des deux côtés. Aussi les deux parties du fil rectiligne convergent vers l'axe.

Propriétés des solénoïdes. — 1° *Les solénoïdes obéissent aux lois de l'action des courants sur les courants.* — Par exemple, un courant horizontal passant au-dessous du solénoïde suspendu (fig. 179) fait tourner le solénoïde de telle manière que les spires se placent parallèlement à lui, et dans la partie inférieure de chacun, le courant est de même sens que le courant fixe. — L'axe du solénoïde est donc placé en croix avec le courant, *comme un aimant ;*

2° *Lorsqu'on abandonne un solénoïde à lui-même, son axe se dirige suivant une ligne à peu près nord-sud et parallèle à l'aiguille aimantée.* — Les extrémités du solénoïde jouissent donc des mêmes propriétés d'orientation que les pôles d'un aimant.

L'observateur d'Ampère, couché le long du courant et regardant l'axe, a le pôle austral à sa gauche.

Au pôle austral, le courant, pour l'observateur placé en face et au dehors, tourne en sens inverse des aiguilles d'une montre ;

3° *Les pôles de même nom des solénoïdes se repoussent; les pôles de nom contraire s'attirent;*

4° *Un solénoïde et un aimant mis en présence agissent l'un sur l'autre comme deux aimants.*

Ces propriétés identiques des solénoïdes et des aimants ont conduit Ampère à regarder les aimants comme des faisceaux de solénoïdes à axes parallèles parcourus par des courants électriques. L'en-

Pôle A

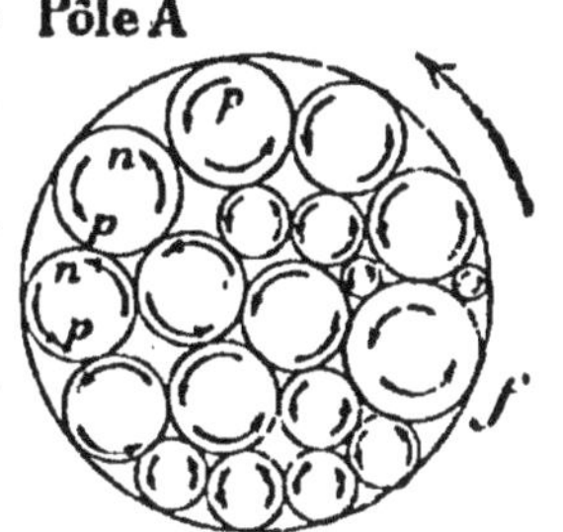

Pôle B (1)

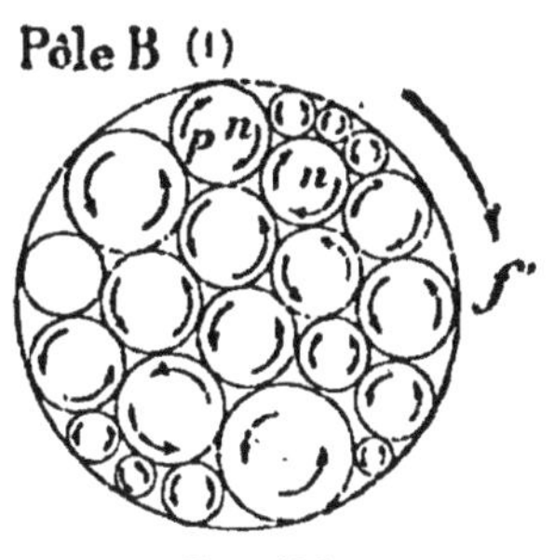

Fig. 180.

(1) Dans la figure 180, toutes les flèches devraient indiquer le sens des aiguilles d'une montre.

semble agit comme un solénoïde unique (fig. 180); les parties intérieures des cercles se détruisent, et il ne reste plus que les portions voisines de la circonférence extérieure.

Aimantation par les courants.

Un fil de fer parcouru par un courant attire la limaille qui retombe dès que le courant cesse de passer. Le passage même instantané d'un courant à travers un fil de cuivre enveloppé de soie et enroulé en hélice autour d'un tube de verre aimante un barreau d'acier placé à l'intérieur du tube.

Sur un barreau de fer doux, l'aimantation se produit aussi, mais elle cesse avec le courant.

On peut donc :

1° *Construire des aimants naturels permanents avec des barreaux d'acier.* Pour cela, on enroule sur le barreau un fil de cuivre recouvert de soie pour isoler les différentes spires, puis on fait passer le courant. Il se produit un pôle austral vers l'extrémité par où arrive le courant, si l'hélice est enroulée *dextrorsum*, c'est-à-dire si le fil va de gauche à droite en dessus (sens des rayures de la pièce de 90).

Si l'enroulement est contraire, c'est un pôle boréal qui se produit.

Électro-aimants. — 2° *On peut construire des aimants intermittents* avec du fer doux; ces aimants prennent le nom d'*électro-aimants*.

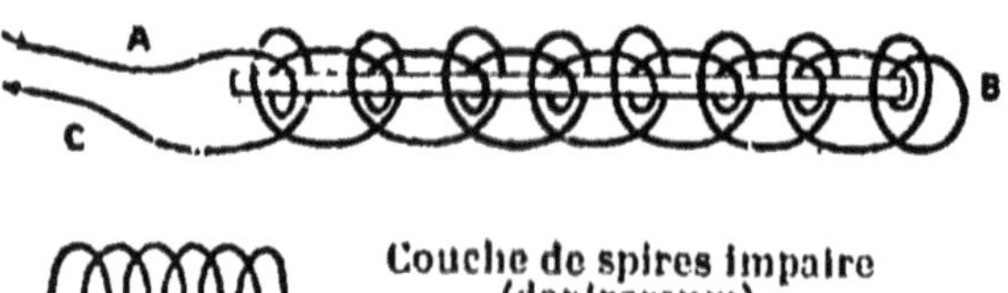

Fig. 181.

On peut leur donner une très grande puissance.

Autour d'un barreau de fer doux, on enroule un grand nombre de fois, en hélices superposées, un fil de cuivre recouvert de soie (fig. 181). On enroule ces hélices alternativement *dextrorsum* et *sinistrorsum*. Elles tendent ainsi toutes à produire un pôle boréal du même côté de l'aimant, car dans les unes, par exemple, le courant va dans le sens de la flèche —➤, dans les autres dans le sens de la flèche ➤—. Il a donc fallu renverser l'enroulement pour produire le même effet.

La figure 181 représente le schéma de ces deux spires, l'une *dextrorsum*, l'autre *sinistrorsum* de B en C.

Toutes deux tendent à produire un pôle austral en A.

Electro-aimants rectilignes. — On enroule le fil soit sur la longueur totale du barreau (fig. 181), soit seulement vers les extrémités, en deux bobines distinctes, le fil allant d'une bobine à l'autre dans le même sens (fig. 182).

Electro-aimants en fer à cheval. — On place une bobine à chaque extrémité enroulée de telle sorte que le

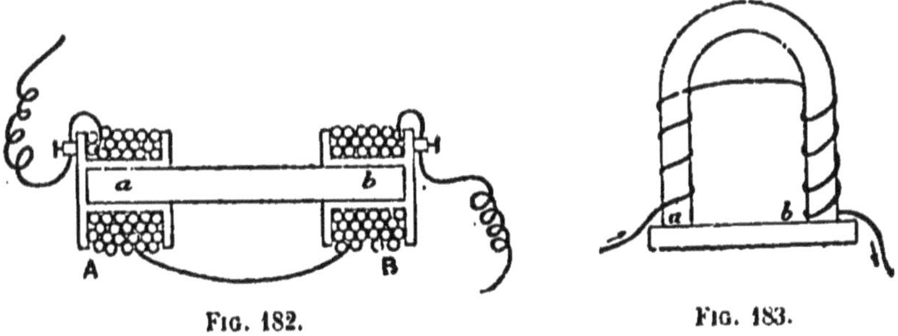

FIG. 182. FIG. 183.

fil de la bobine B continue celui de A, comme si on avait courbé le dispositif représenté à la figure 182. (Voyez fig. 183.)

Magnétisme rémanent. — Il reste une aimantation faible au fer après le passage du courant. Cela provient de l'impureté du fer. Mais cela se produit même avec du fer très pur quand l'armature de l'aimant est en contact avec lui.

C'est une gêne dans le cas où l'électro-aimant ne doit attirer l'armature que par intervalles. On y remédie en interposant une feuille de papier entre le contact et l'armature.

TÉLÉGRAPHE — APPAREIL DE MORSE

Principe du télégraphe électrique. — Avec une pile d'une douzaine d'éléments, on peut envoyer un courant sensible à plusieurs centaines de kilomètres.

Ce courant, envoyé de A à B, peut produire en B des effets mécaniques : attraction d'un barreau de fer doux par un électro-aimant, déviation d'une aiguille aimantée, etc... On conçoit qu'il est aisé de se servir de ces mouvements pour produire des signaux particuliers auxquels on attachera un sens déterminé.

C'est le principe de la *télégraphie électrique*.

Principe de l'appareil Morse. — L'appareil Morse se compose d'un *transmetteur* ou *manipulateur* destiné à envoyer le courant, et d'un *récepteur* destiné à recevoir la dépêche.

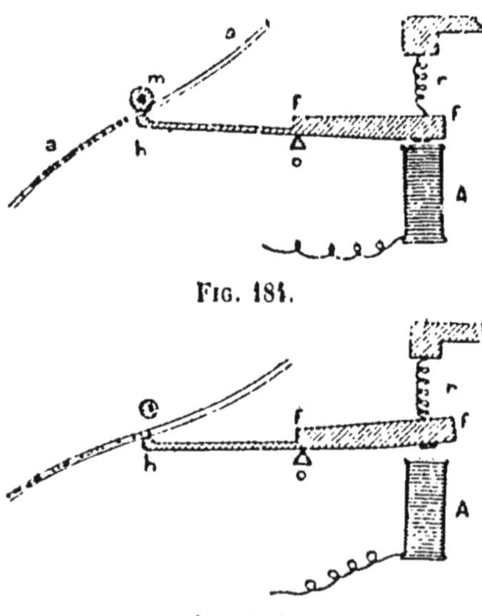

Fig. 184.

Fig. 185.

Récepteur (fig. 184 et 185). — Il se compose essentiellement d'un électro-aimant A qui attire un morceau de fer doux *ff*. Tant que le courant envoyé par le correspondant le traverse, le fer doux reste en contact en *f*, son extrémité *h* appuie une molette *m* enduite d'encre grasse sur un ruban de papier *aa* qui se déroule sous l'action d'un mouvement d'horlogerie, et y trace un trait continu (fig. 184). — Dès que le courant cesse, un res-

a b c d e f

g h i j k

l m n o

p q r s

t u v w

x y z

FIG. 185 *bis*.

sort *r* détache *l* de A et *h* de *m*; le trait est interrompu, car la bande de papier cesse d'être appuyée contre la molette (fig. 185).

On peut ainsi obtenir à volonté des points ou des traits et les combiner pour former un alphabet (fig. 185 *bis*).

Manipulateur. — C'est un interrupteur de courant. Au

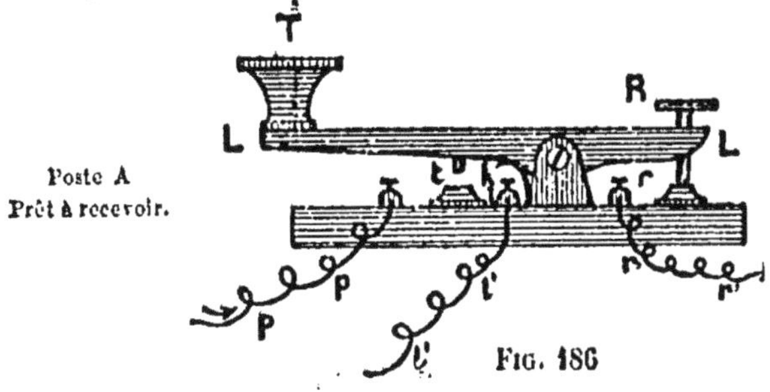

FIG. 186

repos, il occupe la position représentée par la figure 186 :

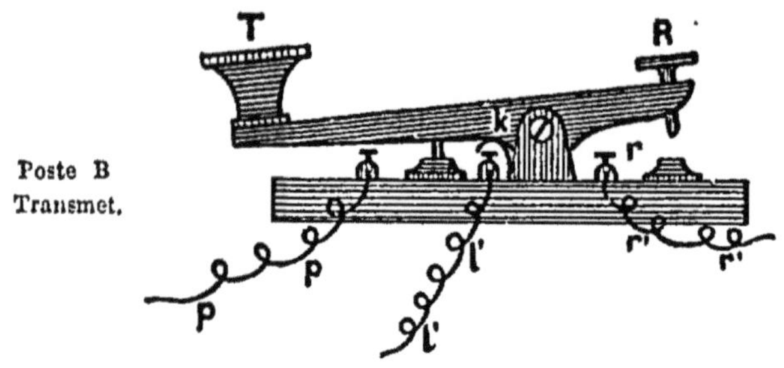

Fig. 187.

le fil qui va de la pile à la ligne est interrompu au-dessus de la borne *t* ; il n'y a pas de courant.

Dans cette position, si le poste B envoie une dépêche, elle arrive par *ll*, passe par le levier LL, la vis R, la borne *r*, le fil *r'r'*, va actionner le récepteur de A.

Si le poste A veut transmettre une dépêche à B, on appuie sur le bouton T ; le ressort K plie, la saillie au-dessous de T appuie sur la borne *t*, et la communication métallique est produite par *pptLll'l'*... avec le fil de ligne et le récepteur de B ; elle est coupée entre la ligne et le récepteur de A, car R n'est plus en contact avec *r*.

Fil de retour. — Fils de terre. — Nous avons vu qu'un courant ne s'établissait que dans un circuit fermé. Ainsi, le courant circulant à travers des appareils quelconques ABCD... (fig. 188) va du pôle positif au pôle négatif. Aussi croyait-on nécessaire, à l'origine, de lier par deux fils métalliques les stations correspondantes : l'un d'eux, appelé *fil de retour*, servait à ramener le courant envoyé par un poste à la pile d'où il était parti.

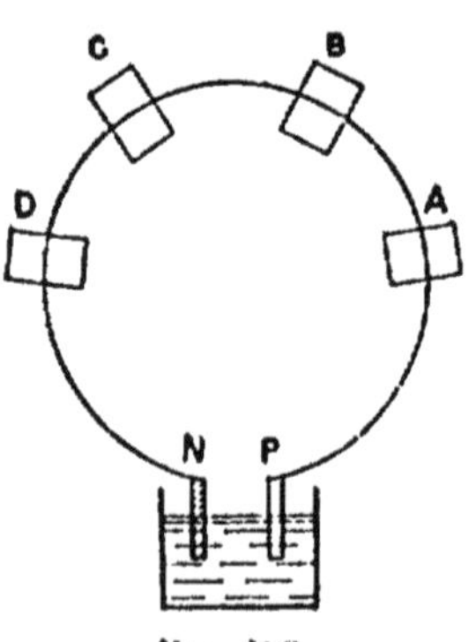

Fig. 188.

Lorsque A envoie un courant positif à B (fig. 189), ce

courant traverse les appareils de B et la pile *b* ; il revient au pôle *n* de la pile origine par le fil *rr* ou *fil de retour*.

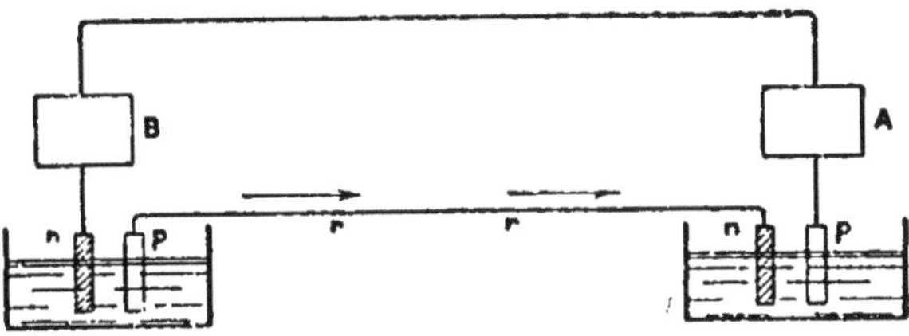

FIG 189.

Lorsque B envoie un courant à A, c'est un courant négatif ; il traverse les appareils de A, sa pile *a* et revient par le pôle positif *p* jusqu'au point *n* par le fil de retour.

Fermeture d'un circuit par la terre (fig. 190). — Si on met les deux pôles d'une pile en communication avec la terre, un galvanomètre interposé montre que le courant passe et que l'électricité circule d'une façon continue dans les deux fils.

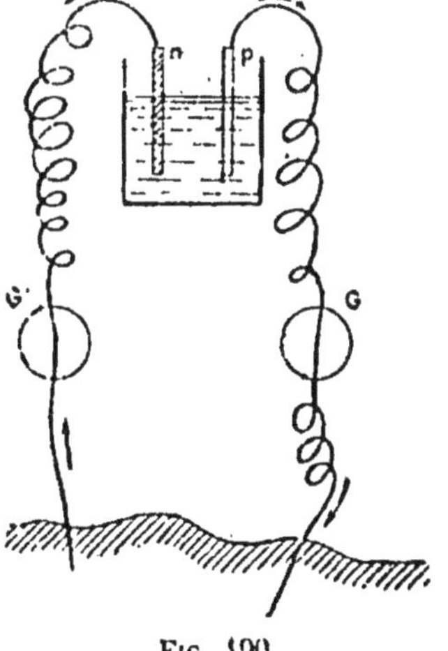

FIG. 190.

Cela tient à ce que la terre est conductrice, qu'elle a une capacité illimitée, et peut absorber instantanément toute l'électricité positive ou négative au fur et à mesure qu'elle se produit. — Il en revient de nouvelle sur le fil, elle est absorbée de nouveau : il s'établit donc un courant. — On dit que le circuit est fermé *par la terre*. Mais il faut dans ce cas que *les deux pôles* soient en communication avec la terre.

Dès lors, on voit que le fil de retour est inutile. Pour qu'il y ait un courant, il suffira que les pôles négatifs de chaque poste, par exemple, et les récepteurs, soient en communication avec la terre.

La figure 191 représente un schéma de l'installation de deux postes ayant chacun leur pile.

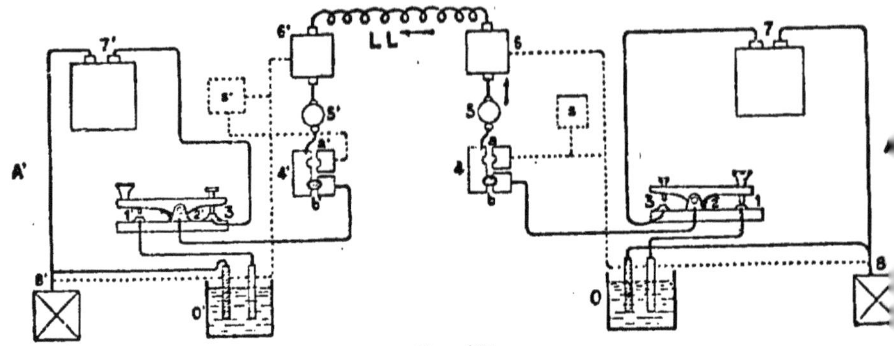

FIG. 191.

LÉGENDE :

1 Transmetteur ; — 4 Commutateur ; — 5 Galvanomètre ; — 6 Paratonnerre ; LL Fil de ligne ; — O Pile ; — 8 Terre ; — 7 Récepteur ; — s Sonnerie.

Nous allons examiner rapidement divers appareils accessoires (paratonnerre, sonnerie...), puis indiquer la marche et l'effet d'un courant envoyé de A à A' pour la transmission d'une dépêche.

Appareils accessoires. — Les appareils accessoires sont :

1° Le *paratonnerre,* destiné à préserver les appareils et les employés des effets de l'électricité atmosphérique qui s'accumule sur les fils de ligne pendant les orages. Ces courants, très intenses, pourraient brûler les fils fins des bobines des électro-aimants. — Les divers paratonnerres employés doivent répondre à une double condition : 1° l'électricité de la ligne peut être dirigée directement vers la terre sans passer par les appareils, au gré de l'employé quand il s'aperçoit de l'orage ; 2° lorsque l'employé ne met pas le paratonnerre à la terre, l'électricité doit pouvoir se frayer elle-même vers le sol un chemin tel qu'une faible partie seulement de la charge du fil traverse les appareils.

2° Le *galvanomètre.* C'est un petit galvanomètre à aiguille destiné à montrer aux yeux le passage et l'intensité du courant; il sert aux recherches pour les dérangements qui peuvent survenir.

3° Le *commutateur*. C'est un appareil destiné à recevoir le courant de la ligne soit dans la sonnerie, soit dans les appareils. Il se compose de trois barreaux de cuivre placés sur un support isolant en ébonite. Une cheville de cuivre *c* faisant ressort peut s'insérer à frottement dans l'ouverture *a* ou l'ouverture *b* pour envoyer le courant dans la sonnerie ou les appareils (fig. 192).

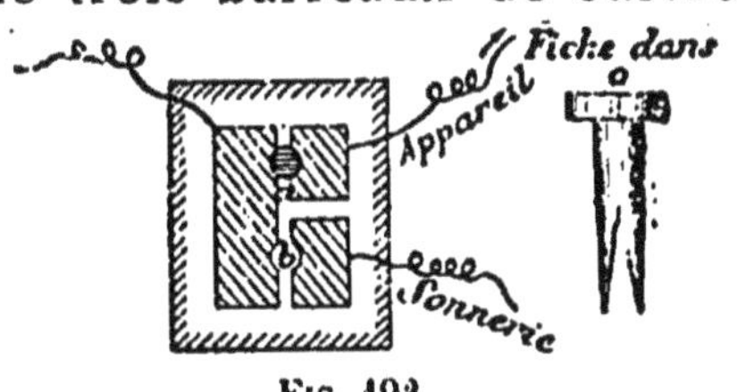

Fig 192

4° La *sonnerie*, produite par l'attraction exercée par un électro-aimant A sur un morceau de fer doux F qui

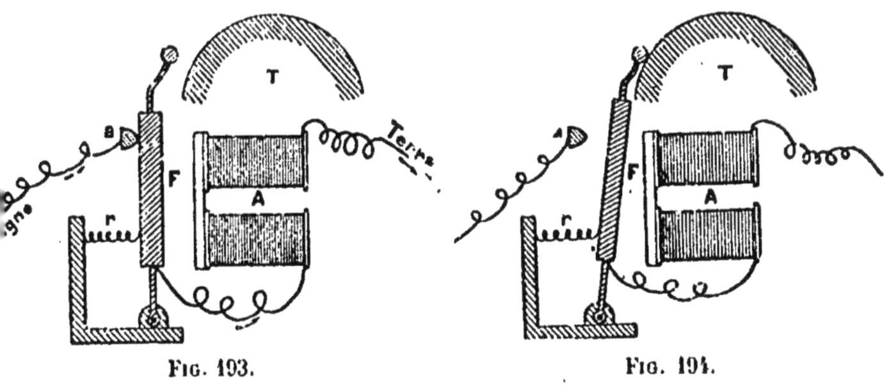

Fig. 193. Fig. 194.

porte un marteau frappant sur un timbre (fig. 193). — Mais l'écartement de F par rapport à *a* a interrompu le courant (fig. 194); l'attraction de A cesse et le ressort *r* ramène F au contact de *a*. A s'aimante de nouveau, F est attiré, etc...

A communique avec la terre.

Marche du courant (fig. 191). — A transmet à A'.

Du pôle positif de 0 :

{ 0. 1. 2. *b*. 4. 5. 6. LL.
{ 6'. 5'. 4'. *b*'. 2'. 3'. 7'. 8'.

Si la fiche était sur sonnerie, le marche du courant serait :

{ 0. 1. 2. *b*. 4. 5. 6. LL.
{ 6'. 5'. 4'. *a*'. *s*'. 8'.

NOTIONS ÉLÉMENTAIRES SUR L'INDUCTION ÉLECTRIQUE

Lois de l'induction. — Les courants, les aimants, la terre, peuvent déterminer des courants instantanés appelés *courants induits* dans des circuits fermés où ne se trouve pas de source électrique.

Considérons un inducteur A et un circuit conducteur fermé B :

Quand on produit ou quand on augmente le courant dans A,
Quand on diminue la distance de B à A,
Quand on approche de B un pôle d'aimant ou de solénoïde A,
} il se produit en B un courant *instantané* de sens contraire à celui de A.

Dans les conditions contraires, il se produit en B un

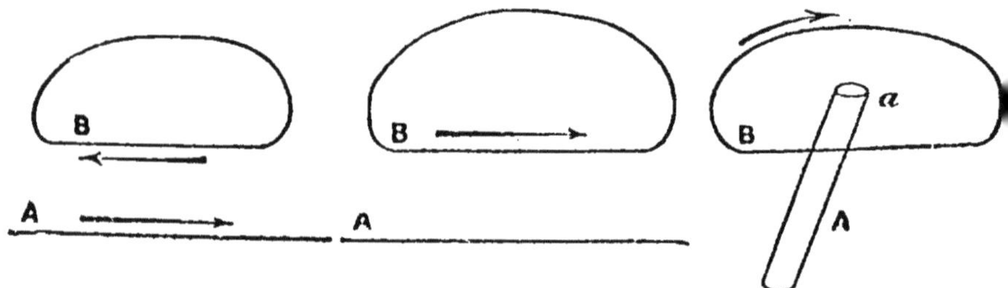

Fig. 195. Naissance d'un courant dans A.

Fig. 196. Interruption du courant dans A.

Fig. 197. On approche un aimant de pôle *a*.

courant de même sens qu'en A (fig. 195, 196 et 197).

Pour entrevoir la cause de ces courants, il faut avoir la notion du *champ électrique*. On convient d'appeler champ électrique ou magnétique, l'espace dans lequel l'action à distance d'un courant ou d'un aimant se fait sentir. Cette action existe et est démontrée par l'influence réciproque des courants, des aimants et des solénoïdes.

En chaque point de ce champ, les forces magnétiques ou électriques ont une résultante. La direction et l'intensité de ces résultantes en chaque point caractérisent un champ électrique.

Par exemple, on place un aimant sous une feuille de carton ; on y sème de la limaille de fer et on agite la feuille; toutes les particules s'orientent dans le sens des forces qui les sollicitent et montrent aux yeux les directions des résultantes ou *les lignes de force* du champ magnétique (fig. 198).

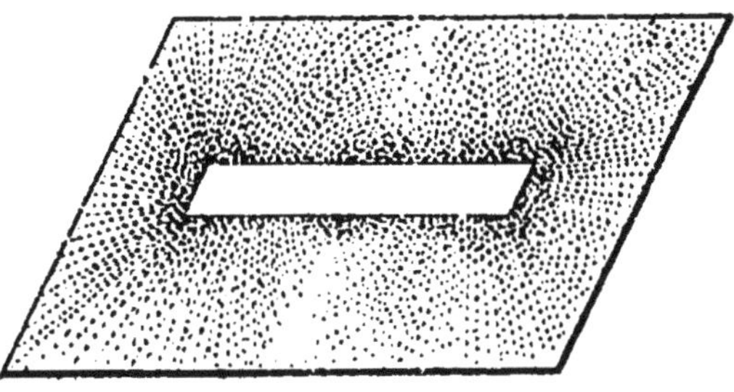

Fig. 198.

Elles montrent aussi en gros l'intensité de ces résultantes, qui est d'autant plus forte que les lignes de limaille sont plus serrées.

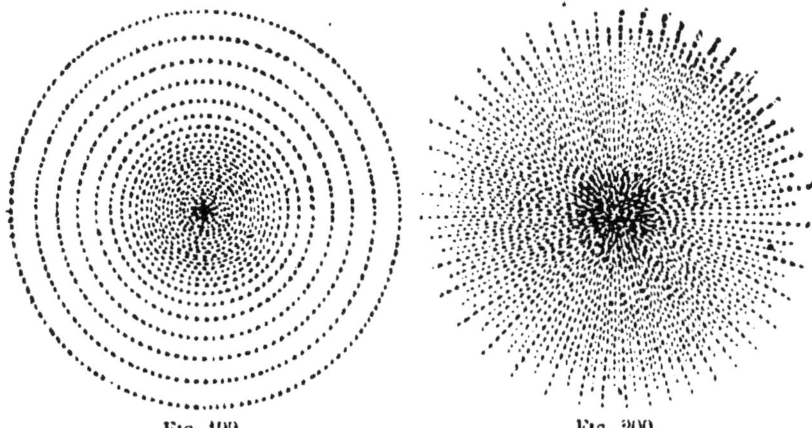

Fig. 199.
Le courant passe au centre, perpendiculairement au plan de la figure.

Fig. 200.
Le pôle de l'aimant est placé sous le plan de la figure, le barreau perpendiculaire à ce plan.

On obtient aussi avec de la limaille des représentations des champs électriques d'un courant traversant un plan perpendiculaire (fig. 199) et d'un pôle d'aimant (fig. 200).

Si dans un champ électrique on introduit un circuit conducteur fermé, on dérange l'équilibre résultant de l'ensemble des forces électriques. Elles tendent à le maintenir. Aussi produisent-elles dans le circuit un courant qui tend à empêcher le mouvement du circuit, c'est-à-dire un courant de sens contraire à celui de l'inducteur.

Mais un nouvel équilibre s'est établi ; les lignes de force ont pris une nouvelle direction ; aucun courant ne parcourt plus le circuit. — Si on vient à l'éloigner, toutes les forces électriques s'opposent encore au dérangement de l'équilibre, et il se produit dans l'induit un courant de même sens que dans l'inducteur.

On expliquerait d'une manière analogue l'effet des variations de l'inducteur.

En résumé, toute modification du champ électrique, c'est-à-dire

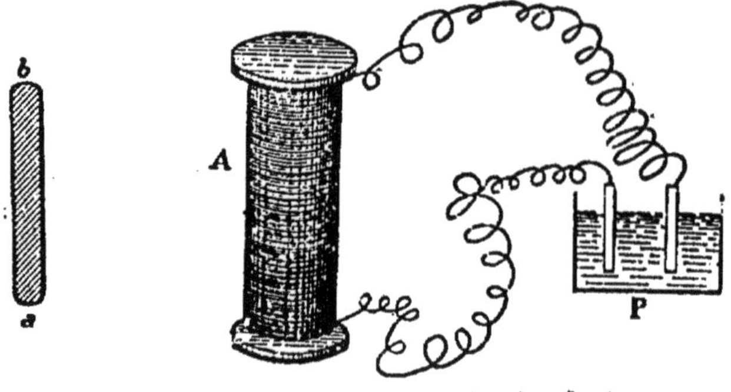

tout changement des positions relatives des inducteurs et des induits, toute variation dans l'intensité des inducteurs produit dans les induits un courant qui tend à s'opposer au mouvement ou de sens contraire à la variation d'intensité.

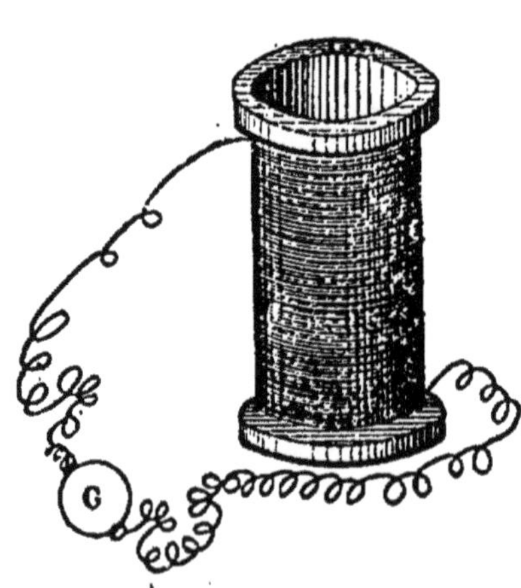

Fig. 201.

Vérification des lois de l'induction. — On vérifie ces lois à l'aide d'une bobine creuse sur laquelle s'enroule un seul fil long et fin dont les deux extrémités *m* et *n* sont liées aux bornes d'un galvanomètre G (fig. 201). C'est la bobine induite. L'induction se fait soit à l'aide d'une bobine à fil gros et court où circule un courant de pile P, soit à l'aide d'un barreau aimanté *ab*.

On place rapidement la bobine A dans B, ou on l'enlève. On constate en G des courants instantanés de sens contraire ou semblable au sens de A.

On peut aussi à la place de A introduire un aimant dans B.

Le courant induit est produit par la somme des actions de l'inducteur sur chaque petite partie du fil. Il sera d'autant plus fort que le fil sera plus long et que l'action inductrice sera plus brusque, le courant inducteur plus intense.

Application de l'induction. Bobine de Ruhmkorff. — L'inducteur et l'induit sont réunis sur une même bobine. L'inducteur est à gros fil enroulé sur le moyeu de la bobine au centre de laquelle est un morceau de fer doux pour augmenter l'induction. Un interrupteur automatique (marteau oscillant), analogue à celui de la sonnerie électrique, permet d'interrompre et de rétablir le courant. Attiré par le fer doux qui s'aimante au passage de l'inducteur, il en coupe le circuit. Le courant cesse de passer, il se produit dans l'induit un courant de rupture, mais l'attraction du fer doux a cessé, le marteau revient à sa place et rétablit le courant inducteur. Il se produit un courant induit de fermeture, et ainsi de suite.

Un commutateur permet de renverser le courant.

Les courants induits obtenus dans les fils longs et fins des bobines de Ruhmkorff ont une force électromotrice énorme. Leur sens est renversé à chaque instant par l'interrupteur. — Deux sortes de courants traversent successivement la bobine : les courants de rupture et les courants de fermeture. La quantité d'électricité mise en jeu est la même dans les deux cas, mais les courants de rupture durant beaucoup moins sont beaucoup plus intenses; ce sont eux qui donnent les étincelles.

L'électricité des piles a une force électromotrice très faible et une énorme intensité; c'est le contraire pour les machines électriques.

Or, en prenant quelques éléments Daniell ou Bunsen on peut, à l'aide de la bobine de Ruhmkorff, transformer le courant continu très intense et de faible potentiel de la pile en un courant discontinu de force électromotrice comparable ou supérieure à celle des plus fortes machines électriques.

Usage des bobines d'induction. — Elles sont employées pour produire une série continue d'étincelles (décomposition du gaz ammoniac). — Elles peuvent ainsi être employées pour produire une étincelle à un moment donné, et par exemple enflammer de la poudre ou du fulmi coton.

TÉLÉPHONE

Le téléphone est un instrument destiné à transmettre la voix humaine, et, en général, des sons.

On distingue les téléphones sans piles et les téléphones avec piles.

Téléphones sans piles. — Le téléphone se compose essentiellement d'une plaque de fer doux *ab* placée en face du pôle *p* d'un aimant autour duquel s'enroule un fil de cuivre revêtu fai-

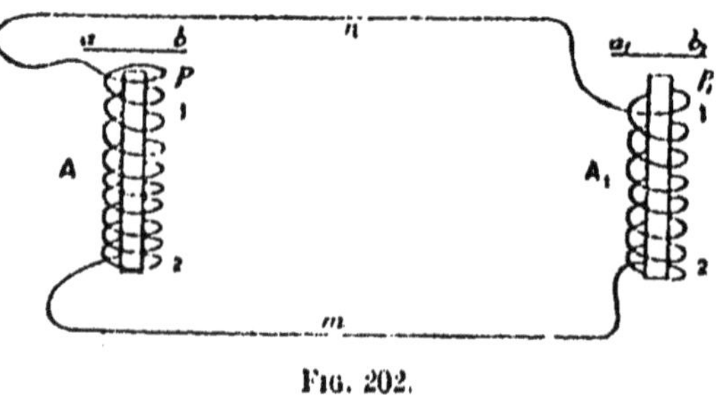

Fig. 202.

sant partie d'un circuit fermé. — C'est l'appareil de la station A.

Il est relié par un circuit conducteur avec l'appareil de la station B, identique au premier (fig. 202.)

Le son est une vibration de l'air perçue par l'oreille.

1° *Le son produit des courants induits alternatifs en A* :

Si on parle devant la plaque *ab* (fig. 202), elle vibre, c'est-à-dire qu'elle s'approche et s'éloigne alternativement de *p* d'un mouvement très rapide. Le champ électrique du pôle *p* est modifié par ces déplacements ; il se produit des variations alternatives dans l'intensité de l'aimantation ; ces variations produisent dans le circuit 1, 2, *m*, 2', 1', *n*, 1 des courants induits alternatifs dont le sens change à chaque changement de sens du mouvement de la plaque.

2° *Les courants induits alternatifs produisent un son en* A_1 :

Réciproquement, en A_1, ces courants alternatifs produisent des variations alternatives d'intensité dans l'aimant P_1, et par conséquent des variations dans la force qui attire a_1 b_1 ; a_1 b_1 entre en vibration et suit chaque mouvement de *a b* Il se produit donc une agitation de l'air voisin de a_1 b_1 tout à fait semblable à celle qui faisait vibrer *ab*. L'oreille perçoit un son analogue au son émis en A devant *ab*.

On peut remplacer le fil de retour 1' *n*' par la terre.

On met alors dans chaque bobine une extrémité du fil à la terre (fig. 203)

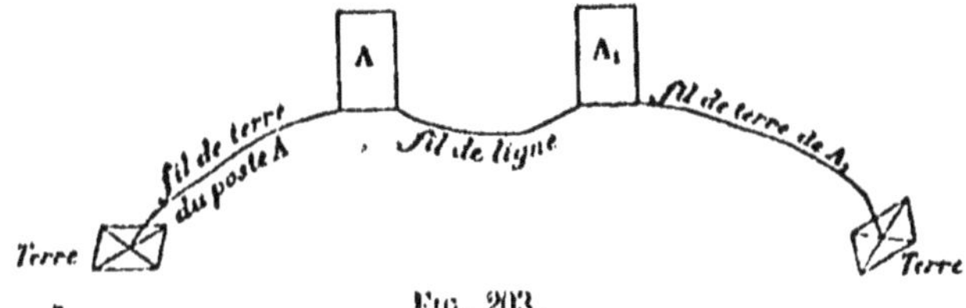

Fig. 203.

Cette condition de mise à la terre est essentielle ; sans

cela le circuit n'est pas *fermé;* il n'y a pas de courants induits dans le fil et on n'entend rien.

Ecouteurs. — Les deux appareils A et A_1 étant identiques, si on parle en A_1 on entend en A_1.

Mais la nécessité de porter son téléphone alternativement à la bouche et à l'oreille a conduit à construire de petits téléphones spécialement destinés à écouter et qu'on fixe au besoin près de l'oreille; la conversation est ainsi plus facile.

C'est ainsi qu'on peut, sur le même courant, avoir plusieurs téléphones et entendre sur tous ce qui sera dit sur l'un deux.

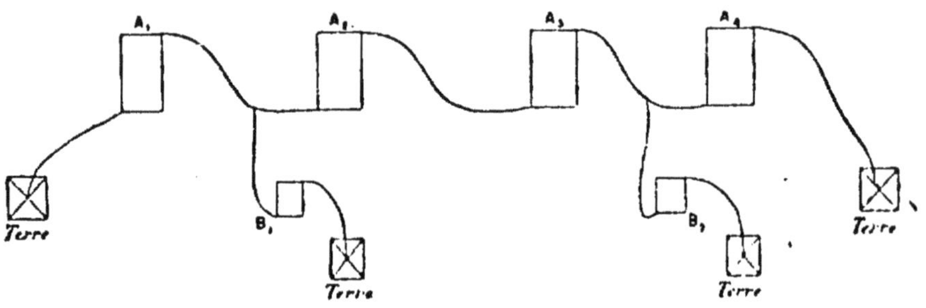

Fig. 204.

Exemple : A_1, A_2, A_3, A_4, montés en série ;
B_1, B_2...... — en dérivation (fig. 204).

Toute parole dite dans l'un quelconque des téléphones suit pour ainsi dire *tous les chemins métalliques qui lui sont ouverts pour aller à la terre.* Elle sera donc entendue dans tous les appareils.

Les courants induits qui circulent dans les fils téléphoniques sont extrêmement faibles par rapport aux courants des fils télégraphiques.

Les constructeurs ont cherché à augmenter l'intensité des sons transmis en variant la position et la forme des aimants. Le premier téléphone construit, celui de Bell, se rapprochait beaucoup de la figure théorique 205.—

Les autres mettent pour la plupart les deux pôles de

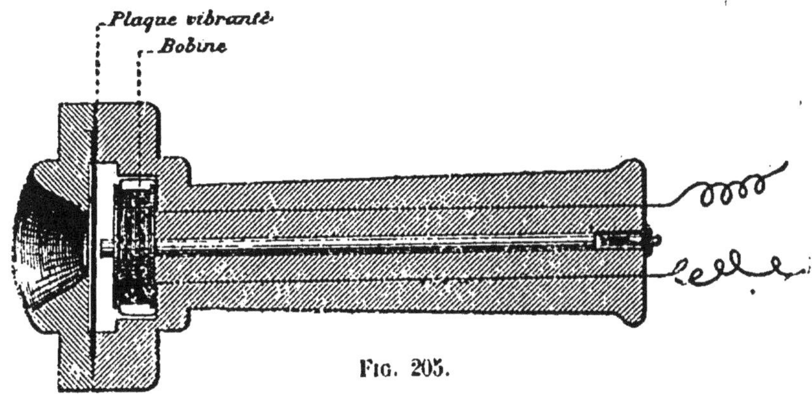

Fig. 205.

l'aimant en face de la plaque vibrante pour obtenir des courants induits plus intenses.

Téléphones à piles. — Une pile est interposée dans le circuit. Cela permet d'employer comme transmetteur un microphone.

Principe du microphone. — Si le courant d'une pile tra-

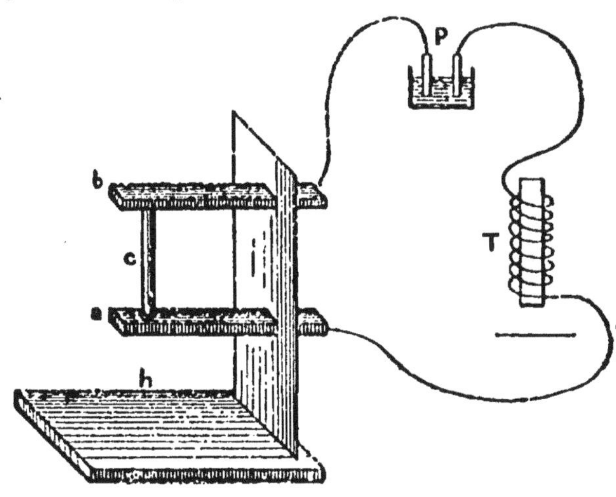

Fig. 206.

verse un téléphone et un cylindre de charbon qui peut être ébranlé sur ses contacts, les plus légères vibrations du charbon modifient assez la résistance aux points de contact et par suite l'intensité du courant pour produire des effets téléphoniques.

Un courant parti d'une pile P (fig. 206) traverse un téléphone T et les baguettes de charbon des cornues *a c b*. — *c* est taillé en pointe et appuie sur *a*, et, en *b*, sa pointe se loge avec jeu dans une petite cavité; *b* et *a* sont tenus par une planche verticale encastrée dans une planchette horizontale *h*. La marche d'un insecte est perçue au téléphone écouteur T.

Téléphone à pile Ader. — Il est employé pour les installations téléphoniques des grandes villes et les installations militaires fixes.

Le *transmetteur* est un *microphone* où se trouvent plusieurs baguettes de charbon disposées sur une grille au-dessous d'une planchette disposée comme un pupitre.

L'*écouteur* est un téléphone magnétique Bell modifié par Ader.

Applications militaires de l'électricité.

L'électricité, qui se plie à tout, est très employée par les divers services de l'armée.

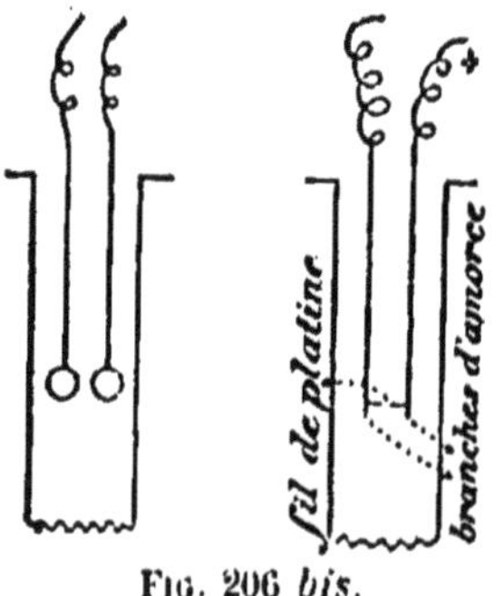

Fig. 206 *bis*.

Le télégraphe, le téléphone, la lumière électrique sont d'un usage constant : à l'aide de l'arc voltaïque produit par de puissantes machines d'induction (machines de Gramm), on éclaire au loin les abords d'une place forte; un cuirassé se garde des torpilleurs.

L'électricité sert aussi à transmettre le mouvement. C'est surtout la marine qui utilise ces propriétés — pour le pointage et la mise de feu des canons de gros calibre. — On emploie aussi des étoupilles électriques pour la mise de feu des canons sous tourelles cuirassées.

Les étoupilles électriques sont de deux sortes. Les unes utilisent les décharges analogues à celles des bouteilles de Leyde entre deux petites boules métalliques;

Les autres enflamment du fulmi-coton à l'aide d'un fil métallique très fin à travers lequel on lance un courant de pile.

C'est le dispositif adopté pour l'*étoupille électrique modèle* 1890 qui sert à mettre le feu aux canons des tourelles cuirassées.

— Dans cette étoupille, les fils de cuivre se terminent par deux extrémités appelées *branches d'amorce*, entre lesquelles est tendu un fil de platine de 1/30 de millimètre de diamètre. Autour, se trouve du fulmi-coton qui enflamme une composition chloratée.

L'étoupille présente une disposition compliquée que nous ne décrirons pas. Il faut se reporter au règlement sur l'organisation des tourelles cuirassées. Les deux fils conducteurs enveloppés de gutta sont réunis et tordus ensemble.

L'emploi des étoupilles du type (2), c'est-à-dire à fil de platine, est préférable, car il est possible de *vérifier* ces étoupilles, c'est-à-dire de s'assurer de leur bonne construction et de leur bonne conservation en les faisant traverser par un courant inférieur à celui qui suffirait à mettre le feu. Le galvanomètre permet de constater le passage du courant, et par conséquent de s'assurer que l'étoupille pourra fonctionner. — On ne peut le faire avec les étoupilles du type n° (1).

Les étoupilles modèle 1880 ne fonctionnent sûrement

qu'avec des courants *dont l'intensité ne dépasse pas une certaine limite.* — Des courants trop forts volatilisent le fil sans avoir eu le temps d'échauffer assez le coton-poudre pour l'enflammer. Aussi y a-t-il un tâtonnement à faire pour trouver combien d'éléments de la pile spéciale il convient d'employer.

ONZIÈME LEÇON

ACOUSTIQUE

PRODUCTION ET PROPAGATION DU SON

Production du son. — Le son est la cause des sensations de l'ouïe.

On dit qu'un corps est animé d'un mouvement vibratoire quand il exécute une série d'oscillations rapides autour d'une position moyenne. Les vibrations sont exécutées par les corps élastiques quand on les dérange de leur position d'équilibre.

Le son est un mouvement vibratoire transmis à l'oreille et perçu par elle. — C'est un phénomène à la fois mécanique et physiologique.

Une plaque de laiton circulaire frottée par un archet émet un son. Si on y place des grains de sable, ils se mettent à danser sur la plaque, et d'autant plus fort que le son est plus intense. — Si on éteint les vibrations en posant la main sur le plateau, le son et la danse des grains cessent.

Une corde tendue un peu longue donne un son quand on la pince. On voit à l'œil nu son mouvement de trépidation. — Le son cesse quand on arrête le mouvement.

Son et bruit. — On appelle plus particulièrement *sons* ou *sons musicaux* ceux qui produisent sur l'oreille une impression continue et dont on peut apprécier la hauteur musicale.

On appellera *bruits*, soit des sons trop courts pour qu'ils puissent être classés dans cette échelle, soit un mélange de plusieurs sons discordants (roulement du tonnerre, bruit des vagues, etc...); mais la différence n'est pas tranchée entre les sons et les bruits. — On peut apprécier les hauteurs musicales d'une suite de bruits.

Propagation du son. — Les vibrations élastiques ne peuvent arriver à notre oreille et y causer la sensation du son qu'en traversant un milieu pondérable, ordinairement l'air. Mais les gaz, les vapeurs, les solides, les liquides transmettent aussi le son.

Le son ne se propage pas dans le vide. — Sous la cloche d'une machine pneumatique on place sur de la ouate, pour l'isoler de la platine qui en transmettrait les vibrations à l'extérieur, une sonnerie mue par un mouvement d'horlogerie; on fait le vide. Plus l'air est raréfié, plus le son est faible; il finit par n'être plus perceptible. Quand l'air ou un autre gaz rentre dans la cloche, le son est de nouveau perçu.

On peut de même faire le vide dans un ballon où on a suspendu une petite clochette.

Dans les liquides, le son se propage mieux que dans les gaz. — Si on choque deux pierres sous l'eau dans une rivière, on entend de la rive le bruit du choc. Inversement, un plongeur entend du fond de l'eau ce qu'on dit sur le rivage.

Les solides ont une très grande conductibilité pour le son. — Le frottement d'une barbe de plume à l'extrémité d'une poutre en bois est entendu à l'autre extrémité. — En appliquant l'oreille à la terre, on entend au loin des bruits de pas de chevaux, de roulements de voitures. (Applications militaires.)

Vitesse du son. — *Vitesse du son dans l'air.* — La lumière met un temps inappréciable pour franchir quelques kilomètres. Si donc on fait partir un coup de canon en A, B verra la lueur au moment même du départ du coup et commencera à compter le temps. Au moment où le son lui arrivera, il notera le temps écoulé, soit n secondes. Si $AB = d$, la vitesse du son ou le nombre de mètres qu'il parcourt en une seconde sera $V = \frac{d}{n}$

On élimine l'influence du vent en tirant alternativement de A en B et de B en A et en prenant la moyenne des durées observées.

B ——————————— A

Fig 207

Cette expérience fut faite entre deux stations, Montlhéry et Villejuif, éloignées d'environ 18 kilomètres. On trouva que la vitesse du son est de 333 mètres à 0° et de 340 mètres à 16°, c'est-à-dire à la température moyenne.

Les différents sons d'intensité et de hauteur différentes (V. plus loin) se propagent avec la même vitesse.

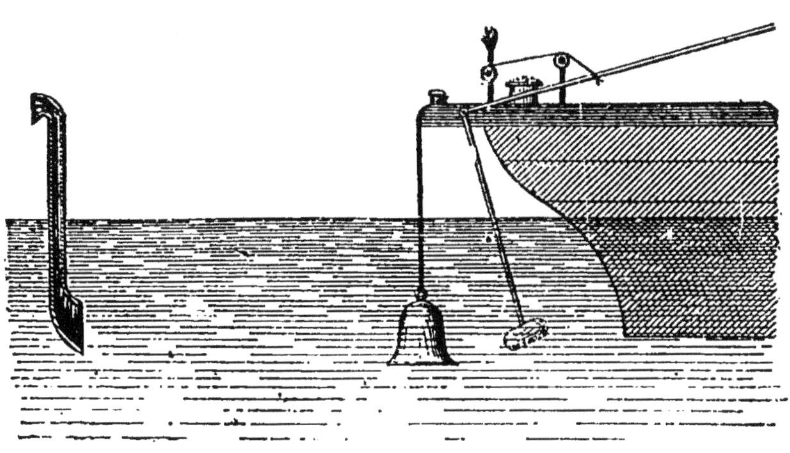

Fig. 208.

Vitesse du son dans l'eau. — Sturm et Colladon l'ont déterminée dans le lac de Genève.

Un marteau frappant sur une cloche dans l'eau abaisse une mèche enflammée sur un tas de poudre *m*. Une membrane élastique reçoit le son et le transmet à l'oreille en B (fig. 208) *n* secondes après l'apparition de la flamme.

On a :
$$V = \frac{D}{n}$$

Résultat : le son va dans l'eau 4 fois plus vite que dans l'air.

$$V = 1.435^m \text{ à } 8^o.$$

Dans les solides, la vitesse est plus grande encore. Dans le bois, elle est de 10 à 16 fois plus grande que la vitesse dans l'air; dans les métaux de 4 à 16 fois.

Quand un corps émet dans l'air des vibrations sonores, ces vibrations sont au bout d'une seconde à 340^m, au bout de 2 secondes à 680^m, etc...

Le son se propage en ligne droite et est entendu simultanément en tous les points d'une surface sphérique ayant pour centre le point d'émission.

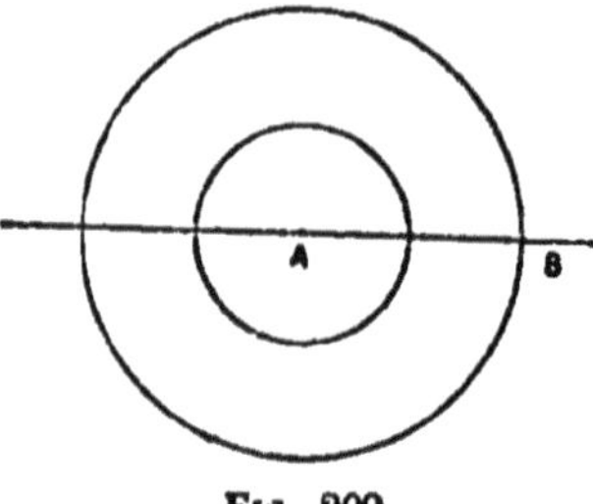

Fig 209.

On appelle rayon sonore la ligne droite que suit le son du point A où il est émis au point B où il est perçu (fig. 209). Tous les points de la surface de la sphère B perçoivent en même temps le son émis par A.

Réflexion du son. — Les rayons sonores sont réfléchis comme les rayons lumineux, c'est-à-dire que le son réfléchi par un plan semble émané d'un point O' symétrique de O par rapport au plan.

Ainsi O K M (fig. 210) est le chemin suivi par les rayons réfléchis pour aller de O à M en touchant le miroir. Pour l'oreille, le son réfléchi semble venir de O' s'il est perçu seul.

Echo. — Quand le son réfléchi pourra-t-il être perçu distinct du son principal?

Une sensation sonore persiste au moins $\frac{1}{10}$ de seconde. Pendant ce temps, le son parcourt 34 mètres. Si donc l'objet réfléchissant est à moins de 17ᵐ de l'observateur qui l'émet, le son réfléchi revient après avoir parcouru moins de 34ᵐ depuis son émission. Il est donc simplement perçu comme un *renforcement* et une *prolongation* du son primitif C'est pour cela qu'il n'y a pas d'écho dans les salles ordinaires. — C'est pour cela aussi que l'intensité du son y paraît plus grande qu'en plein air.

Si l'objet réfléchissant est à plus de 17ᵐ, la voix revient à celui qui l'émet après avoir parcouru plus de 34ᵐ; on l'entend une seconde fois : c'est l'*écho*.

Un écho plus éloigné pourra répéter distinctement 2, 3, 4... syllabes. Un écho multiple répétera plusieurs fois le même son (miroirs parallèles).

Des miroirs concaves ou convexes réfléchissent le son comme les rayons lumineux.

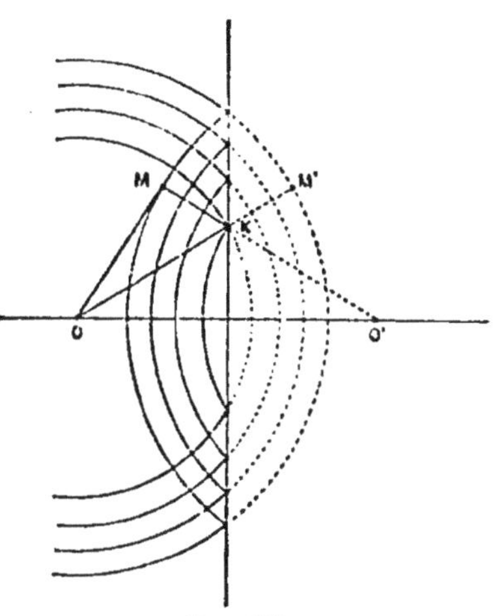

Fig. 210.

Réfraction du son. — Les rayons sonores changeant de milieu se réfractent comme la lumière : ils sont rapprochés de la normale en passant dans un milieu plus dense.

On le vérifie à l'aide d'une lentille biconvexe pleine d'acide carbonique enfermé dans du collodion.

On trouve des foyers conjugués d'un point sonore placés comme ceux des points lumineux. (Voyez Optique.)

QUALITÉS DU SON

Intensité et hauteur des sons. — On distingue dans le son deux qualités principales : son *intensité* et sa *hauteur*.

Son intensité augmente avec l'*amplitude du mouvement vibratoire;* elle augmente avec la densité de l'air : aussi est-elle faible sur les montagnes; elle est renforcée par le voisinage d'un corps sonore (corde de violon sur la caisse). — Elle diminue avec le carré des distances (propagation sphérique).

Dans un tuyau, le son constamment réfléchi par les parois garde une intensité presque constante. (Application : tuyaux acoustiques flexibles.)

La hauteur du son dépend du *nombre des vibrations* par seconde. Une hauteur constante caractérise un *son musical*. Un son est plus bas ou plus grave qu'un autre lorsque le nombre de ses vibrations est moindre. — Les vibrations trop lentes (moins de 16 vibrations doubles à la seconde) et trop rapides (plus de 36.000) ne sont plus perçues par l'oreille.

Intervalles musicaux. — Un son musical isolé est défini par le nombre de ses vibrations. Mais deux sons musicaux qui se succèdent immédiatement ou qui sont perçus simultanément (*accord*) font sur l'oreille une impression qui dépend surtout de l'*intervalle* de ces deux sons.

On appelle intervalle de deux sons le rapport du nombre de vibrations du plus aigu au nombre de vibrations du plus grave.

$$I = \frac{n}{n'} > 1$$

Un accord de deux notes est agréable ou dissonant suivant que l'intervalle de ces deux notes est ou n'est pas simple.

On dit que $\frac{n}{n'}$ est un rapport simple quand la fraction irréductible égale à $\frac{n}{n'}$ a ses deux termes voisins de l'unité. Les intervalles les plus simples sont l'*unisson* $\frac{n}{n'} = 1$ et l'*octave* $\frac{n}{n'} = 2$.

La *gamme* est une série de sons séparés entre eux par

des intervalles simples qui ont été choisis suivant les convenances de l'oreille.

Si l'on convient de représenter par 1 le nombre des vibrations de la première note d'une gamme, les nombres de vibrations des autres seront donnés par leurs intervalles avec cette première note.

Ut_1 ou Do_1	$Ré_1$	Mi_1	Fa_1	Sol_1	La_1	Si_1	Do_2	R_2	Do_3...
1	$\frac{1}{8}$	$\frac{5}{4}$	$\frac{4}{3}$	$\frac{3}{2}$	$\frac{5}{3}$	$\frac{15}{8}$	2	$\frac{2}{8}$	4 ...

On utilise plusieurs gammes dans l'échelle musicale. Les notes de ces gammes sont désignées par des indices : do_1, la_3, etc...

Le la_3, dit *la normal*, a 435 vibrations. C'est de cette note qu'on part pour accorder les instruments.

D'après cela :

$$la_2 = \frac{1}{2} la_3$$

$$la_1 = \frac{1}{2} la_2$$

$$la_1 = \frac{1}{4} la_3 = 108,75.$$

$$la_1 = ut_1 \times \frac{5}{3} \qquad ut_1 = 108,75 \times \frac{3}{5} = \frac{326,25}{5} = 65,25.$$

Ut_1 est la note la plus grave du violoncelle.

OPTIQUE

PROPAGATION DE LA LUMIÈRE

La lumière. — La lumière est la *cause des sensations de la vision*. Nous ne ferons aucune hypothèse sur sa nature.

Un *corps lumineux* est celui qui émet de la lumière

par lui-même (soleil, étoi e corps en ignition). — Un *corps éclairé* est celui qui émet dans toutes les directions de la lumière reçue d'un autre corps. — Un *corps translucide* laisse passer la lumière sans qu'on puisse distinguer les objets à travers sa masse (papier huilé, verre dépoli). — Un *corps transparent* laisse passer la lumière de telle sorte qu'on puisse à travers sa masse distinguer les objets. — Un *corps opaque* ne laisse point passer la lumière, à moins d'être réduit à une très faible épaisseur.

Propagation rectiligne de la lumière. — Dans tout milieu homogène la lumière se propage en ligne droite.

On le vérifie par les deux faits suivants :

1° Si on interpose un corps opaque sur la ligne droite qui joint l'œil à un point lumineux, le point cesse d'être vu ;

2° La lumière entrant dans une chambre obscure par une petite ouverture trace dans l'air un trait de lumière visible grâce à l'éclairement des poussières tenues en suspension dans l'air.

On appelle rayon lumineux tout chemin rectiligne suivi par la lumière.

Ombre. — Considérons un point lumineux L et un corps opaque M, sphérique par exemple (fig. 211). Le point lumineux émet des rayons dans tous les sens. Mais ceux qui rencontrent la sphère opaque sont arrêtés. Sur la sphère et en arrière d'elle, il y a donc une région qui ne reçoit point la lumière de S. Cette région, c'est *l'ombre* de L. Elle est évidemment limitée par la surface d'un cône de révolution de sommet L circonscrit à la sphère. Et en effet, en plaçant en arrière de M un écran E perpendiculaire à Lx, on obtient des cercles sombres C de plus en plus grands à mesure que l'on s'éloigne de M. L'ombre MNP est l'ombre propre, l'ombre C est l'ombre portée.

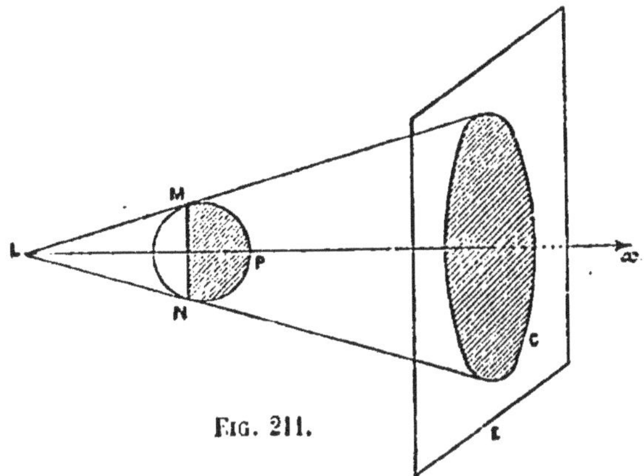

Fig. 211.

Le passage de la lumière à l'ombre est brusque.

Pénombre. — Considérons un objet lumineux L d'une certaine dimension, sphérique par exemple, et l'ombre que donne une autre sphère M (fig. 212 et 213). — Considérons les deux séries de tangentes communes à deux circonférences obtenues en coupant les deux sphères par un plan passant par la ligne des centres OO' et faisons tourner ces tangentes autour de OO'. Elles engendrent deux cônes de révolution, l'un de sommet S extérieur à OO', l'autre de sommet S' intérieur. — L'espace compris dans le cône SABA'B' est complètement privé de lumière.

L'espace compris dans la région extérieure au cône S et au cône S' reçoit de la lumière comme si le corps opaque n'existait pas. — L'espace compris à l'intérieur du cône S' et à l'extérieur de S ne reçoit qu'une partie des rayons que lui enverrait L si M n'existait pas. Il est dans la pénombre.

Il y a donc sur l'écran et sur la sphère O trois régions distinctes : ombre, pénombre, lumière; la pénombre va en se dégradant.

— Eclipses.

Cette théorie des ombres permet d'expliquer les éclipses de lune et les éclipses de soleil.

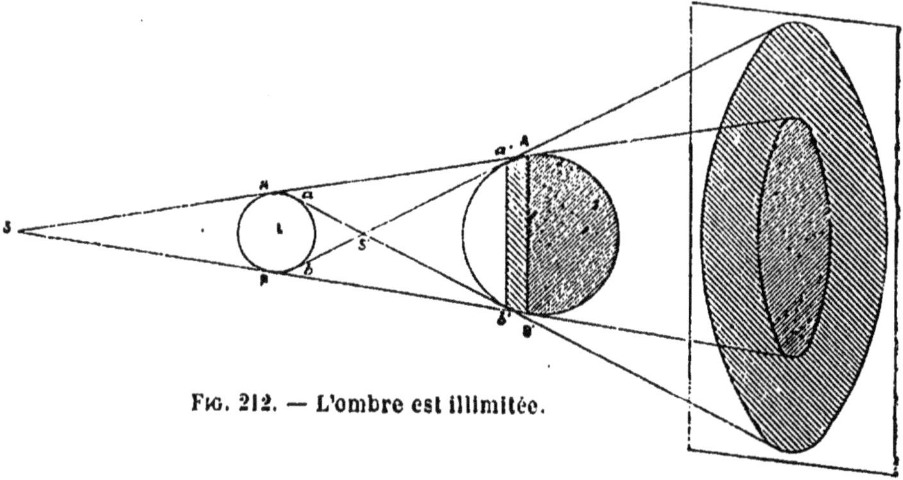

Fig. 212. — L'ombre est illimitée.

Les premières sont dues au passage de la lune dans le cône d'ombre de la terre;

Les deuxièmes au passage de la terre dans le cône d'ombre de la

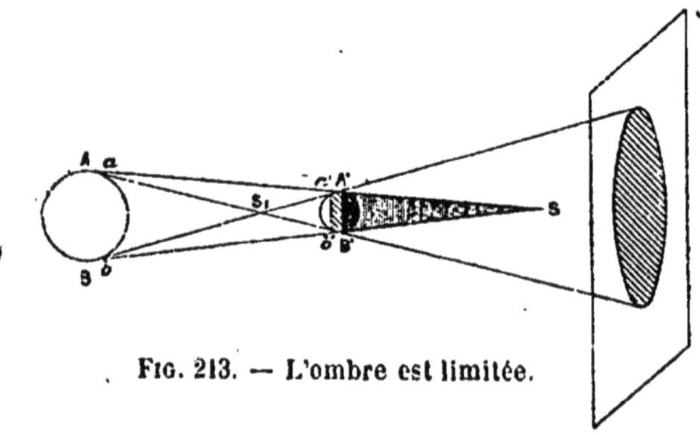

Fig. 213. — L'ombre est limitée.

lune (*éclipse totale* pour les points atteints par ce cône — *partielle* pour ceux qui sont dans le cône de pénombre) — ou seulement dans le cône de pénombre (éclipse partielle).

DOUZIÈME LEÇON

RÉFLEXION ET RÉFRACTION DE LA LUMIÈRE.

Définition. — Lorsqu'un rayon de lumière tombe sur la face polie d'un bloc de verre, une fraction importante rebondit sur le verre comme la bille de billard sur la

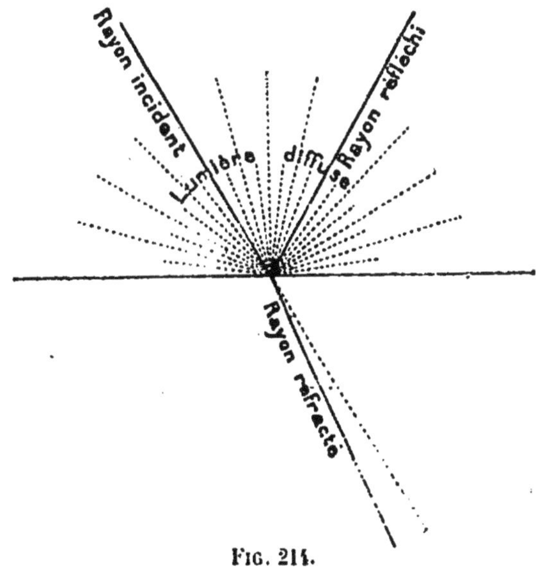

Fig. 214.

bande . c'est le *rayon réfléchi;* une autre partie sans pénétrer dans le verre s'éparpille dans tous les sens : c'est la *lumière diffuse*; une troisième enfin pénètre dans le verre suivant une direction voisine de la direction primitive : c'est le *rayon réfracté.* (Voyez la figure 214.)

La diffusion est un cas particulier de la réflexion.

Nous appellerons *plan d'incidence* le plan normal à la surface réfléchissante au point d'incidence et contenant le rayon incident.

Lois de la réflexion. — 1° *Le rayon réfléchi reste dans le plan d'incidence*; 2° *L'angle de réflexion est égal à l'angle d'incidence.*

On vérifie ces lois par l'expérience suivante (fig. 215):

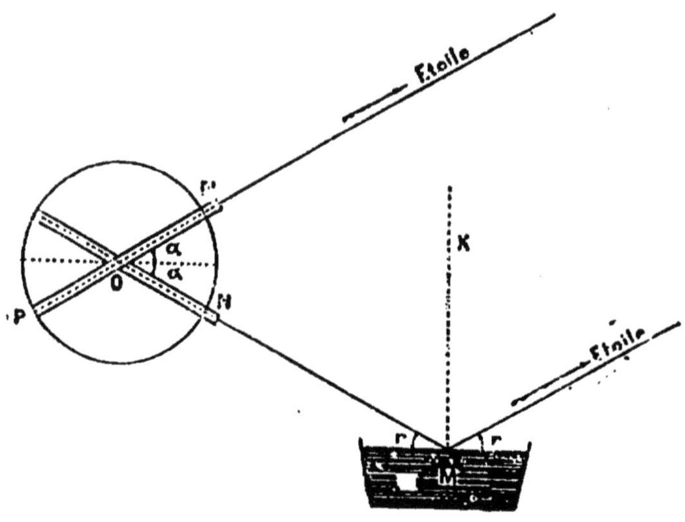

Fig 215.

A l'aide d'une lunette mobile autour d'un axe horizontal sur un cercle vertical gradué, on vise directement une étoile au-dessus de l'horizon, angle α au-dessus de l'horizon.

On reçoit ensuite dans la même lunette le rayon venant de cette étoile, réfléchi par la surface horizontale libre d'un bain de mercure. La lunette fait avec l'horizontale, au-dessous de l'horizon, le même angle, α

1° Le plan vertical qui contient les deux axes de la lunette et l'étoile contient aussi le rayon incident en M et la verticale en M ou la normale à la surface réfléchissante. Il est donc le plan incident; comme il contient le rayon réfléchi. La première loi est vérifiée.

2° Tous les rayons émanés de l'étoile vers O et M étant parallèles, l'angle d'incidence est α comme l'angle de réflexion, alterne-interne de N'OH.

Diffusion. — La diffusion est due aux aspérités des surfaces. Elle dépend de la nature des surfaces, de leur degré de poli et aussi de l'angle d'incidence des rayons. Les surfaces d'un blanc mat sont celles qui diffusent le plus (papier blanc).

La diffusion résulte de la réflexion régulière des rayons par des aspérités disposées irrégulièrement et orientées dans toutes les directions par rapport à la lumière incidente.

PROPRIÉTÉS DES MIROIRS PLANS

Propriétés des miroirs plans. — Un miroir plan est une surface plane aussi bien polie que possible. Le plus simple est un plan de bronze poli.

Formation des images. — *Image d'un point lumineux* A (fig. 216). — Prenons pour plan de la figure un plan passant par la normale AN au miroir et le coupant suivant NM, et cherchons ce que deviendront les rayons lumineux émis par A dans ce plan.

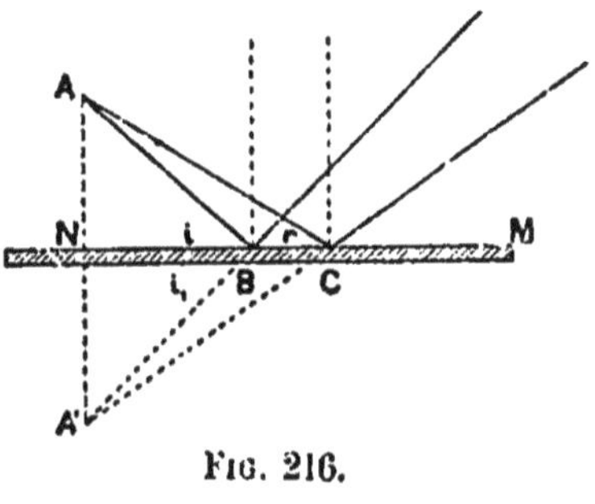

Fig. 216.

1° Ils resteront dans ce plan qui est un plan d'incidence (1re loi), car ce plan contient toutes les normales en B, C, etc...

2° Les prolongements de tous les rayons réfléchis passeront par un point A' symétrique de A par rapport au miroir : cela résulte de l'égalité des angles i, r et i_1

qui entraîne l'égalité des triangles rectangles BNA, BNA', d'où A'N = AN. Il en serait de même pour un rayon AC et tout autre rayon du plan.

On trouverait le même résultat en faisant passer par ANA' un autre plan quelconque.

Conséquence : Pour l'œil qui reçoit les rayons réfléchis de B, C..., ils semblent émaner tous d'un point lumineux unique A' situé derrière le miroir. Ce point est dit l'*image* de A. Cette image est dite *virtuelle* parce que en A' ne se rencontrent que les *prolongements* des rayons.

Image d'un objet lumineux. — On l'obtiendra en construisant l'image de tous ses points ou de ceux qui sont nécessaires pour la déterminer. L'image de chaque point est le symétrique par rapport au miroir. La figure 217 indique la marche des rayons qui, issus des points extrêmes A et B, vont rencontrer un œil placé en O.

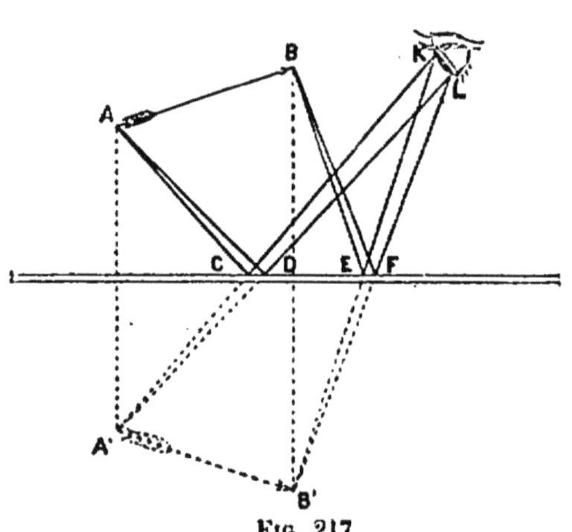

Fig. 217.

Pour les construire, il suffit de joindre les deux extrémités de la partie de l'œil qui reçoit les rayons KL à A' et B'. On obtient ainsi les faisceaux ACDKL, BEFKL.

L'image est symétrique de l'objet par rapport au miroir et de même grandeur que lui.

Miroirs étamés. — Les miroirs ordinaires sont formés d'une glace de verre dont la face postérieure est couverte de tain, c'est-à-dire d'un amalgame d'étain.

Ils présentent donc deux surfaces réfléchissantes.

Aussi peut-on distinguer à la fois l'image donnée par la surface réfléchissante principale, le tain, et un peu en avant, à une distance égale à l'épaisseur du miroir, l'image donnée par la face antérieure du verre. Il y a encore d'autres images provenant de réflexions intérieures.

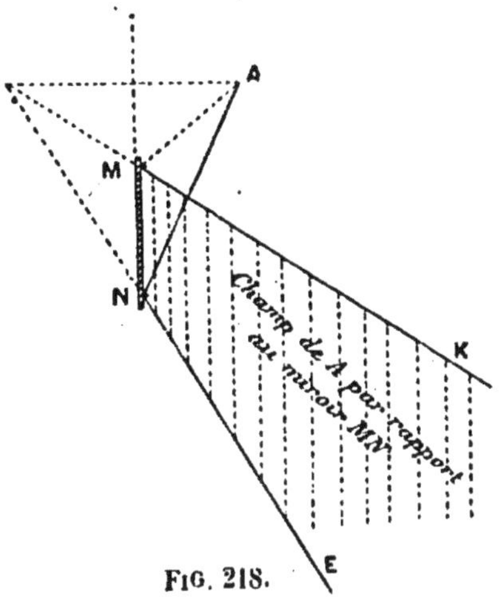

Fig. 218.

Champ d'un miroir plan. — Soit un miroir plan M N et un point A (fig. 218). Dans quelle région faudra-t-il se mettre pour apercevoir l'image de A ?

Evidemment, en tout point tel que la droite qui le joint à A' passe par le miroir. Le champ du miroir par rapport à un point A est donc MKNE, c'est-à-dire la portion de l'angle MA'N située du même côté que A.

Miroirs parallèles (fig. 219). — Considérons deux

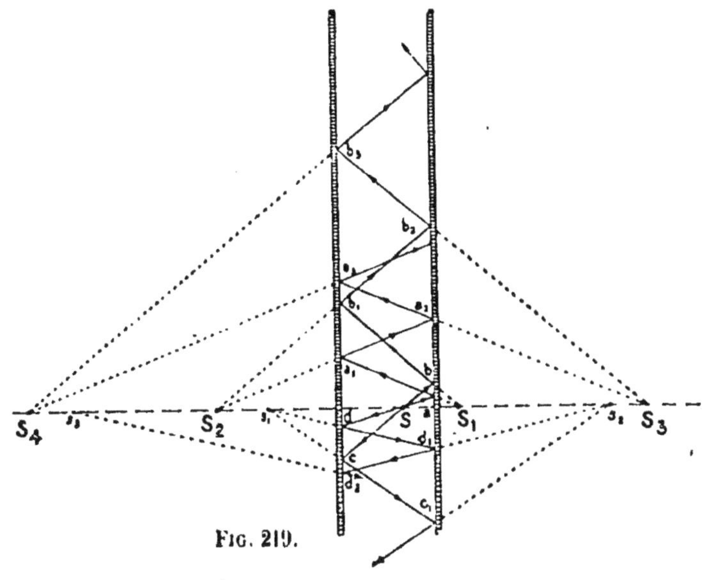

Fig. 219.

miroirs parallèles M et N ; S donnera deux séries d'images : 1° celles provenant de son symétrique S_1 par rapport à M · S_1, S_2, S_3..., c'est-à-dire des rayons tombés d'abord sur M ; 2° celles provenant du symétrique s_1 de S par rapport à N : s_1, s_2, s_3, alternativement derrière l'un ou l'autre miroir.

Un faisceau S*ba* tombé de S sur la portion *ab* de M suivra le chemin indiqué. On a figuré de même la marche d'un faisceau tombant sur la portion *cd* de N. On voit que théoriquement le nombre des images est indéfini.

Pratiquement, il est limité, car la perte de lumière due à la diffusion rend les images de moins en moins claires et elles finissent par devenir invisibles.

Miroirs inclinés. — On voit aisément que deux miroirs inclinés l'un sur l'autre donnent plusieurs images.

S'ils sont inclinés d'un angle $\frac{360}{n}$ ils donnent $n - 1$ images.

Les deux miroirs M et N (fig. 220), inclinés à 60°, donnent cinq images.

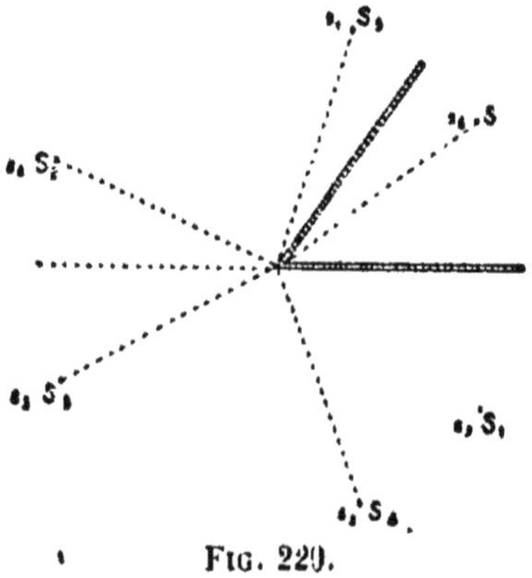

Fig. 220.

1° Si nous construisons les images successives de S en commençant par le miroir M, nous trouvons les points S_1, S_2, S_3, S_4, S_5 successivement ; S_5 redonnerait comme image S même.

2° En commençant par le miroir N, on retrouve les mêmes points en ordre inverse : s_1 s_2... s_3.

Remarquons que S S_1 S_2 S_3 S_4 S_5 n'est pas un hexagone régulier.

PROPRIÉTÉS DES MIROIRS SPHÉRIQUES

Definitions. — Une calotte de sphère polie en dedans forme un *miroir sphérique concave* ; une calotte polie en dehors un *miroir sphérique convexe.*

Le *plan d'incidence* est le plan qui contient le rayon incident et le centre de la sphère ; l'*axe principal*, le rayon qui va au pôle de la calotte ; le pôle ou milieu du miroir s'appelle *sommet* ; l'*angle d'ouverture* est MCM' (fig. 221).

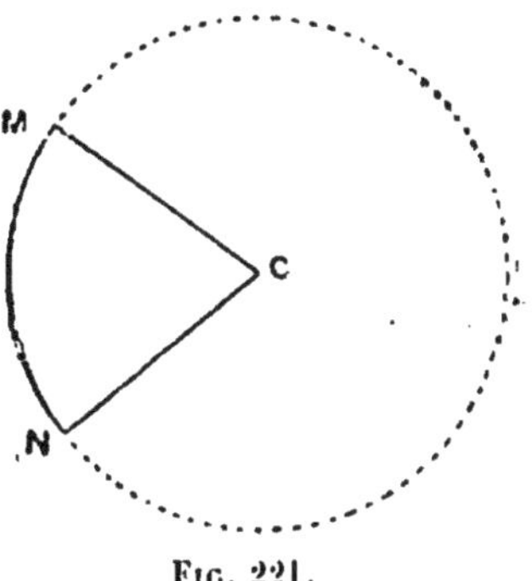

Fig. 221.

Le miroir étant symétrique par rapport à l'axe principal, et tout rayon émis dans un plan passant par cet axe y restant, car c'est le plan d'incidence, il suffit d'étudier ce qui se passe dans un plan quelconque passant par l'axe principal.

Nous ne considérons que des miroirs sphériques d'ouverture très petite, telle qu'elle ne dépasse pas 10 à 12 degrés.

Foyer principal. — Dans tout miroir sphérique il existe un *foyer principal*, point de concours des rayons

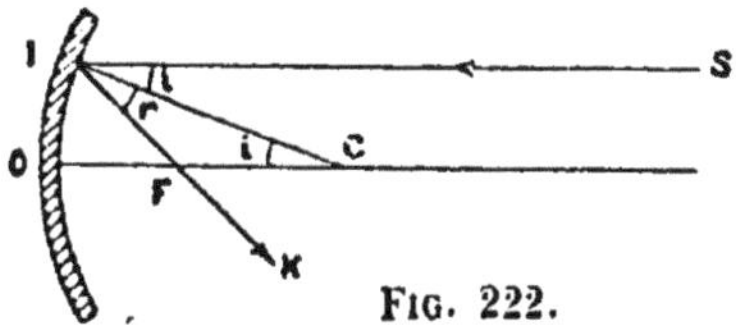

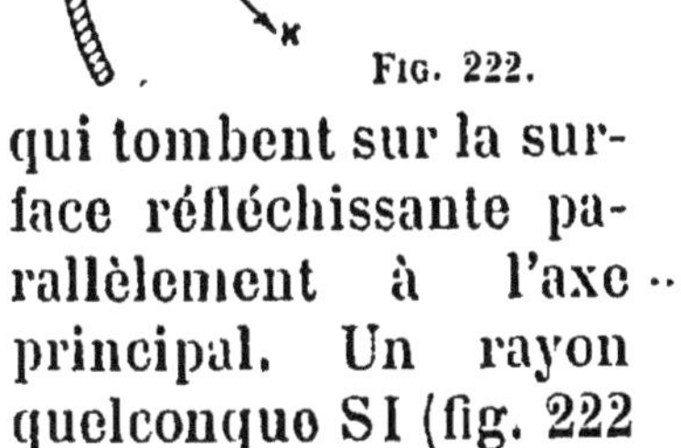

Fig. 222.

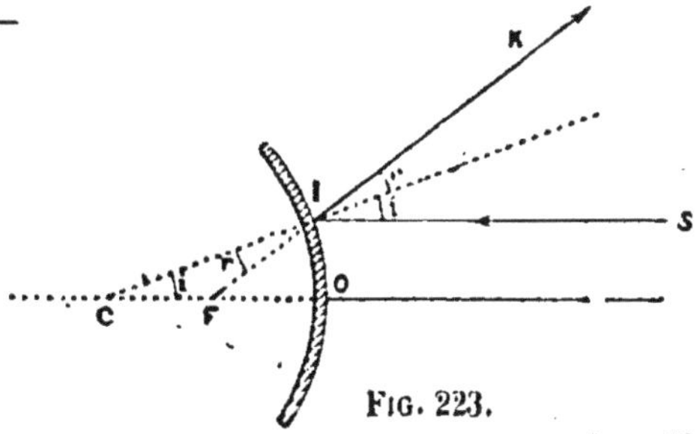

qui tombent sur la surface réfléchissante parallèlement à l'axe principal. Un rayon quelconque SI (fig. 222 et 223) est réfléchi suivant IFK. Je dis que le point F est le même pour tout rayon SI.

Fig. 223.

En effet, on a : $FC = FI$ (car $i = r$)
et on a très sensiblement $OF = FI$

En effet, à cause de la très faible ouverture du miroir, les deux angles à la base du triangle isocèle IFC sont très petits (inférieurs à la demi-ouverture du miroir). Donc très sensiblement : $IC = FC + FI = 2\ FC$.
Or $IC = OC$; donc : $OC = 2\ FC$.

La valeur de F C est donc indépendante de la position du point I; F est donc le même pour tous les rayons parallèles à l'axe.

Dans le cas de la figure 224, le foyer est *réel*, tous les

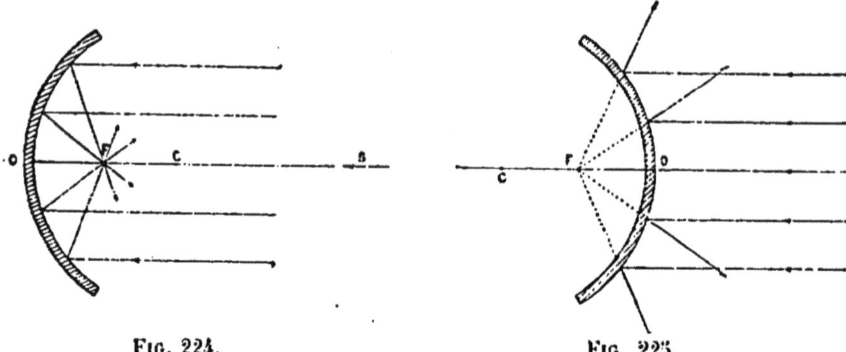

Fig. 224.

Fig. 225.

rayons y passent réellement. Il est situé du côté du miroir à une distance $\frac{R}{2}$ du sommet.

Dans le cas de la figure 225, le foyer est *virtuel*; les prolongements seuls des rayons y passent. Il est situé derrière le miroir à une distance $\frac{R}{2}$ du sommet.

Ce point s'appelle le *foyer principal* du miroir.

Réciproquement, tous les rayons qui concourent en F sont réfléchis parallèlement à l'axe principal du miroir.

On le démontre expérimentalement pour le miroir concave, par exemple, en faisant tomber sur lui les rayons venus d'une étoile, ou, plus simplement du centre du soleil. Ils vont tous concourir en un point qui est à une distance du miroir égale à la moitié du rayon.

Image d'un point situé sur l'axe principal. — L'expérience montre et le raisonnement fait prévoir, comme nous le verrons, qu'un point P situé sur l'axe principal a un foyer conjugué P' réel ou virtuel, situé sur cet axe, c'est-à-dire un , int tel que tous les rayons réfléchis issus de P ou leurs prolongements y viennent concourir, tel aussi que si des rayons émanent de P', réciproquement tous ces rayons après leur réflexion concourront en P.

Admettant l'existence d'un tel foyer, nous allons montrer géométriquement, en comparant le trajet d'un de ses rayons tombant en I avec celui d'un rayon parallèle à l'axe tombant aussi en I, où doit se trouver P' quand P se déplace sur l'axe principal.

1° Le foyer P' doit être sur l'axe principal, car le rayon normal est réfléchi suivant sa propre direction. Nous compterons les distances *positivement* du côté d'où vient et où va la lumière, c'est-à-dire du *côté de la surface réfléchissante.*

Considérons d'abord un miroir concave et un point situé entre l'infini et C (fig. 226). — PI est compris dans

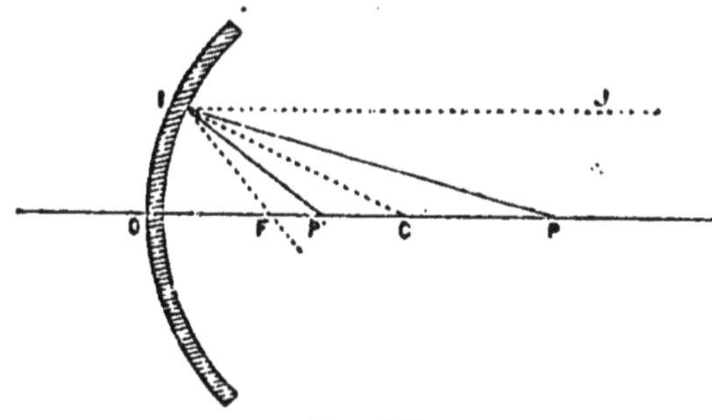

Fig. 226.

l'angle JIF, l'angle d'incidence de PI est plus petit que JIC; donc l'angle de réflexion CIP' est plus petit que CIF; donc P'I est compris dans l'angle FIC; P' est donc entre F et C.

Et réciproquement quand le point lumineux est en P', pour les mêmes raisons son foyer se forme en P.

Donc quand P va de ∞ à F, P' va de F à ∞; P et P' se rencontrent en C.

Si P est situé entre F et O (fig. 227), P''IC > JIC;

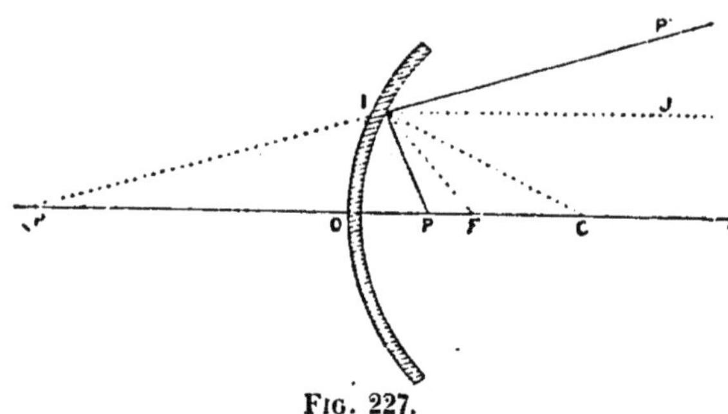

Fig. 227.

P'' I rencontrera donc l'axe en P' de l'autre côté de O et ira de — ∞ à O quand PI ira de JI à IO.

Réciproquement, quand P ira de O à — ∞, c'est-à-dire quand P' sera virtuel, P' ira de O à F.

Donc quand P va de F à — ∞, P' va de — ∞ à F; ils se rencontrent en O.

Considérons un miroir convexe: quand P est situé entre ∞ et O (fig. 228), PI est hors de l'angle JIK, donc

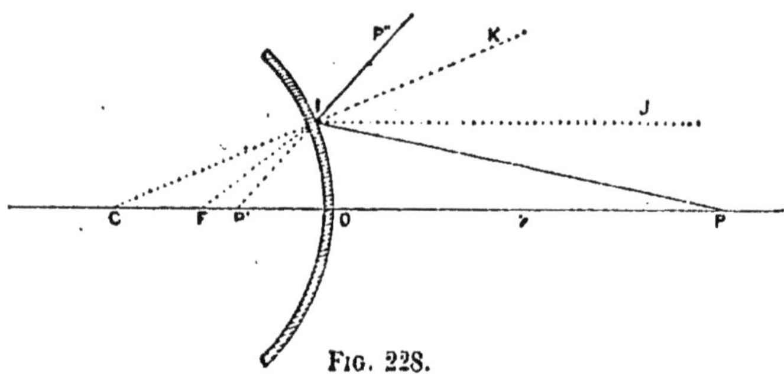

Fig. 228.

P''IP' aussi. Donc P' est entre O et F derrière le miroir et va de F à O quand P va de JI à OI.

Par conséquent, quand I va de ∞ à F, P' va de F à ∞. Ils se croisent en O.

Si P est situé entre F et $-\infty$, P''IK est compris dans l'angle F'IJ et s'infléchit de FI à J'I; KIP''' est

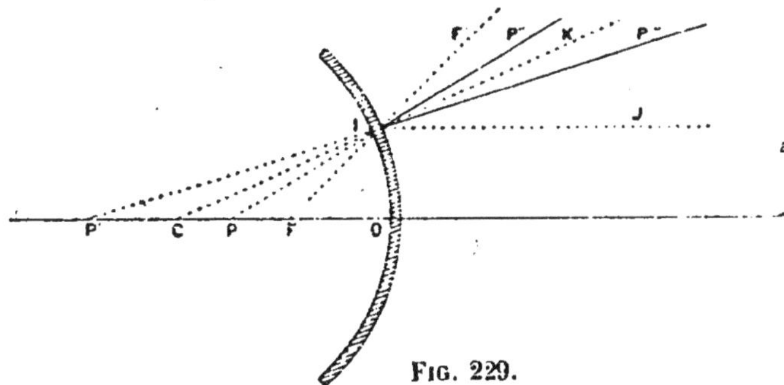

Fig. 229.

compris dans l'angle F'IJ et s'infléchit de JI à F'I.

Par conséquent, quand P va de F à $+\infty$, P' va de $+\infty$ à F. Ils se croisent en C (fig. 229).

Démonstration géométrique de l'existence d'un foyer uni-

Démonstration pour les miroirs concaves.

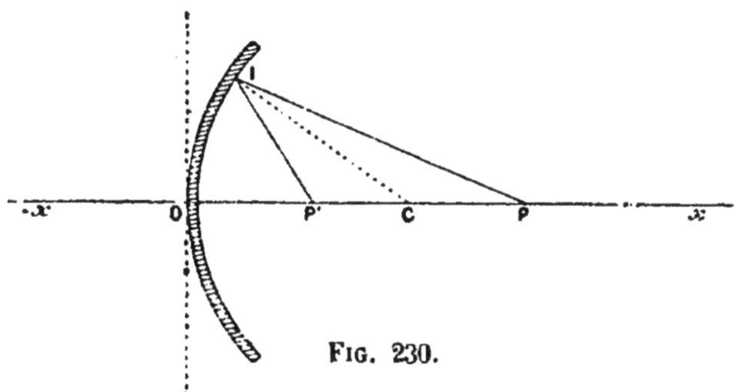

Fig. 230.

Démonstration pour les miroirs convexes.

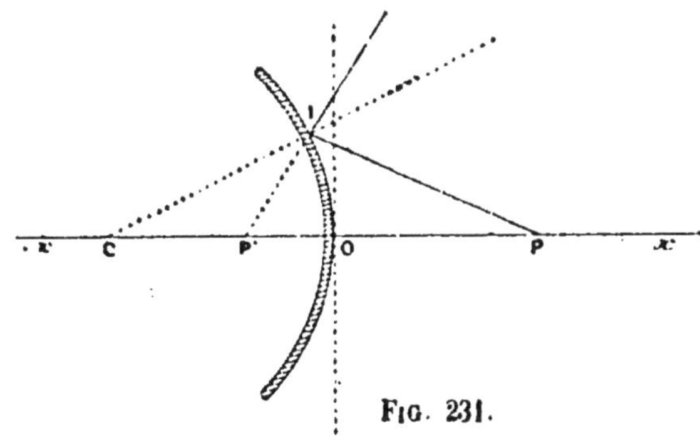

Fig. 231.

que (fig. 230 et 231). — IC étant bissectrice du rayon incident et du rayon réfléchi tombés en I, je dis que la position du point P' est indépendante de celle du point P.

La propriété de la bissectrice donne : $\frac{PC}{P'C} = \frac{PI}{P'I}$

Mais I étant très voisin de O, PI et P'I diffèrent très peu de PO et P'O. On a donc :

$$\frac{PC}{P'C} = \frac{PO}{P'O}$$

Ou bien :

$\frac{PO - CO}{CO - P'O} = \frac{PO}{P'O}$	$\frac{PO + CO}{CO - P'O} = \frac{PO}{P'O}$
ce qui peut s'écrire :	ce qui peut s'écrire :
$\frac{1}{PO} + \frac{1}{P'O} = \frac{2}{CO}$ (1)	$\frac{1}{P'O} - \frac{1}{PO} = \frac{2}{OC}$ (1)

Les formules établies pour les deux miroirs montrent que P'O ne dépend que du rayon CO et de la distance PO. P' est donc le même pour tous les rayons réfléchis.

Pour établir (1) on chasse les dénominateurs et on divise les deux membres par le produit $\overline{PO} \times P'O \times \overline{OC}$.

Formule générale des miroirs sphériques.

Faisons la convention de signes suivante :

Toute longueur comptée du côté O x d'où vient la lumière incidente et du côté de la surface réfléchissante, sera positive ; toute longueur comptée du côté opposé sera négative.

D'après cela, les formules trouvées se généralisent :

$PO = +p$	$PO = +p$
$P'O = +p'$	$P'O = -p'$
$CO = +R = +2\varphi$	$OC = -R = -2\varphi$

Il vient donc pour les deux miroirs :

$$\frac{1}{p} + \frac{1}{p'} = \frac{1}{\varphi}$$

On donne à φ la valeur du demi-rayon : positif pour les miroirs concaves, négatif pour les convexes.

On peut encore spécifier la formule pour chaque miroir en mettant en évidence le signe de la distance focale f qui dans les applications numériques devra être remplacé par un nombre positif. On a alors :

$$\overbrace{\frac{1}{p}+\frac{1}{p'}=\frac{1}{f}}^{\text{Miroirs concaves.}} \quad \text{et} \quad \overbrace{\frac{1}{p}+\frac{1}{p'}=-\frac{1}{f}}^{\text{Miroirs convexes.}}$$

Remarque. — Ces formules, différentes, pour le miroir convexe, de celle qu'on donne d'ordinaire, ont l'avantage d'introduire une convention unique analogue à celles des discussions d'algèbre. Une valeur positive de p ou de p' répond toujours à un concours réel de rayons ; une valeur négative, à un concours virtuel, et les distances sont comptées comme en algèbre, positives d'un côté du miroir, négatives de l'autre.

Axes secondaires. — Tout se passe évidemment pour un point situé sur un rayon autre que celui du sommet comme pour l'axe principal, puisque tout rayon est un axe de symétrie dans la sphère. Aussi a-t-on sur ces droites appelées *axes secondaires* un foyer des rayons parallèles et des foyers conjugués donnés par les mêmes formules.

Tous les points lumineux d'un même plan perpendiculaire à l'axe principal en P ont leur foyer lumineux dans un plan parallèle au premier, coupant l'axe principal au foyer conjugué P'.

En effet les distances p', p'_1, p'_2, p'_3... comptées chacune sur les axes des points P, P_1, P_2, P_3... sont égales *sensiblement* entre elles à cause de la faible amplitude des miroirs, comme les distances p, p_1, p_2, p_3... Donc ces foyers sont sensiblement dans un même plan.

Construction de l'image d'une droite perpendiculaire à l'axe principal. — D'après cela, il suffira de construire l'image de deux points pour avoir l'image

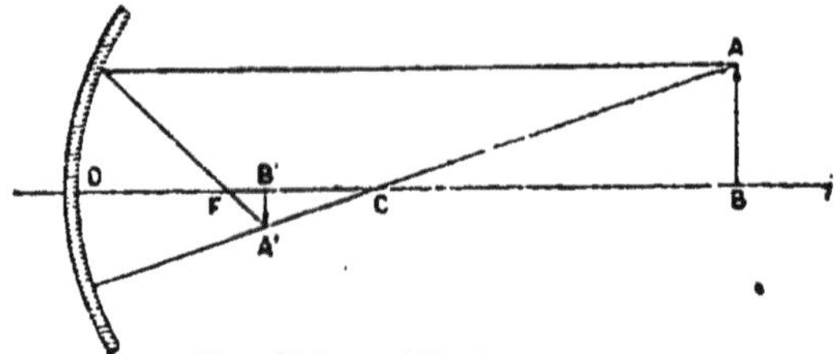

Fig. 232. — Miroir concave.

d'une droite (fig. 232 et 233) et l'image d'un point A hors de l'axe pour en déduire celle d'une droite perpendiculaire à l'axe principal.

On construit l'image de A à l'aide de deux rayons particuliers : 1° son axe secondaire : l'image de A s'y trouve; 2° le rayon mené par A parallèlement à l'axe;

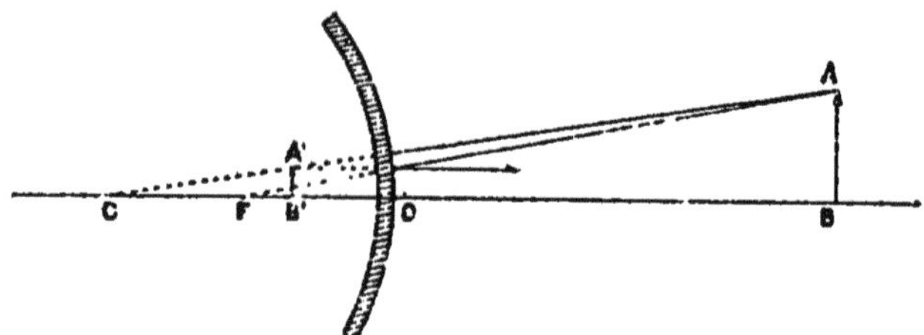

Fig. 233. — Miroir convexe.

il est réfléchi de telle sorte que sa direction passe par le foyer principal (fig. 232). — On pourrait encore employer le rayon passant par le foyer principal : il est réfléchi parallèlement à l'axe (fig. 233).

Rapport de l'image à l'objet. — 1° *Pour les miroirs concaves*, on a :

$$\frac{A'B'}{AB} = \frac{CB'}{CB} = \frac{2f - p'}{p - 2f}$$

Or $\frac{1}{p} + \frac{1}{p'} = \frac{1}{f}$ peut s'écrire :

$$2f(p + p') = 2pp'$$
$$(2f - p')p = (p - 2f)p'$$
$$\frac{p'}{p} = \frac{2f - p'}{p - 2f}$$

D'où
$$\frac{A'B'}{AB} = \frac{p'}{p}$$

2° *Pour les miroirs convexes,* on trouverait de même :

$$\frac{A'B'}{AB} = \frac{p'}{p}$$

Etude géométrique des images. — Remarquons que les points de l'objet et de l'image étant réciproques deux à deux, l'image et l'objet sont *conjugués* et A'B' objet aura pour image AB.

On voit immédiatement si l'image est plus grande que l'objet en les considérant comme inscrits, image et objet, dans l'angle ACB et en comparant CB et CB'.

Miroirs concaves. | **Miroirs convexes.**

Les figures 232 *bis* et 233 *bis* montrent ce qu'est l'image des objets réels.

Miroirs concaves.

1° Situés de ∞ à F : Image réelle, renversée, diminuée si AB est au delà de C; agrandie si AB est en deçà de C.

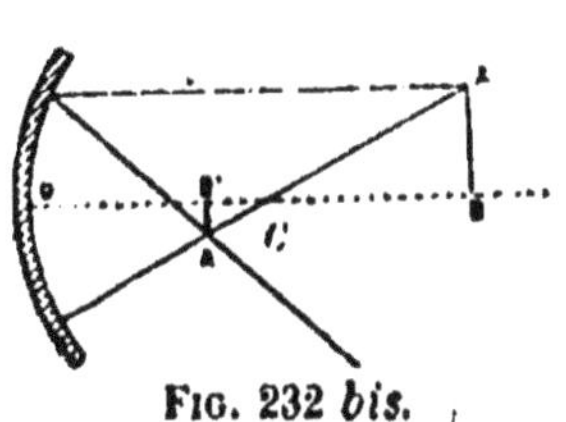

Fig. 232 *bis*.

Miroirs convexes.

1° Objets AB situés de ∞ à O, c'est-à-dire *tout objet réel :* Image A'B' virtuelle, diminuée (fig. 233 *bis*).

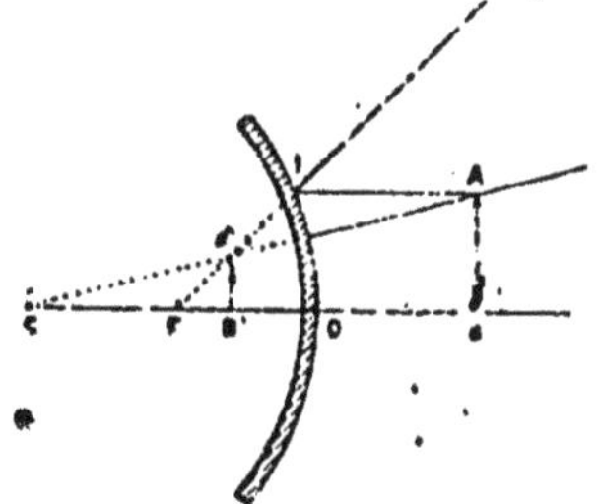

Fig. 233 *bis*.

Objet AB allant de F à O réel (fig. 234) :
Image A'B' allant de ∞ à O virtuelle, agrandie, droite.

Fig. 233 *bis*.

Objet A'B' de O à F virtuel :
Image AB de O à ∞ réelle, agrandie.

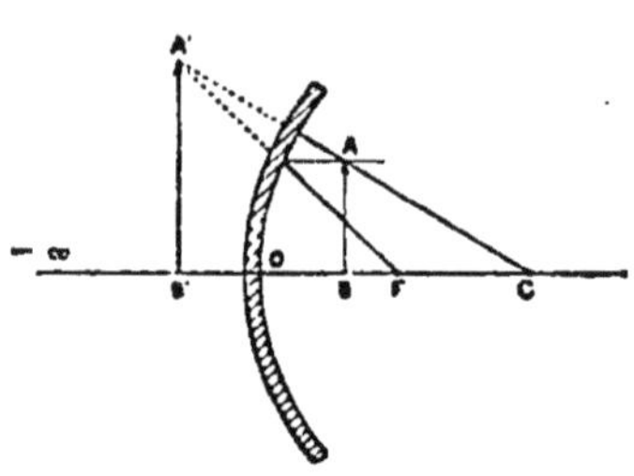

FIG. 234.

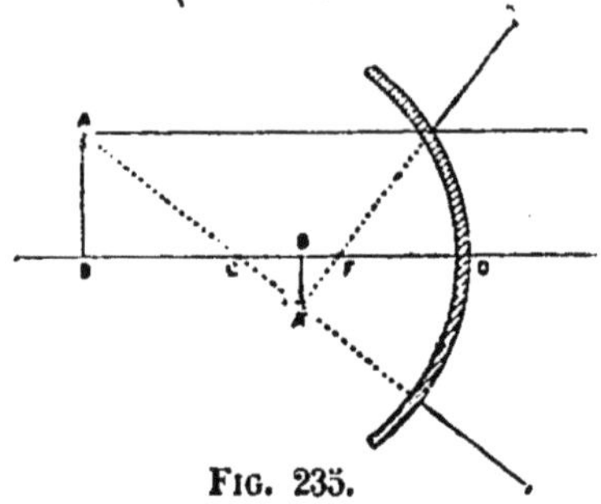

FIG. 235.

Objet A'B' allant de O à — ∞ virtuel :
Image AB allant de O à F réelle, diminuée, droite (fig. 234).

Objet AB allant de F à — ∞ virtuel :
Image allant de — ∞ à F virtuelle.

L'image sera plus grande que l'objet tant que l'objet sera entre C et F_1, plus petite quand l'objet sera entre C et — ∞.

Discussion algébrique des formules.

Miroirs concaves:

$$\frac{1}{p'} + \frac{1}{p} = \frac{1}{f}$$

Miroirs convexes:

$$\frac{1}{p'} + \frac{1}{p} = -\frac{1}{f}$$

La formule générale peut s'écrire :

$$p' = \frac{pf}{p-f}$$

p' sera nul pour $p = o$

p' sera infini pour $p = f$

On trouvera $p' = p$ pour la valeur π de p, telle que

$$p' = -\frac{pf}{p+f}$$

p' sera nul pour $p = o$

p' sera infini pour $p = -f$

De même p' sera égal à p pour $p = o$

$$\pi = \frac{\pi f}{\pi - f}$$

ou $\pi(\pi - 2f) = o.$

Ce qui en plus de la valeur déjà trouvée $p = o$ donne : $p = 2f.$

et pour $p = -2f.$

Quand p devient infini, la formule peut s'écrire :

$$p' = \frac{f}{1 - \frac{f}{p}}$$

en divisant haut et bas par p.

Quand p tend vers $\pm\infty$ p' tend vers $p' = f.$

Pour $p = \pm\infty$ on trouve $p' = -f.$

Tableau des valeurs correspondantes de p, p' et $\frac{i}{o}$.

(i = grandeur de l'image : o = grandeur de l'objet.)

MIROIRS CONCAVES.				MIROIRS CONVEXES.			
p	p'	$\frac{i}{o} = \frac{p'}{p}$		p	p'	$\frac{i}{o}$	
$+\infty$ $2f$	$+f$ $2f$	0 $+1$	Objet réel plus loin que le foyer. Image réelle.	$+\infty$ 0	$-f$ 0	0 -1	Objet réel en avant du miroir. Image virtuelle allant du foyer au sommet.
f	$\pm\infty$	$\pm\infty$	Objet réel. Image virtuelle allant de ∞ au sommet.	$-f$	$\pm\infty$	$\mp\infty$	Objet virtuel entre sommet et foyer. Image réelle entre foyer et $-\infty$.
0 $-\infty$	0 $+f$	-1 0	Objet virtuel. Image réelle allant du sommet au foyer.	$-2f$ $-\infty$	$-2f$ $-f$	$+1$ 0	Objet virtuel plus loin que le foyer. *Image virtuelle* plus loin que le foyer.

Cas particulier des miroirs plans. — La formule générale s'applique aux miroirs plans; il suffit d'y supposer $f = \frac{R}{2} = \infty$. (Car le miroir plan peut être regardé comme une portion de la surface d'une sphère de rayon infini.)

La formule $\frac{1}{p'} + \frac{1}{p} = \frac{1}{f}$ devient $\frac{1}{p'} + \frac{1}{p} = \frac{1}{\infty} = 0$

d'où $p' = -p$ $\frac{I}{O} = -1$;

Image égale à l'objet, virtuelle s'il est réel, et réciproquement, comme nous l'avons vu par l'étude directe de ces miroirs.

Application numérique. — Une flèche longue de 0^m10 est placée en face d'un miroir de rayon 1^m à une distance de 0^m40. A quelle distance de la surface réfléchissante se formera l'image et quel sera le rapport de la grandeur de l'image à celle de l'objet?

Miroir concave.

$p' = \frac{pf}{p-f}$ $f = \frac{1}{2} = 0,50$

$p = 0,40$

$p - f = -0,10$

$p' = \frac{0,5 \times 0,4}{0,10} = -\frac{0,20}{0,10} = -2^m$

$\frac{i}{o} = -\frac{2}{0,40} = -5$ $i = 0^m50$

L'image est 5 fois plus grande que l'objet; elle est *virtuelle* à 2^m en arrière du miroir.

Miroir convexe.

$p' = -\frac{pf}{p+f}$

$f = \frac{1}{2} = 0,50$

$p = 0,40$

$p' = -\frac{2}{9} = -0^m22$

$\frac{i}{o} = \frac{p'}{p} = -\frac{10}{18} = -0,55$

$i = 0^m055$

L'image est environ 2 fois plus petite que l'objet, virtuelle et située à 0^m22 en arrière du miroir.

Remarque : D'après la convention faite pour les signes, l'image et l'objet étant réels ou virtuels en même temps, quand ils sont tous deux du même côté de la surface réfléchissante, $\frac{p'}{p}$ sera positif quand l'image sera de la même nature que l'objet, négatif dans le cas contraire.

TREIZIÈME LEÇON

RÉFRACTION

Lois de la réfraction. — Certains corps, dits transparents, laissent passer la lumière. Mais ils ne sont pas sans action sur elle. Tout rayon lumineux oblique à la surface de séparation de deux milieux est *dévié* ou *réfracté*. — Dans certains milieux cristallisés, le rayon réfracté est double : ces milieux sont dits *bi-réfringents*.

Les lois de la réfraction simple sont :

1° *Le rayon incident et le rayon réfracté sont dans un même plan normal à la surface réfringente au point d'incidence;*

2° *Quelle que soit l'obliquité du rayon incident, le sinus de l'angle d'incidence et le sinus de l'angle de réfraction sont dans un rapport constant.*

Ce nombre s'appelle *indice de réfraction* du second milieu par rapport au premier.

Vérification de ces lois. — Soit une cuve demi-cylindrique (fig. 236) où de l'eau affleure l'axe. On fait tomber sur le liquide un rayon parallèle au plan de section droite et passant par le centre d'une de ces sections droites. Ce rayon a traversé un petit tube dont l'axe est parallèle au limbe. Ce rayon est dévié, mais, pour sortir du liquide, il ne subit pas de nouvelles déviations, car il sort normalement à l'eau et normalement au verre; il est reçu dans un autre petit tube qui est avec le premier dans un même plan vertical, et va tomber sur une règle divisée horizontale;

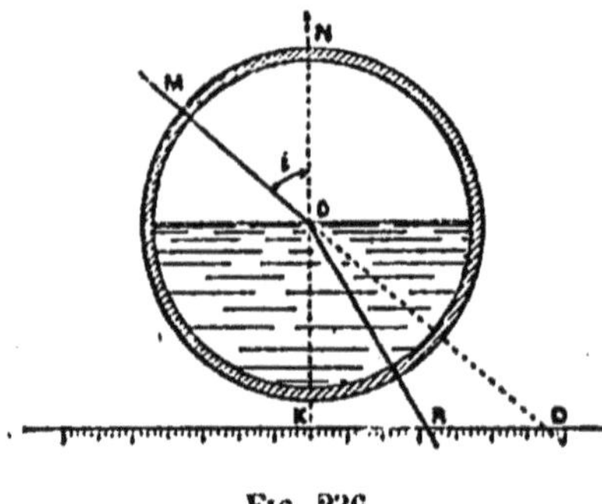

Fig. 236.

1° Le rayon réfracté O R et le rayon incident sont donc dans ce même plan vertical, c'est-à-dire normal à la surface réfringente.

2° On lit sur la règle les longueurs K R et K O. Le rapport $\frac{KD}{KR}$ a une valeur constante n. — Or, K R et K D sont proportionnels aux sinus des angles i et r. Donc :

$$\frac{\sin\ i}{\sin\ r} = n$$

Indice de réfraction. — Cette valeur n est caractéristique de la réfraction d'un milieu A dans un autre B. Réciproquement, si on considère les milieux dans un ordre inverse, c'est-à-dire si on fait passer par exemple de la lumière de l'eau dans l'air, on constate au moyen de l'appareil ci-dessus que la lumière suit le même chemin, mais en sens inverse. — C'est le retour inverse des rayons dont nous avons déjà parlé à propos de la réflexion. R O est devenu le rayon incident en O, O M le rayon réfracté. L'indice de réfraction est devenu $\frac{1}{n}$.

L'indice de réfraction de l'eau par rapport à l'air, par exemple, se rapporte à la lumière venant de l'air dans l'eau; il est $\frac{4}{3}$. — Celui de l'air par rapport à l'eau sera $\frac{3}{4}$.

Remarque. — Lorsque la lumière passe *dans un milieu plus dense*, le rayon réfracté est rapproché de la normale. ($n > 1$, $\sin r < \sin i$). C'est le contraire dans le cas inverse.

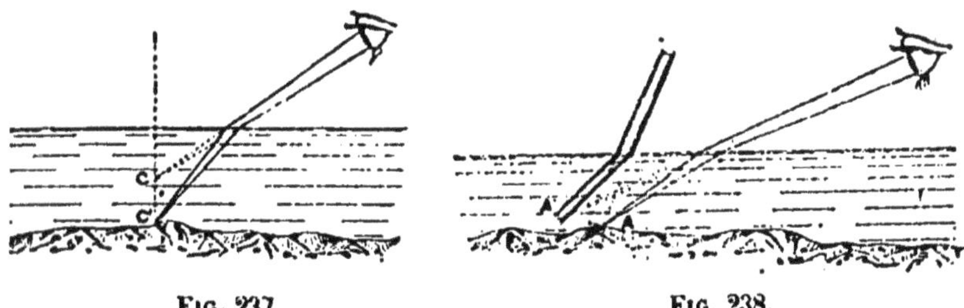

FIG. 237. FIG. 238.

Ainsi le fond de l'eau paraît relevé (fig. 237); un bâton plongé en partie dans l'eau paraît brisé (fig. 238) parce que les rayons sortant de l'eau se sont écartés de la normale. C est vu en C', A est vu en A'.

Angle limite. — Réflexion totale. — Quand un rayon passe de l'eau dans l'air, l'angle de réfraction est plus grand que l'angle d'incidence et grandit avec lui. Il y a donc une valeur de l'angle d'incidence pour laquelle l'angle de réfraction est droit; le rayon réfracté est rasant, c'est-à-dire parallèle à la surface de l'eau.

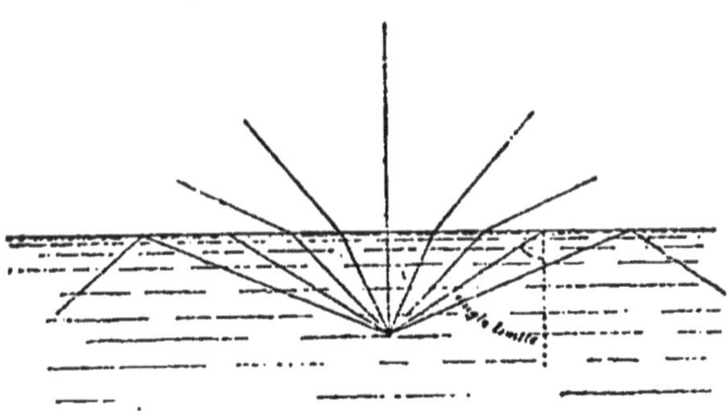

FIG. 239.

Cet angle d'incidence s'appelle l'*angle limite*, car, pour un angle d'incidence plus grand, la lumière *ne peut plus sortir*, il n'y a plus de rayon réfracté, et toute la lumière est réfléchie à l'intérieur de l'eau : c'est la *réfraction totale* (fig. 239).

De l'eau à l'air, l'angle limite est de 48°,35'.

$$\frac{\sin\ i}{\sin\ r} = \frac{1}{n} = \frac{3}{4}$$

$$r = 90° \qquad i = \theta$$

$$\sin\ \theta = \frac{1}{n} = \frac{3}{4}$$

θ étant l'angle limite

$$\theta = \text{arc sin}\,\frac{1}{n} = \text{arc sin}\,\frac{3}{4}$$

(l'arc dont le sinus est $\frac{1}{n}$).

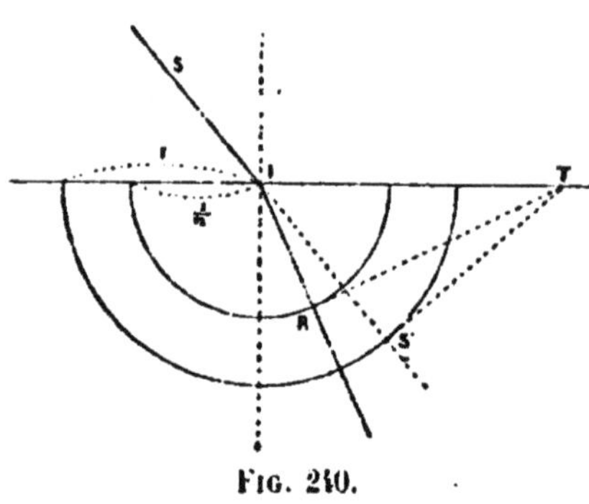

Fig. 240.

Construction du rayon réfracté connaissant l'indice n (fig. 240). — Tracer une demi-circonférence de rayon 1 et une demi-circonférence de rayon $\frac{1}{n}$.

Par le point S', rencontre du rayon incident prolongé avec la circonférence de rayon 1, mener la tangente S' T.

Mener T R, tangente à la circonférence de rayon $\frac{1}{n}$.

I R est le rayon réfracté.

On a en effet :

$$\text{Triangle ITR}\begin{cases} \text{IT} = \text{IR sin ITR} \\ \text{IT} = \frac{1}{n}\ \text{sin RIN} \end{cases} \qquad (1)$$

ou

$$\text{Triangle ITS'}\begin{cases} \text{IT} = \text{IS' sin TIS'} \\ \text{IT} = 1\ \text{sin S'IN} \end{cases} \qquad (2)$$

En divisant (1) et (2) membre à membre, il vient

$$\frac{\text{sin S'IN}}{\text{sin RIN}} = n$$

ou :

$$\frac{\sin\ i}{\text{sin RIN}} = n.$$

Donc RIN $= r$.

ACTION DES PRISMES

Un *prisme* est un milieu réfringent compris entre

deux faces planes inclinées l'une sur l'autre ; l'intersection des deux faces est l'*arête*, leur angle est l'angle réfringent du prisme.

Les *sections principales* du prisme sont des sections perpendiculaires à l'arête.

Considérons un rayon contenu dans une section principale : il ne sortira pas de ce plan qui est perpendiculaire à l'arête, et par conséquent aux deux faces de réfraction. — Nous ne considérerons que des rayons de ce genre.

Déviation produite sur un rayon. — Un prisme a deux effets sur les rayons lumineux qui le traversent :

1° Il dévie ces rayons ;

2° Il décompose la lumière blanche en une série de rayons de couleurs différentes, indécomposables, dits rayons *monochromatiques*.

Déviation d'un rayon d'une seule couleur ou monochromatique. — Les rayons lumineux qui traversent un prisme sont rabattus vers la base du prisme. — C'est l'effet des deux réfractions inverses (fig. 241)

On appelle *déviation* du prisme l'angle δ que fait le rayon incident avec le rayon émergent.

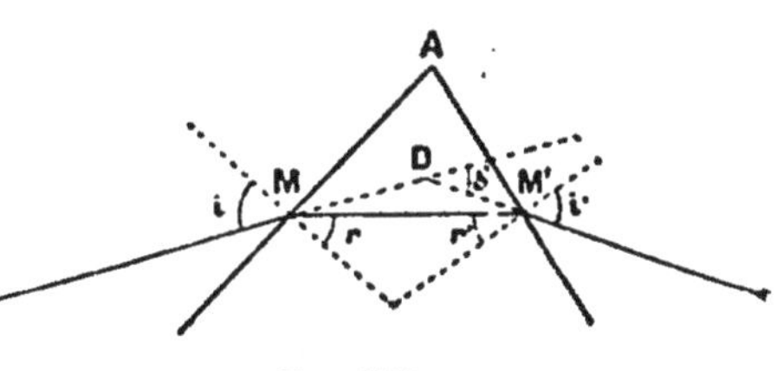

Fig. 241.

La déviation varie :

1° Avec la substance du prisme; on le vérifie à l'aide du *polyprisme* (fig. 242) composé de plusieurs sortes de verres juxtaposés ; — les rayons sont inégalement déviés ;

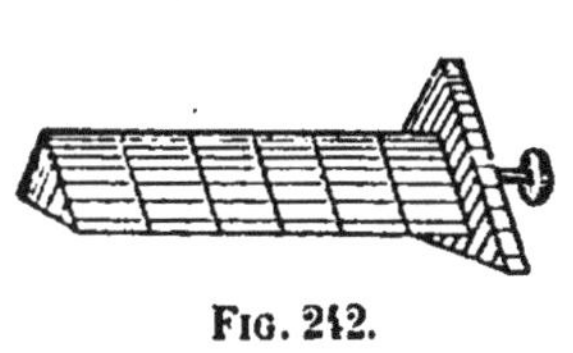
Fig. 242.

2° Avec l'*angle* du prisme; elle augmente avec lui. On le vérifie, soit en prenant des prismes de même substance et d'angles différents, soit à l'aide du *prisme à angle variable*, composé de deux plaques métalliques fixes et parallèles entre lesquelles tournent à frottement deux glaces de verre. On remplit l'appareil de liquide (fig. 243);

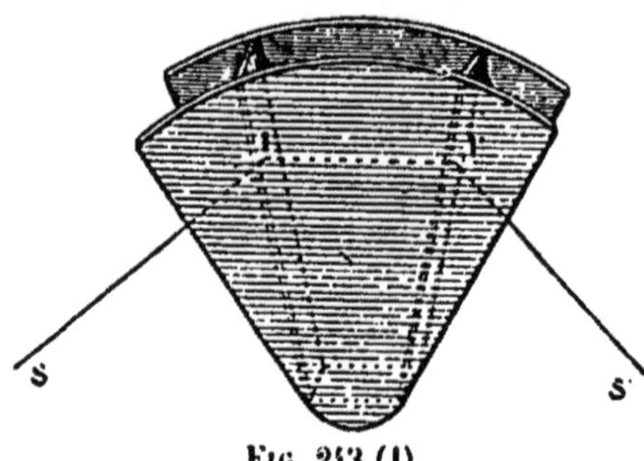

FIG 243 (1).

3° La déviation varie encore avec *l'angle d'incidence*. Si on reçoit un faisceau de lumière monochromatique à travers une fente verticale, ce faisceau va projeter une image lumineuse sur un écran éloigné. Mais si on interpose un prisme vertical entre l'ouverture du volet et l'écran, le faisceau est dévié vers la base du prisme et vient se projeter en D. CD est proportionnel à l'angle de déviation (fig. 244).

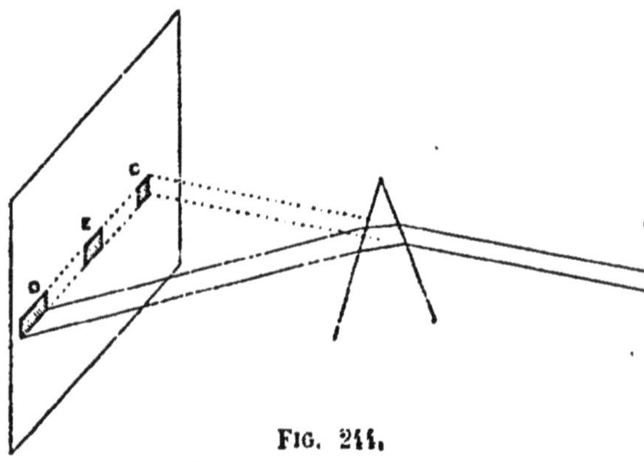

FIG. 244.

En faisant tourner le prisme autour de I, on constate que la déviation varie avec l'angle d'incidence, et *qu'elle passe par un minimum* EC lorsque l'angle d'incidence est égal à l'angle d'émergence.

L'angle d'incidence pour lequel on obtient la déviation minimum dépend de l'ouverture du prisme et de son indice de réfraction.

---

(1) Les droites SI, S'I devraient être représentées dans une position symétrique par rapport à II', car *le rayon est rabattu vers la base du prisme* (erreur de figure).

Formules du prisme (fig. 245). — Soient i et i' les deux angles extérieurs, r et r' les deux angles intérieurs.

On a d'abord : $\sin i = n \sin r$ (1)

$\sin i' = n \sin r'$ (2)

D'autre part :

$A = 180 - A'$ (le quadrilatère AIA'I' où $I = I' = (90°)$ est inscriptible ; donc les angles opposés sont supplémentaires.

$$r + r' = 180 - A' \text{ (triangle IA'I')}$$

D'où : $r + r' = A$ (3)

d extérieur au triangle OII' donne : $d = (i - r) + (i' - r')$

$d = (i + i') - (r + r')$ (4)

pour la déviation minimum, les conditions $i' = i$ et $r' = r$ donnent cette déviation δ par le calcul de $A + \delta$ $\sin \frac{A + \delta}{2} = n \sin \frac{A}{2}$

De même, cette formule permet, lorsque l'on connaît l'angle A du prisme et l'angle de déviation minimum δ, de calculer l'indice de réfraction de la substance du prisme. On en tire n.

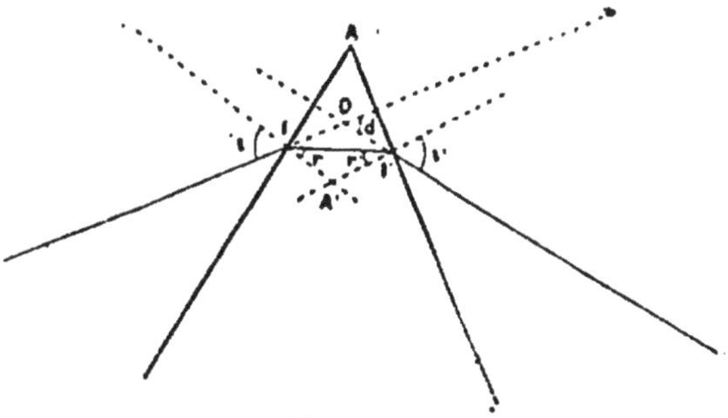

Fig. 245.

Lames parallèles. — Supposons qu'un rayon rencontre un milieu transparent terminé par deux surfaces planes parallèles ; il n'éprouvera aucune déviation, mais seulement un déplacement parallèle.

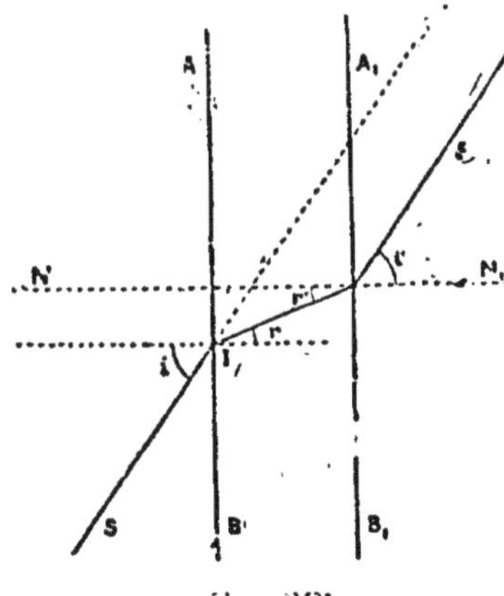

Fig. 246.

En effet (fig. 246), r et r' sont égaux comme alternes-internes par rapport à AB et A_1B_1. — De même $i = i'$, car un rayon venant en sens inverse doit faire l'angle i avec la normale à l'entrée :

En effet, on a : $\frac{\sin i'}{\sin r'} = n$

Or, $\sin r' = \sin r$

$$\frac{\sin i'}{\sin r} = n = \frac{\sin i}{\sin r}$$

Or, $r = r'$. Donc $\sin i = \sin i'$

$$i = i'$$

Puisque $i = i'$, le rayon émergent fait avec NN_1 le même angle qu'à l'entrée dans le plan ABA_1B_1 ; il est donc parallèle à SI.

Ainsi les lames parallèles ne dévient pas les rayons, mais les déplacent parallèlement à eux-mêmes.

EFFETS DES LENTILLES CONCAVES ET CONVEXES

Définitions. — Les lentilles sont des masses transpa-

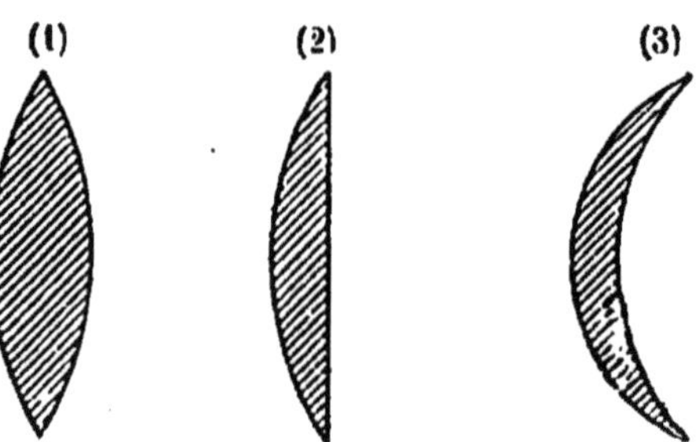

FIG 217. — Lentilles convexes ou convergentes.
(1) Biconvexe. — (2) Plan convexe. — (3) Ménisque convergent.

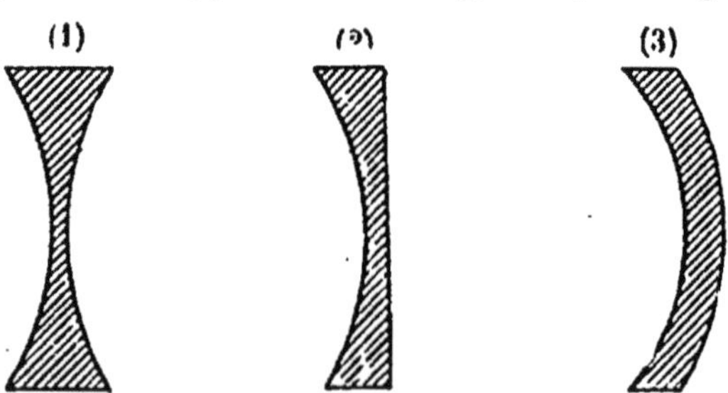

FIG. 218. — Lentilles concaves ou divergentes.
(1) Biconcave. — (2) Plan concave. — Ménisque divergent.

rentes en verre limitées par deux surfaces sphériques dont l'une peut être remplacée par une surface plane (fig. 247 et 248).

L'*axe principal* d'une lentille est la droite qui joint les centres ou la normale menée par le centre de la surface sphérique à la surface plane. Tout rayon lumineux dirigé suivant cet axe traverse la lentille sans déviation.

Nous ne figurerons que des lentilles de la forme (1): les propriétés s'appliquent aux formes (2) et (3).

Foyer principal. — L'expérience montre que des rayons parallèles à l'axe principal subissent une réfraction telle que tous les rayons réfractés concourent en un même point appelé *foyer principal* de la lentille. (Nous supposons les lentilles très minces et de faible ouverture.

Lentilles convexes.

Ce foyer est réel, les rayons y convergent réellement après avoir traversé la lentille (fig. 249).

Lentilles concaves.

Ce foyer est virtuel; les rayons qui divergent au sortir de la lentille semblent en émaner (fig. 250).

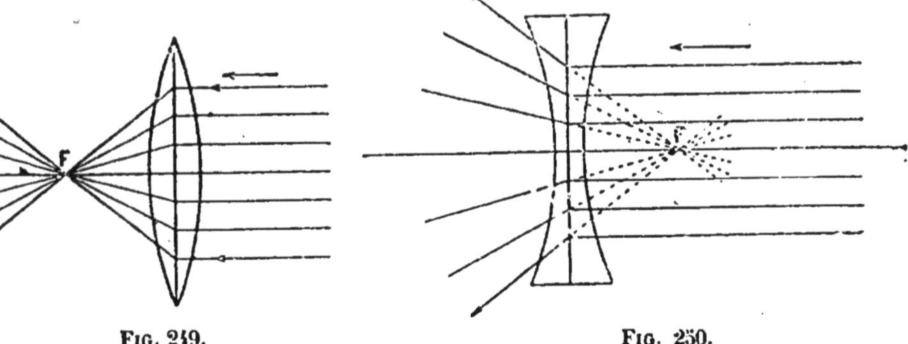

Fig. 249. Fig. 250.

Réciproquement :

Si nous supposons que des rayons lumineux issus

Si nous supposons que des rayons lumineux conde F traversent la lentille, ils ressortiront parallèlement à l'axe (fig. 251).

vergents en F soient interceptés par la lentille, ils en sortiront parallèlement à l'axe (fig. 252).

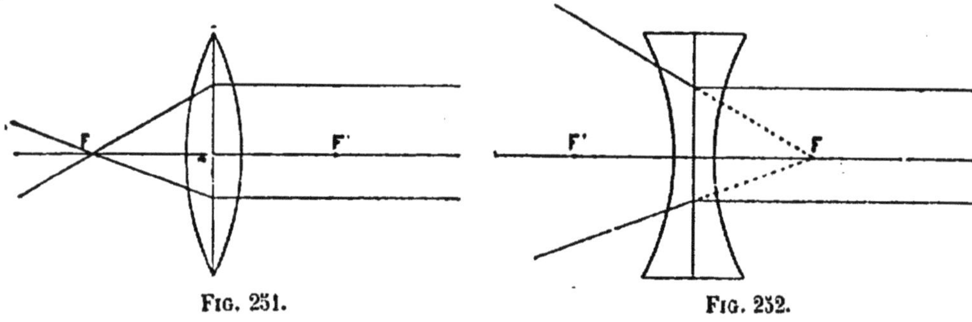

Fig. 251. Fig. 252.

Il existe un second foyer F' symétrique du premier de l'autre côté de la lentille pour des rayons parallèles *venant du côté opposé.*

Remarque. — Nous ne figurons pas les deux réfractions, car nous supposons la lentille très mince; ainsi

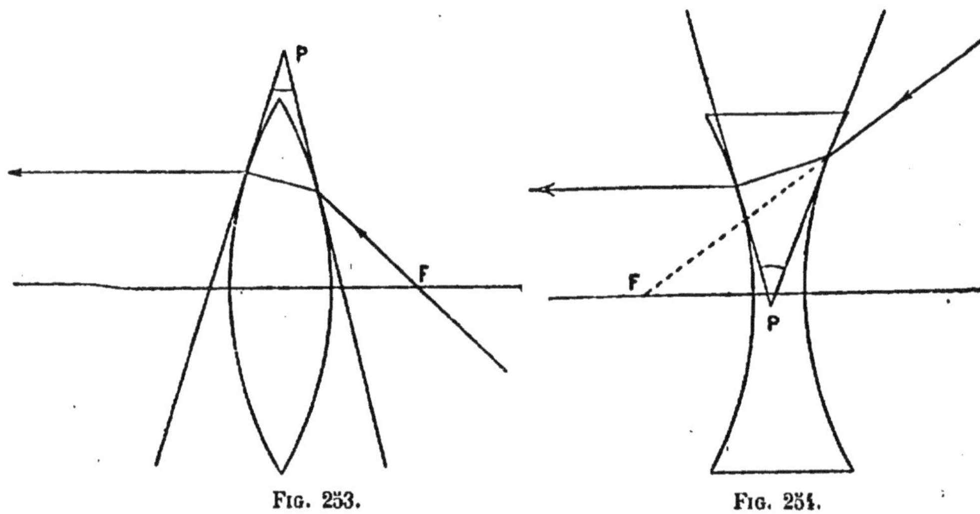

Fig. 253. Fig. 254.

le trajet fait à travers le verre n'a pas d'influence, pourvu qu'on donne au rayon d'émergence la déviation totale qui provient des deux réfractions en partant du plan de séparation des deux faces.

La lentille en faisant converger ou diverger les rayons *agit*, soit *comme un prisme* dont la base est du côté de l'axe principal (fig. 253), soit comme un prisme dont la base est opposée à l'axe principal (fig. 254). Dans le premier cas, les rayons doivent être infléchis vers l'axe, dans le second ils doivent s'en écarter.

Foyers conjugués. — L'expérience montre que tout point lumineux P placé sur l'axe principal a un foyer conjugué P', réel ou virtuel, selon les cas. Il suffira donc pour chercher la position de ce foyer, d'étudier la marche d'un rayon issu de P, dont nous comparerons le trajet jusqu'au point I avec le trajet d'un rayon parallèle à l'axe principal tombant en I (fig. 255 et 256).

1° Le chemin suivi par un rayon allant de P en I s'écarte plus que JI de l'axe : — il est plus divergent.

Donc après réfraction, dans le cas des lentilles convexes (fig. 255), il doit être moins convergent que IF, c'est-à-dire doit rejoindre moins vite l'axe, et P' sera réel et plus éloigné de O que F ; dans le cas des lentilles concaves (fig. 256), P'I doit être plus divergent que IF, et P' se trouvera entre F et O.

Dans le premier cas, lorsque PI se rapproche de IF', IP' se rapproche de IJ' parallèle à l'axe ; dans le second cas, quand P va de ∞ (côté Ox) à O, P' va de F vers Ox à O (fig. 256)

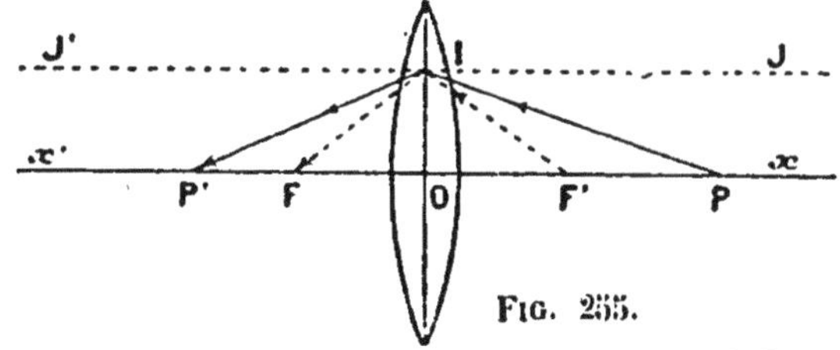

Fig. 255.

1° { Le point lumineux va de ∞ (vers Ox) à F.
Le foyer, réel, va de F à ∞ (vers Ox').

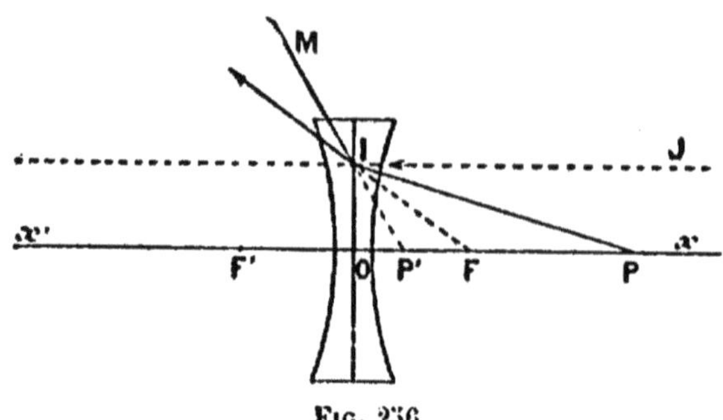

Fig. 256.

1° { Le point lumineux va de l'infini (vers Ox) à O.
Le foyer, virtuel, va de F à O

Remarque sur les points conjugués.

Un point virtuel qui serait placé en P' (fig. 255) n'est pas foyer conjugué de P. En effet, la propriété des points conjugués suppose que la lumière suit un chemin inverse de P' en P. Or ce trajet inverse est P'I, et non IP' qui serait la direction (avant déviation) d'un rayon de P' virtuel. De même, un point lumineux réel situé en P' (fig. 216, lentilles concaves) n'est pas le foyer conjugué de P.

2° Le rayon PI est plus divergent que F'I. Il ne peut donc être aussi rapproché

P est virtuel entre O et F. Les rayons sont plus convergents que MF'. Or l'effet

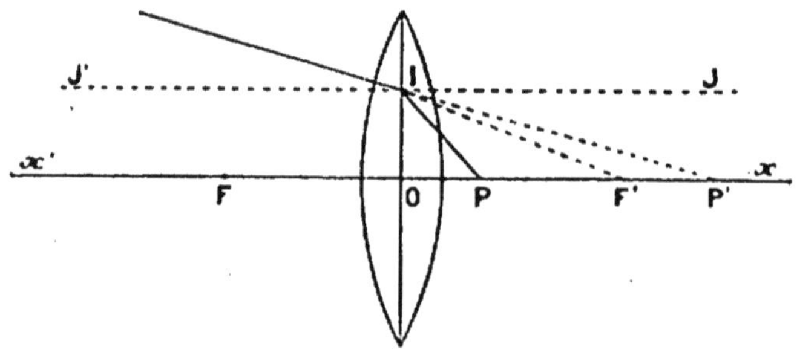

Fig. 257.

{ Le point va de F' à O.
Le foyer, virtuel, va de ∞ (vers Ox) à O.

de l'axe que ce dernier. Divergeant encore IP' occupera toutes les positions de IJ à IO. P' est virtuel (fig. 257).

de la lentille rend seulement MF' parallèle à l'axe. Ils restent donc encore convergents. P' est réel. IP' va de IO à IJ', P' de O à ∞ vers x' (fig. 258).

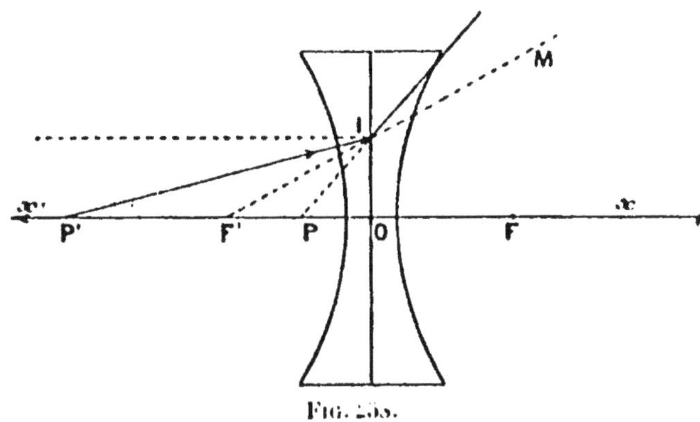

Fig. 258.

Le point, virtuel, va de O à F'.
Le foyer, réel, va de O à l'infini vers x'.

3° P est virtuel de O à ∞ vers y (fig. 259).

Les rayons déjà convergents le deviennent plus

P va de F' à ∞ vers Ox' (fig. 260.)

La divergence de IP est plus grande que celle de

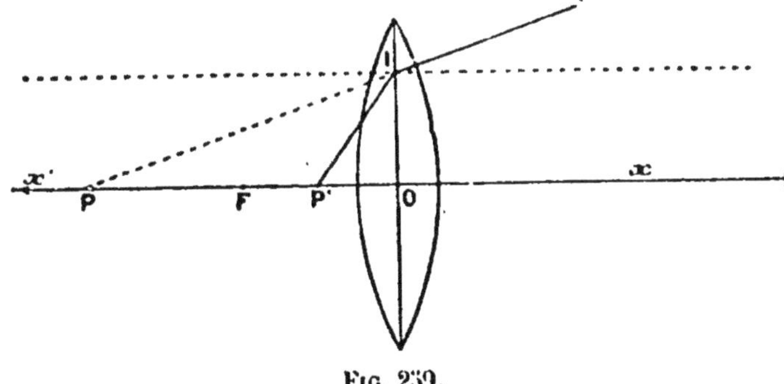

Fig. 259.

Le point, virtuel, va de O à ∞ vers Ox'
Le foyer, réel, va de O à F.

encore; P' va donc de O à F, sa limite quand PP est devenu parallèle à l'axe, P étant à ∞ vers y.

MIF; donc le rayon réfracté diverge plus que IJ'; il faut donc que P' soit virtuel, c'est-à-dire du côté Ox de ∞ à F, quand P virtuel va de F' à ∞ vers y.

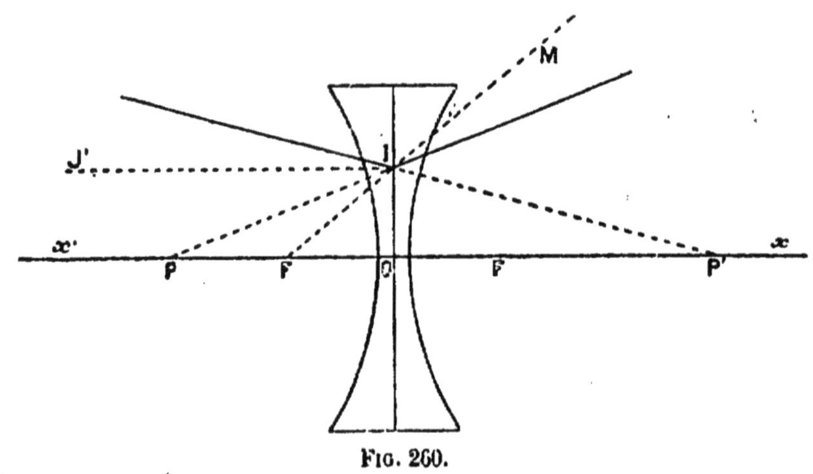

Fig. 260.

Le point, virtuel, va de F' à ∞ vers Ox'.
Le foyer, virtuel, va de ∞ vers Ox à F.

Centre optique. Axes secondaires. — L'expérience montre et la théorie indique qu'il existe sur l'axe principal d'une lentille sphérique un point tel que les rayons qui le traversent sortent parallèlement à leur

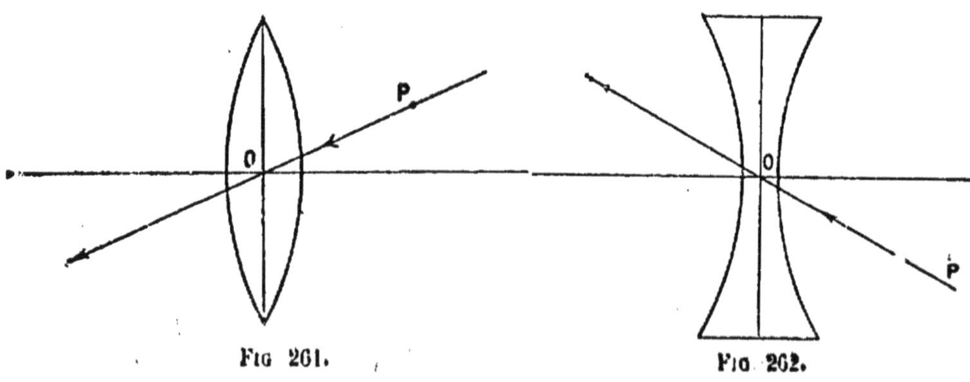

Fig 261.

Fig 262.

direction primitive. — Ce point s'appelle *centre optique.* A cause de la faible épaisseur de la lentille, on suppose dans le prolongement l'un de l'autre les rayons incidents et émergents, et on dit que toutes les droites qui passent par le centre optique sont des *axes secondaires.* — L'axe secondaire de P est PO; c'est un rayon sans déviation (fig. 261 et 262).

On verrait par l'expérience qu'il existe sur PO des foyers secondaires et des foyers conjugués tout à fait analogues comme position et propriétés à ceux de l'axe principal.

Construction de l'image d'un point extérieur à l'axe principal. — On se sert de deux rayons :

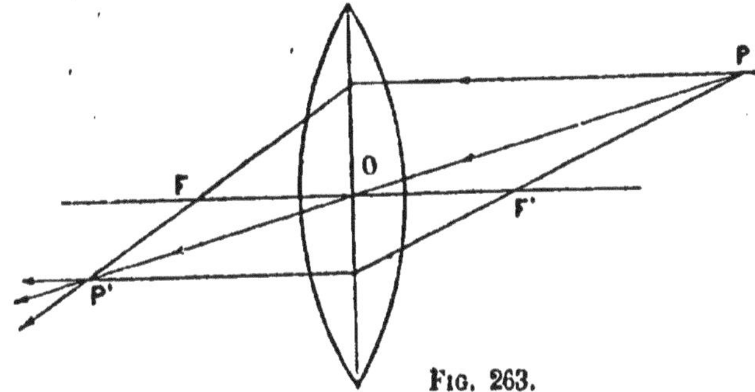

Fig. 263.

1° L'image est sur l'axe secondaire du point : joindre PO;

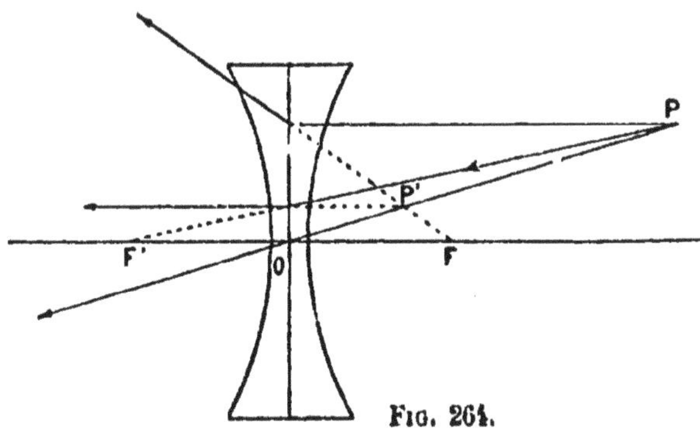

Fig. 264.

2° Un rayon parallèle à l'axe principal se réfracte en convergeant (fig. 263) ou en divergeant (fig. 264) vers le foyer principal; P' est sur ce rayon.

3° On peut encore considérer le rayon passant par le deuxième foyer F'; il sort parallèlement à l'axe, et P' est sur cette parallèle.

Image d'une droite perpendiculaire à l'axe principal en B. — L'expérience montre que c'est *une droite perpendiculaire à cet axe* en B' conjugué de B. L'image et l'objet seront réels ou virtuels en même temps que B. L'image se construit par l'un des procédés indiqués.

On compare sa grandeur à celle de l'objet en comparant OB' à OB, car on a $\frac{A'B'}{AB} = \frac{OB'}{OB} = \frac{p'}{p}$ (Fig. 265 et 266.)

On trouve ainsi les résultats suivants qu'on verra aisément par les figures d'après des raisonnements analogues à ceux que nous avons faits jusqu'ici.

Lentilles convexes.

Lorsque l'objet F réel va de ∞ à F', l'image réelle et renversée va de F' à ∞ vers Oz.

On a $I \gtrless 0$ suivant que $OB \gtrless 2f$.

Nous le verrons algébriquement sur la formule :

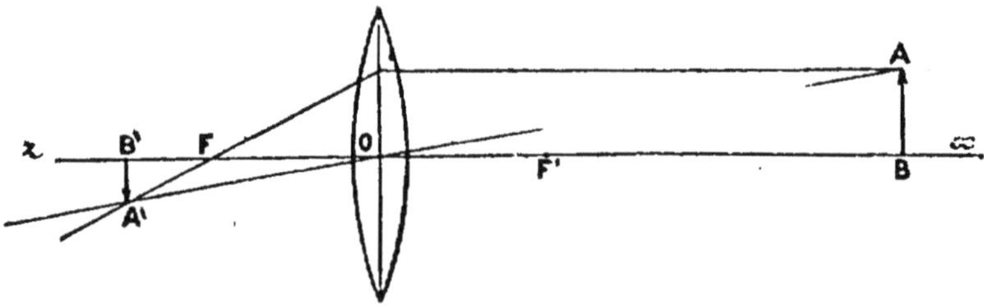

Fig. 265.

Lorsque l'objet réel va de F' au miroir, l'image virtuelle va de ∞ au miroir. Elle est amplifiée.

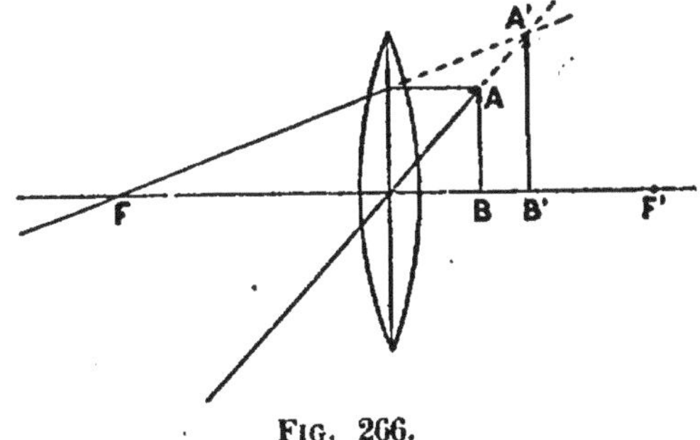

Fig. 266.

Lorsque l'objet, virtuel, va du miroir à l'infini, l'image réelle va du miroir au foyer F.

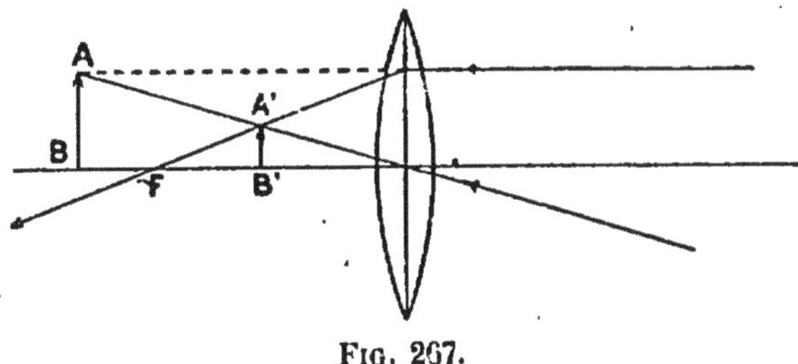

Fig. 267.

Lentilles concaves.

Lorsque l'objet réel va de ∞ au miroir, l'image virtuelle va de F au miroir et est toujours rapetissée.

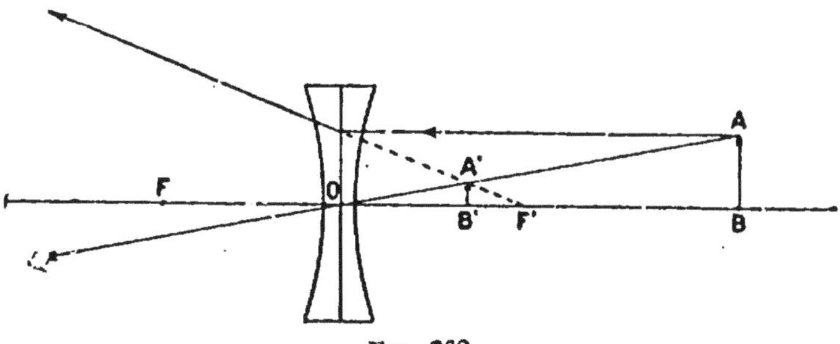

Fig. 268.

Lorsque l'objet virtuel va du miroir au second foyer, l'image réelle va du miroir à l'infini vers Oz.

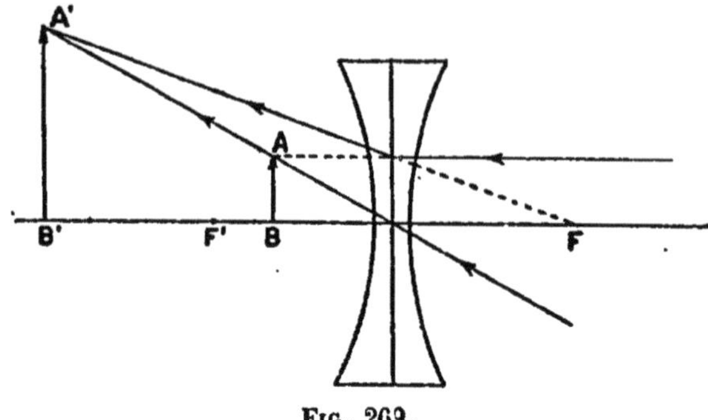

Fig. 269.

Lorsque l'objet virtuel va du second foyer à l'infini vers Oz, l'image virtuelle va de l'infini vers Ox au premier foyer.

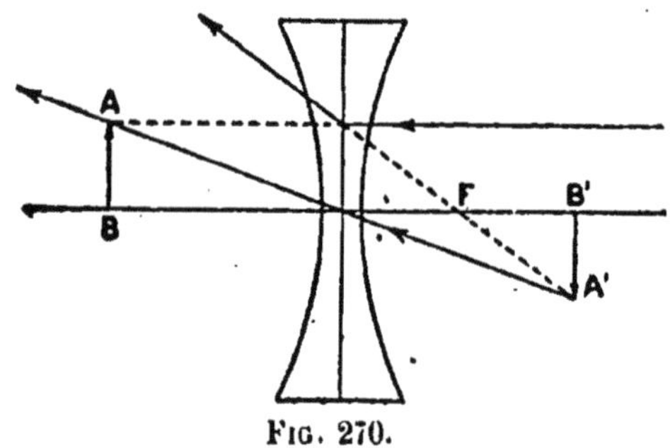

Fig. 270.

Formule de la lentille. — Admettons ce fait d'expérience que

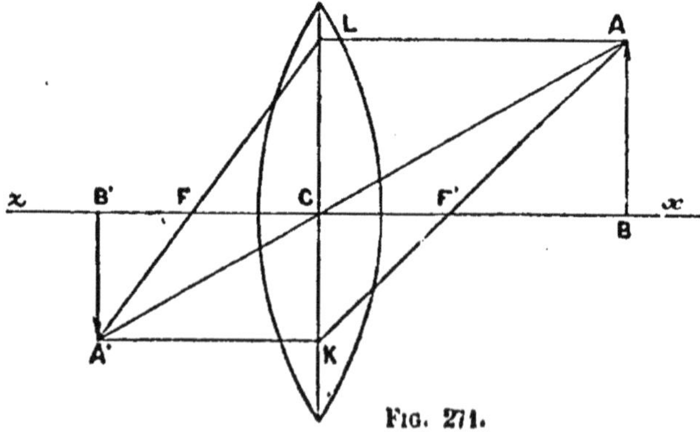

Fig. 271.

l'image d'une droite perpendiculaire à l'axe principal est elle-même perpendiculaire à cet axe. Menons de A trois rayons : l'axe prin-

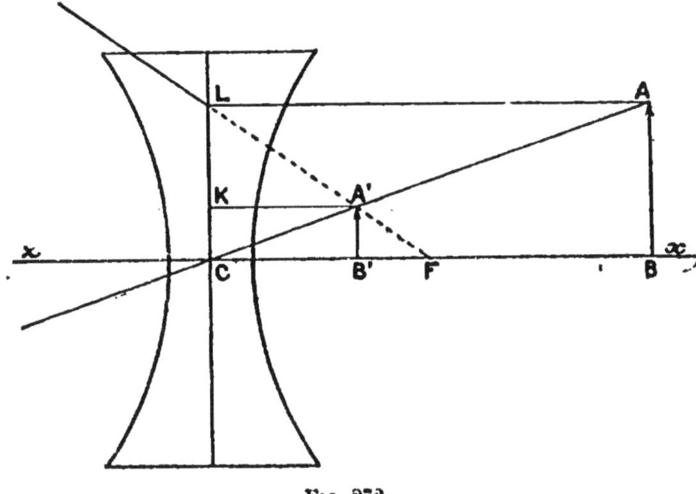

FIG. 272.

cipal, la droite passant par le foyer et la parallèle à l'axe (fig. 271-272).

Lentilles convexes.

$$\frac{LC}{LK}=\frac{CF}{B'C}\left(\text{triangles}\begin{Bmatrix}LFC\\LA'K\end{Bmatrix}\text{ et } A'K=B'C\right)$$

$$\frac{KC}{LK}=\frac{CF}{CB}\left(\text{triangles}\begin{Bmatrix}KCF'\\KLA\end{Bmatrix}\text{ et }\begin{matrix}CF'=CF\\LA=CB\end{matrix}\right)$$

Ajoutons membre à membre :

$$\frac{KC+LC}{LK}=\frac{CF}{B'C}+\frac{CF}{BC}$$

O' ou :

$$\frac{1}{BC}+\frac{1}{B'C}=\frac{1}{CF}$$

Posons $BC=p$, $B'C=p'$, $CF=\varphi$

Lentilles concaves.

De même :

$$\frac{LC}{LK}=\frac{CF}{B'C}$$

$$\frac{KC}{LC}=\frac{B'C}{BC}$$

$$\frac{B'C}{CF}+\frac{B'C}{BC}=1$$

ou

$$\frac{1}{BC}-\frac{1}{B'C}=-\frac{1}{CF}$$

Posons $BC=p$, $B'C=-p'$ $CF=-\varphi$

Convention relative aux signes. — Nous pourrions faire une convention tout à fait identique à celle des miroirs, mais nous n'aurions plus l'avantage d'avoir les points virtuels, images ou objets, désignés par des valeurs négatives. Nous allons donc considérer deux sens positifs différents : l'un pour les objets, quand ils sont du côté d'où vient la lumière; l'autre, inverse, pour les images, quand elles sont du côté où va la lumière. Ainsi, toute distance de l'objet sera comptée + vers Cx et — vers Cz; ce sera l'inverse pour l'image. La distance focale sera ± suivant la lentille. On trouverait ainsi une formule unique servant pour les deux cas :

$$\frac{1}{p'}+\frac{1}{p}=\frac{1}{\varphi}$$

Mais pour avoir la formule particulière de chaque lentille, nous remplaçons φ par $+f$ (foyer du côté où va la lumière, lentille convergente), ou φ par $-f$ (lentille divergente); et alors, on obtient les deux formules distinctes, commodes pour les applications :

$$\frac{1}{p'}+\frac{1}{p}=\frac{1}{f} \text{ et } \frac{1}{p'}+\frac{1}{p}=-\frac{1}{f}$$

dans laquelle on remplace f par sa valeur en nombre, c'est-à-dire $+\sqrt{f^2}$.

Cette formule des lentilles sphériques divergentes diffère un peu de celle qu'on trouve d'ordinaire dans les auteurs, mais elle est plus facile à retenir et plus commode pour les applications. — Les deux formules sont identiques pour la forme à celles des miroirs convergents et divergents; la différence est dans la convention des signes.

Discussion de la formule. — Pour les valeurs particulières, on trouverait comme dans le cas des miroirs, mais avec une interprétation un peu différente, que :

1° On peut écrire :

$$p'=\frac{pf}{p-f} \qquad\qquad p'=-\frac{pf}{p+f}$$

2° p' devient infini pour $p=f$, p' s'annule pour $p=o$

3° $p'=p$ pour les deux valeurs suivantes :

$$p=o \qquad\qquad p=o$$
$$p=2f \qquad\qquad p=-2f$$

4° Pour $p=\infty$:

$$p'=\frac{f}{1-\frac{f}{p}}=f, \qquad\qquad p'=-f,$$

ce qui veut dire : convergence des rayons du côté où ils vont.

ce qui veut dire : divergence des rayons qui semblent partir d'un foyer situé d'où vient la lumière.

Tableau des diverses valeurs.

p	p'	$\frac{i}{o}=\frac{p'}{p}$	p	p'	$\frac{i}{o}=\frac{p'}{p}$
$+\infty$	$+f$	o	$+\infty$	$-f$	o
$2f$	$2f$	$+1$	o	o	-1
f	$\pm\infty$	$\pm\infty$	$-f$	$\pm\infty$	$\mp\infty$
o	o	1	$-2f$	$-2f$	$+1$
$-\infty$	$+f$	o	$-\infty$	$-f$	o

Même remarque que pour les miroirs relativement aux signes de

$$\frac{i}{o}=\frac{p'}{p}.$$

Application numérique.

Une flèche lumineuse P, de 10 centimètres de hauteur, est sur l'axe principal à 3 mètres en avant d'une lentille de distance focale égale à 1 mètre. Où sera son image?

Lentille convergente :

$$\frac{1}{p'}+\frac{1}{p}=\frac{1}{f}$$

$$\frac{1}{p'}+\frac{1}{p}=1$$

$$p'=\frac{3}{3-1}=\frac{3}{2}-1^{m},50$$

$$\frac{i}{o}=\frac{p'}{p}=\frac{1}{2}\quad i=0^{m},05$$

Image réelle et renversée, égale à la moitié de l'objet, et à $1^{m},50$ de l'autre côté de la lentille.

Lentille divergente :

$$\frac{1}{p'}+\frac{1}{p}=-\frac{1}{f}=-1$$

$$p'=-\frac{3}{4}$$

$$\frac{i}{o}=\frac{p'}{p}=-\frac{1}{4}$$

$$i=0^{m},025$$

Image virtuelle, droite, égale au quart de l'objet, et à $0^{m},75$ du même côté de la lentille.

QUATORZIÈME LEÇON

DÉCOMPOSITION ET RECOMPOSITION DE LA LUMIÈRE

Décomposition de la lumière. — Si nous admettons par une ouverture rectangulaire perpendiculaire à sa direction un faisceau de lumière blanche, de lumière solaire par exemple, ce faisceau donnera sur un écran perpendiculaire une tache lumineuse rectangulaire blanche.

Interposons un prisme dont l'arête soit perpendiculaire aux rayons. La tache disparaîtra, et on retrouvera plus loin la lumière déviée par le prisme. Mais elle se sera allongée perpendiculairement à l'arête du prisme dans le sens de la déviation. Elle ne sera pas blanche, mais présentera des bandes parallèles de diverses nuances dont il est difficile de voir la séparation, et où on a distingué sept couleurs principales qui sont, en commençant par la plus déviée :

Violet, indigo, bleu, vert, jaune, orangé, rouge.

La lumière blanche, la lumière solaire n'est donc pas simple.

L'effet du prisme est non seulement de dévier, mais encore d'analyser pour ainsi dire la lumière, en la décomposant en divers rayons simples inégalement réfrangibles et diversement colorés.

Telle est l'explication donnée par Newton pour expliquer la formation de l'image colorée qu'il appela *spectre solaire*.

Newton montra d'abord que les diverses couleurs du spectre sont simples. Il compléta ensuite sa démonstration en faisant, après l'analyse, la synthèse de la lumière, c'est-à dire en reproduisant la lumière blanche à l'aide des couleurs du spectre.

1° Les divers rayons du spectre sont simples. — Interceptant à l'aide d'une petite ouverture des rayons appartenant à une nuance, jaune par exemple, et recevant ces rayons sur un autre prisme, on constate une déviation nouvelle, mais on n'observe pas une décomposition nouvelle de la lumière. L'image est jaune.

2° Les rayons colorés réunis reproduisent la lumière blanche. — On peut le voir :

— 1) En recevant les rayons déviés sur un second prisme identique et de faces parallèles au premier, mais placé l'arête en bas. Les rayons sortant déviés et colorés au sortir du premier prisme ont repris leur direction primitive et leur couleur blanche. Mais il reste un peu de couleur sur les bords; elle est due à ce que les rayons extrêmes se sont un peu écartés; les rayons intermédiaires se superposent (fig. 273).

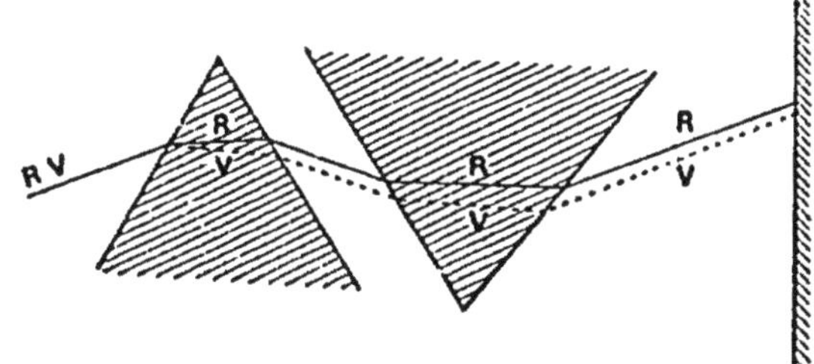

Fig. 273.

— 2) Par l'expérience du *disque de Newton*. — Sur un cercle noir, collons un secteur de papier rouge (fig. 274) et faisons tourner rapidement le disque autour de son axe. Il paraîtra tout entier rouge. Cela tient à ce que le noir n'envoie pas de rayons, et le rouge, mettant moins de 1/10e de seconde (durée de la sensation de la vue) à revenir d'une position à l'autre, paraît occuper à la fois toutes les positions.

C'est là le principe du *disque de Newton* : il contient toutes les couleurs du spectre collées sur des bandes de

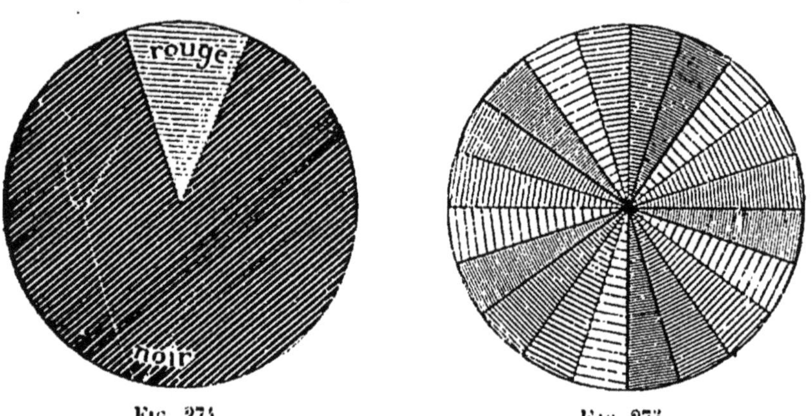

Fig. 274. Fig. 275.

papier (fig. 275). Pendant qu'il tourne rapidement, on doit voir toutes les couleurs à la fois en un point. Le disque paraît blanc. (Ce blanc est un peu sale, parce que les couleurs ne peuvent être exactement celles du spectre, ni dans les mêmes proportions.)

Couleurs complémentaires. — Deux couleurs sont complémentaires quand, superposées, elles donnent de la lumière blanche.

Si on arrête les rayons rouges et si on superpose ensuite les autres rayons, on obtient la couleur complémentaire du rouge. C'est un vert bleuâtre, couleur composée. Chaque couleur simple a ainsi une couleur composée complémentaire.

Colorations des corps. — Lorsqu'une substance diffuse également dans toutes les directions tous les rayons, elle paraît blanche.

Si elle absorbe certains rayons, et en diffuse un seul, sa couleur est celle de ce rayon. Un objet rouge ne diffuse que des rayons rouges.

Un objet noir absorbe toutes les couleurs et n'en diffuse aucune.

Un verre rouge est celui qui ne laisse passer que les rayons rouges; aussi les corps bleus, verts, etc. paraissent-ils noirs à travers et les corps blancs paraissent rouges.

Rayons calorifiques et chimiques. — Rayons infra-rouges et ultra-violets. — Si on place un thermomètre très sensible dans les diverses parties du spectre solaire, on constate que ce spectre possède des propriétés calorifiques croissantes du violet au rouge. Si on explore l'espace situé au delà du rouge, on constate, sur une étendue égale à peu près au spectre lumineux, l'existence d'un spectre calorifique obscur constitué par des rayons obscurs moins réfrangibles que le rouge.

De même, les substances chimiques impressionnées par la lumière sont très inégalement attaquées dans les diverses régions du spectre. C'est vers le violet que l'action est maxima, et elle se prolonge au delà du violet. Il y a donc, outre les rayons à la fois chimiques et lumineux, des rayons chimiques obscurs.

Raies du spectre. — En interposant sur le trajet des rayons solaires passant à travers une fente rectangulaire étroite, un prisme et une lentille convergente donnant sur un écran une image réelle et égale à la fente, on obtient un spectre rectangulaire très net où l'on voit une grande quantité de raies noires parallèles au petit côté du rectangle. — On les a classées et cataloguées.

Si on observe le spectre d'un corps solide ou liquide incandescent, lorsqu'il est simplement rouge, on ne trouve que des rayons rouges. Quand le corps passe du rouge au blanc, successivement les autres couleurs apparaissent. Mais le spectre est continu, *il n'y a pas de raies*.

Un corps gazeux ou une vapeur métallique donne un spectre discontinu formé de raies brillantes caractéristiques du corps. Ces raies sont séparées par de larges espaces sombres. Mais il faut opérer sur des corps complètement gazeux ne contenant pas de particules solides ou liquides en suspension; leur éclat masquerait le spectre du gaz.

Analyse spectrale. — Si dans une flamme très chaude et peu brillante (bec de Bunsen) on introduit un sel métallique, il donnera les raies brillantes et colorées caractéristiques du métal. — Ainsi le sodium est caractérisé par une double raie jaune. Mais si on place derrière cette flamme un bâton de chaux incandescent qui donne un spectre continu de grande clarté sur ce spectre, à la place des deux raies brillantes sont deux raies sombres.

On en conclut que la flamme qui émet comme radiations lumineuses celles du sodium absorbe les radiations correspondant à cette déviation qui proviennent d'une autre source. Mais ces raies, brillantes tout à l'heure, paraissent sombres, à cause du voisinage du spectre très éclairé qui les enveloppe et où manquent les radiations correspondantes.

Analyse spectrale. — Des traces infinitésimales de sodium ou d'un autre métal sont révélées par la présence nette des raies caractéristiques de la substance. On est donc en possession d'une méthode d'analyse très sensible, dite *analyse spectrale.*

L'analyse spectrale a révélé la nature chimique des corps de l'univers sidéral : soleil, planètes, étoiles. Elle a prouvé qu'ils sont composés des mêmes éléments que la terre. Elle a permis aussi de découvrir l'existence de corps simples nouveaux.

DESCRIPTION DES INSTRUMENTS D'OPTIQUE LES PLUS SIMPLES

Chambre claire. — C'est un instrument dont on se sert pour obtenir et dessiner une image exacte d'un paysage ou d'un monument (fig. 276).

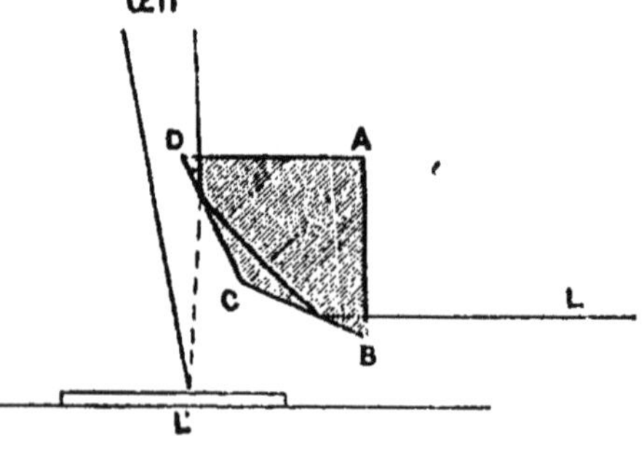

Fig. 276.

Elle se compose d'un prisme à réflexion totale porté sur un pied qui peut s'élever ou s'abaisser. Il peut aussi tourner autour d'un axe parallèle à ses arêtes. C'est un prisme quadrangulaire en verre, où A = 90°, C = 135°, B = 67°,30 et D = 67°,30.

Les rayons venus presque perpendiculairement à AB pénètrent dans le prisme, subissent deux fois la réflexion totale sur les faces BC et CD (angle d'incidence : 67° > angle limite) et ressortent très près du sommet D.

On voit à la fois l'image de L en L' et le point L' du papier blanc. On peut, avec la pointe d'un crayon placé en L', suivre les contours de l'objet. — On peut interposer une lentille entre l'œil et le prisme pour donner la même convergence aux rayons émis du papier et aux rayons venus de L. L'œil a en effet de la peine à voir à la fois un objet L' rapproché et un objet L lointain.

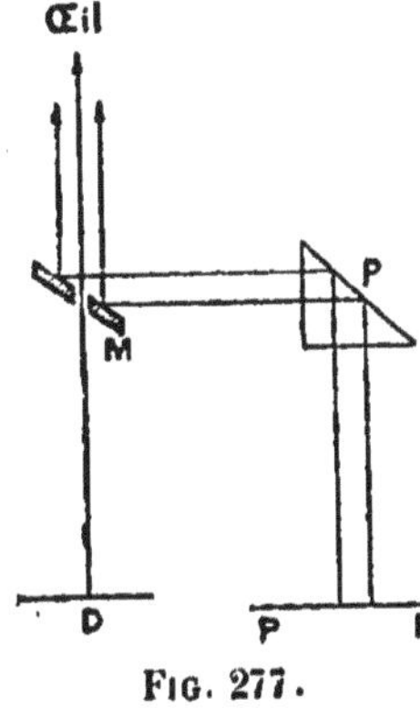

Fig. 277.

On construit des chambres claires plus simples qui permettent de copier sur *pp* un dessin qu'on regarde directement en D à travers le trou d'un miroir M (fig. 277). On voit en même temps sa feuille de papier en *pp*; les rayons ont suivi le trajet indiqué par les flèches, et on peut suivre sur *pp* les contours du dessin D.

Cette chambre claire peut s'adapter à un microscope ayant son axe suivant DO ; elle permet de dessiner en *pp* les contours de l'image agrandie qu'on observe.

Chambre noire. — Elle sert comme la chambre claire à dessiner un paysage.

Principe. — Considérons un point lumineux A, par exemple l'extrémité de la flamme d'une bougie (fig. 278). En face, plaçons une caisse à parois opaques dont l'une est percée d'une ouverture très étroite de forme quelconque, par exemple triangulaire.

Tous les rayons issus de A forment en passant par

l'ouverture une pyramide triangulaire de sommet A, de base O et qui est coupée par le plan du fond I suivant

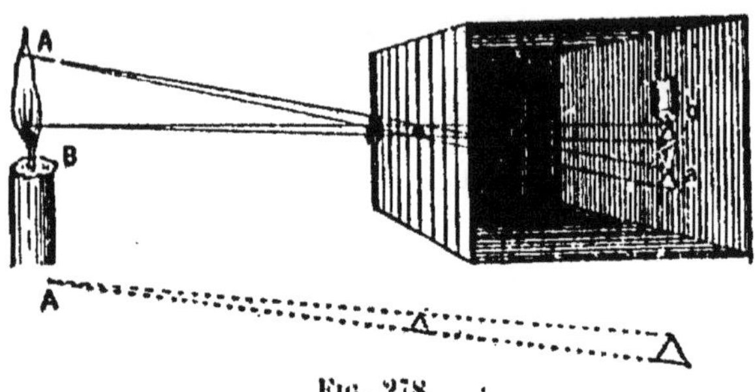

Fig. 278.

un triangle, trace lumineuse du point A, ayant la couleur de A.

Un point B, en bas de la flamme, donne de même un triangle distinct du premier. Chaque point lumineux donne le sien, et l'ensemble forme une image d'autant plus nette sur I que l'ouverture O est plus petite et par conséquent que les traces lumineuses empiètent moins les unes sur les autres. Si l'ouverture s'agrandit trop, une foule d'objets à la fois viendront donner leur image au même point ; il n'y a plus rien de distinct qu'un éclairement uniforme (fenêtre unique d'une pièce).

Remarque. — L'image est renversée comme le montre la marche des rayons. Les dimensions sont réduites dans le rapport $\frac{Oa}{OA} = \frac{ba}{BA}$.

On a rendu cet appareil pratique pour le dessin de paysage en recevant les rayons sur un miroir à 45° qui les renvoie sur une plaque en verre dépoli où on fixe un papier calque.

Le fond peut se tirer en arrière pour obtenir une mise au point meilleure.

On peut aussi placer une lentille convergente dans l'ouverture de la chambre obscure. On obtient des images plus nettes : tout se passe à peu près comme si tous les objets lointains étaient dans un même plan à l'infini : ils donneraient une image réelle plane au plan focal. Le miroir la rejette sur le plan V.

Application : Principe de la photographie. — La chambre obscure ainsi perfectionnée est employée en photographie. On commence par *mettre au point* en agissant sur le tirage. Quand on voit très nettement les objets, on substitue à la plaque de verre dépolie formant le fond de la chambre une plaque de verre couverte d'une substance impressionnable par la lumière. Après un temps de pose variable avec l'éclairement et la nature de la substance impressionnable, l'action est suffisante. On enlève l'image, on la fixe au besoin au moyen d'un réactif. Un lavage avec des substances convenables enlève les parties non attaquées et il reste sur le verre une image renversée de l'objet. Cette image, ou *cliché*, est dite *négative*, parce que les parties sombres correspondent aux parties éclairées, et réciproquement.

Si on expose aux rayons solaires le cliché, et, derrière lui, une feuille de papier couverte d'une substance impressionnable par la lumière, elle agira par les blancs du cliché ; les parties non attaquées correspondront aux parties noires du cliché, c'est-à-dire aux parties claires de l'objet.

Après un lavage convenable, qui débarrassera la plaque des substances impressionnables à la lumière, on aura sur papier une épreuve redressée et *positive*, c'est-à-dire où les clairs seront représentés par des clairs. — Le cliché pourra servir à reproduire d'autres épreuves indéfiniment.

Loupe. — Avant de parler de la loupe, il convient d'indiquer les conditions de la vision.

Pour bien voir les détails d'un objet, nous le rapprochons le plus possible de nous, parce que l'angle sous lequel nous le voyons, angle dont le sommet est notre œil, devient de plus en plus grand, et qu'ainsi ses détails prennent une importance relative plus grande.

Mais quand on rapproche de plus en plus l'objet, il vient un moment où notre œil ne peut plus voir distinctement. La distance limite a reçu le nom de *distance minima de la vision distincte.* — Cette distance est de 15 centimètres pour les vues ordinaires.

La loupe permet de substituer à l'objet une image virtuelle et *agrandie* placée à la distance minima de vision distincte D, et par conséquent de voir l'objet sous un angle plus grand que si on le regardait lui-même placé à cette distance D de l'œil nu.

La loupe n'est autre chose qu'une lentille convergente où, pour obtenir une image agrandie et virtuelle, on pla-

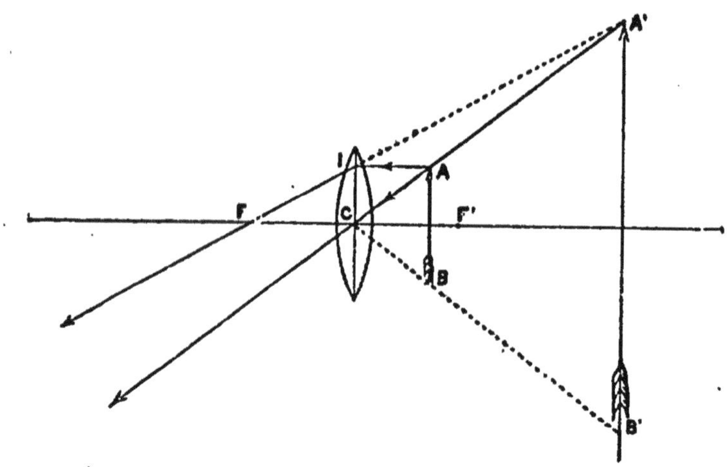

Fig. 279.

cera l'objet entre le foyer et la lentille (fig. 279). La marche des rayons est celle que nous avons indiquée. Objet réel en A B; image de A : rayon sans déviation A C, rayon parallèle à l'axe A I F; A'B' est parallèle à A B.

Mise au point. — L'œil étant le plus près possible de

la lentille, recevra le plus possible des rayons qui semblent émaner de A' B'. Nous le supposerons donc en C. Or la position de A' B' peut varier de ∞ à C quand P va de F' à C (discussion des lentilles). Quelle sera la position convenable de P? Celle qui correspond à C P' = D, distance minima de la vision distincte, car c'est celle qui correspond au plus grand angle sous lequel puisse être vu A' B'. On règlera cette position par tâtonnements en faisant varier C P, distance de l'objet à la lentille. C'est ce qu'on appelle *mettre au point.*

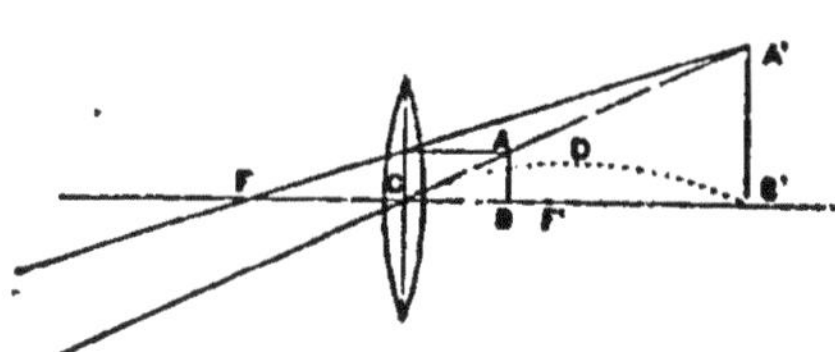

Fig. 280.

Grossissement de la loupe (fig. 280). — On appelle ainsi le rapport des *diamètres apparents,* c'est-à-dire des angles sous lesquels sont vus l'image et l'objet placés tous deux à la même distance, celle de la vision distincte.

Pour l'objet AB, la tangente de cet angle est $\frac{AB}{D}$

Pour l'image A' B', — — $\frac{A'B'}{D}$

Les angles étant très petits, on les remplace par leurs tangentes.

Le rapport des diamètres apparents ou le grossissement G est :

$$G = \frac{\frac{A'B'}{D}}{\frac{A'B'}{D}} = \frac{A'B'}{AB}$$

$$G = \frac{A'B'}{AB} = \frac{CB'}{CB} = \frac{D}{p}$$

Or, les loupes dont on se sert ont en général leur distance focale faible, C B diffère peu de C F' et, pratiquement, on a une valeur approchée par défaut du grossissement linéaire en posant :

$$G = \frac{D}{f}$$

Le grossissement superficiel serait évidemment le carré, c'est-à-dire : $\left(\frac{D}{f}\right)^2$

On voit que pour une même personne le grossissement est d'autant plus grand que la loupe est à plus court foyer.

Note sur l'usage de la loupe pour les myopes et les presbytes.

Le grossissement, dépendant de D, dépend de la vue de l'observateur. Un myope, pour qui D est plus petit, obtiendra donc de la loupe un grossissement moindre qu'un presbyte.

Mais le myope, à cause de la petitesse de D peut voir les objets *à l'œil nu* sous un diamètre apparent plus considérable que le presbyte. La loupe augmente moins ce diamètre pour lui. Malgré cela, si on compare les diamètres apparents des images vues à la loupe pour les deux vues, l'avantage est encore pour le myope. A la loupe comme à l'œil nu, il verra mieux les détails de près que le presbyte.

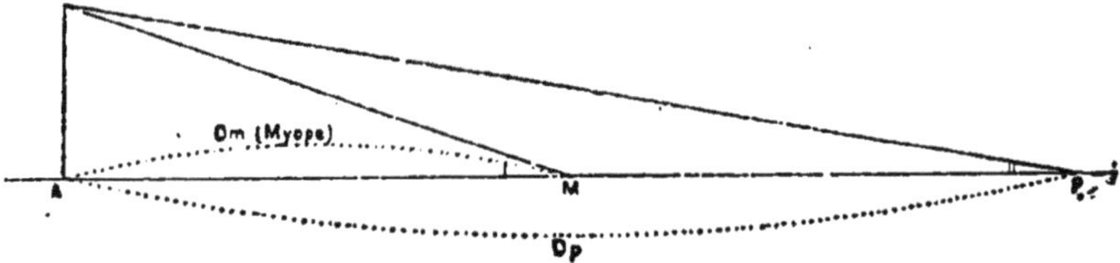

FIG. 280 *bis*. — D*p*, distance de vision distincte du presbyte. (Objet vu à l'œil nu. — Diamètres apparents.)

$$\frac{AB}{MA} > \frac{AB}{PA}$$

parce que $MA < PA$

ou $D_m < D_p$

QUINZIÈME LEÇON

Lunette de Galilée. — La lumière émanée d'un objet très éloigné donne une image réelle de cet objet au foyer d'une lentille convergente. Si on regarde cette image à la loupe, on a une *lunette astronomique;* si on l'intercepte à l'aide d'une lentille divergente pour qui elle sera un objet virtuel donnant une image virtuelle, on a une lunette de Galilée.

Dans la lunette de Galilée (fig. 281), la lentille convergente ou *objectif* donne en son foyer F une image réelle

Fig. 281.

de l'objet très éloigné, par exemple le disque de la lune. (Nous ne construirons pas l'image donnée par AB; elle se construirait comme les images des lentilles, mais la figure ne pourrait pas être faite en proportion. Nous supposons donnés les deux rayons extrêmes, et cela suffit puisqu'on sait que l'image A' B' est au foyer.)

La lentille divergente, près de laquelle on placera l'œil, est *l'oculaire.* Son foyer est près de F entre F et C'. Elle donnera une image virtuelle que nous allons construire :

1° Rayon sans déviation : c'est le rayon qui passerait en C', C'A';

2° Rayon qui vient parallèlement à l'axe de C'; il est réfracté comme s'il venait du foyer F_1; tous deux concourent virtuellement en A'', image de A.

L'image est droite : l'objectif l'avait retournée; l'oculaire la retourne une seconde fois, et par conséquent la redresse.

Grossissement. — C'est le rapport des diamètres apparents sous lesquels on voit l'image dans la lunette et l'objet à sa distance à l'œil nu.

La longueur de la lunette étant négligeable, par rapport à la distance de l'objet très éloigné, le premier diamètre est : $\alpha = \widehat{A'CB} = \frac{A'B'}{CF}$ (En prenant la tangente pour l'angle.)

$$\alpha = \frac{A'B'}{F}$$

L'œil étant supposé contre l'oculaire, β est le second diamètre : $\beta = \frac{A''B''}{D}$, car l'oculaire se règle de telle sorte que A''B'' soit à la distance minima.

On a donc $$G = \frac{A''B''}{D} : \frac{A'B'}{F} = \frac{A''B''}{A'B'} \times \frac{F}{D}$$

Or, dans la figure $$\frac{A''B''}{A'B'} = \frac{D}{C'F} = \frac{D}{f + \varepsilon}$$

ou approximativement $$\frac{A''B''}{A'B'} = \frac{D}{f}$$

D'où $$G = \frac{F}{f}$$

Les lunettes de Galilée, comme d'ailleurs tous les appareils destinés à voir des objets lointains, ont de grands objectifs. On obtient ainsi une plus grande clarté, car plus de rayons concourent à la formation de l'image d'un point donné de l'espace.

Le *champ* de la lunette est le cône qui limite les points visibles dans la lunette. L'œil étant contre l'oculaire, tous les rayons, qui sont compris dans le cône ayant pour sommet le centre C de l'objectif et pour base l'ouverture de la pupille, seront compris dans le champ.

L'angle d'ouverture du cône, α, est tel que :

$$tg\alpha = \frac{\omega}{CC'} = \frac{\omega}{F - f} = \frac{\omega}{f\left(\frac{F}{f} - 1\right)} = \frac{\omega}{f(G - 1)}$$

Le champ sera d'autant plus grand que $\frac{F}{f}$ sera plus petit, pour le même oculaire.

Cela montre que le champ diminue quand le grossissement $\frac{F}{f}$ augmente.

Jumelles. — On appelle jumelles un système de deux lunettes de Galilée montées parallèlement et où le tirage des deux tubes porte-oculaires est commandé par le même pignon. Elles permettent de regarder avec les deux yeux à la fois.

Pour une jumelle de campagne, la qualité principale n'est pas le grossissement ; on ne l'obtient très fort qu'au détriment du champ et aussi de la clarté de l'image (qui, à mesure qu'elle grandit, semble moins éclairée). Pour un instrument de campagne, un grossissement de trois fois environ est suffisant, en général. Il permet d'obtenir avec un instrument léger et portatif un champ assez vaste pour qu'on puisse rapidement trouver un but indiqué et en surveiller les alentours.

Lunette astronomique (fig. 282). — Elle est destinée à observer les astres. Un objectif donne de l'astre une image réelle située au foyer. On la regarde à la loupe comme un objet : on voit l'astre renversé. Mais à cause de sa forme ronde, cela n'a pas d'inconvénient et on peut en tenir compte aisément s'il y a lieu. Même remarque pour déterminer A'B' que dans le cas de la lunette de Galilée.

Puisque C' fonctionne comme une loupe, son foyer f' doit être entre F et C, non loin de F (fig. 282).

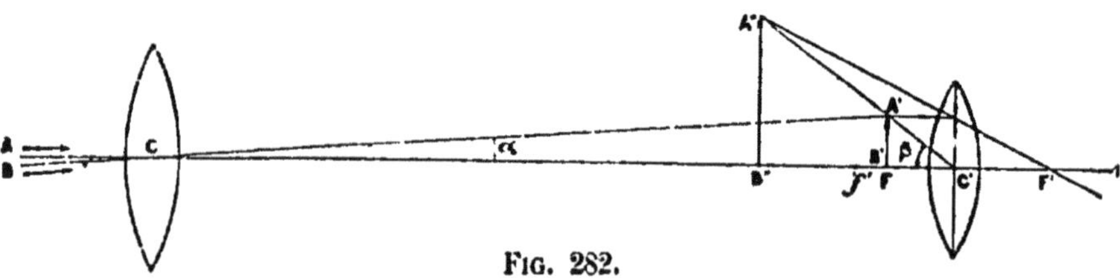

Fig. 282.

Grossissement. — C'est le rapport entre le diamètre apparent de l'image vue à la loupe et celui de l'objet vu à l'œil nu à sa distance.

C'est donc le rapport entre

$$\frac{A''B''}{B''C'} \text{ et } \frac{A'B'}{B'C} \qquad G = \frac{A''B''}{A'B'} \times \frac{B'C}{B''C'}$$

Or, $$\frac{A''B''}{A'B'} = \frac{B''C'}{B'C'} \text{ et } B'C = F.$$

Donc, $$G = \frac{F}{B'C'}$$

Et comme B'C' diffère très peu de f : $G = \frac{F}{f}$

C'est le grossissement déjà trouvé pour la lunette de Galilée. Ainsi, α étant le diamètre apparent de l'astre vu à l'œil nu, l'astre vu à la lunette aura un diamètre apparent égal à $G\alpha$.

Mesure expérimentale du grossissement. — On vise une échelle divisée éloignée avec la lunette. On a fixé au tube une chambre claire. On voit dans la lunette n' divisions qui semblent recouvrir n divisions vues à l'œil nu à travers la chambre claire.

Dans le cas de la figure 284, $n' = 29 - 14$

On a (fig. 283) $G = \frac{n'}{n}$

Dans le cas de la fig. 284 : $n' = 29 - 14$

$$n = 1,5$$

$$G = \frac{15}{1,5} = 10$$

Dans le plan focal de l'objectif, à l'endroit où se forme l'image d'un point très éloigné situé à peu près sur l'axe du tube porte-objectif, on fait croiser à angle droit deux fils-fins portés par un diaphragme ou anneau plat (fig. 285). L'ensemble de ces deux fils

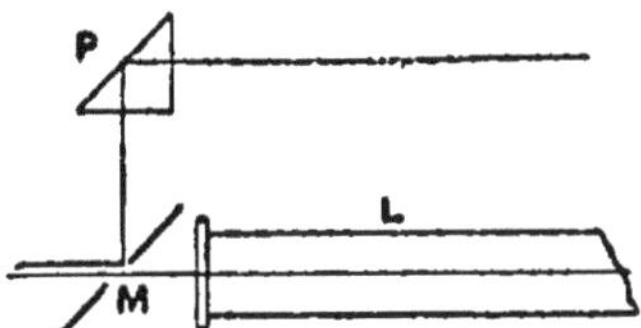

Fig. 283. — P prisme; M miroir placé au centre; L lunette.

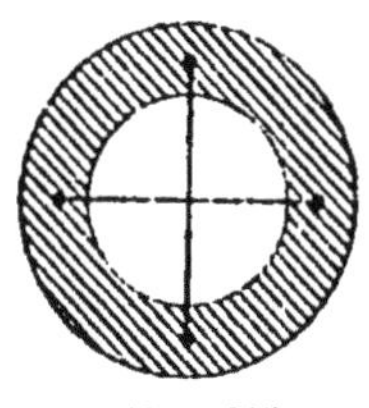

Fig. 285.

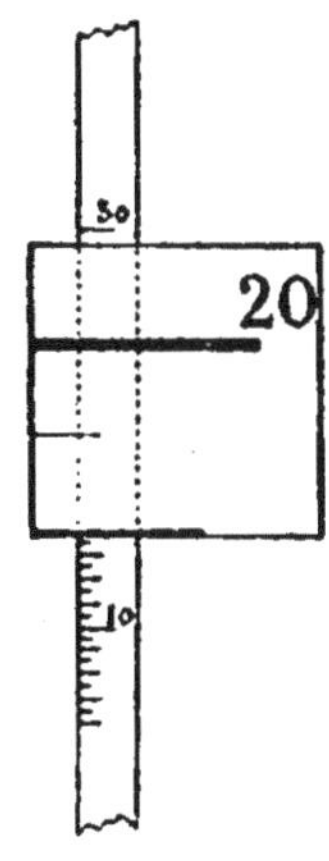

Fig. 284.

s'appelle le *réticule*. Le point de croisement des fils du réticule et le centre optique de l'objectif constituent ce qu'on appelle l'*axe optique* de la lunette. C'est sur cet axe qu'on amène une étoile visée. C'est sa position qui fixe la position de l'astre au moment de l'observation.

Champ de la lunette astronomique. — C'est la partie de l'espace explorée par la lunette. Elle est d'autant moindre que le grossissement est plus grand; aussi doit-on adjoindre aux puissantes lunettes une petite lunette nommée *chercheur*, dont l'axe optique soit parallèle à la première et qui, ayant un faible grossissement, voit un champ très vaste. On trouve ainsi aisément l'étoile et on l'amène à la croisée du réticule de la petite lunette; elle est alors très voisine de la croisée des fils de la grande.

LUNETTE DE BATTERIE

La lunette de batterie *est une lunette terrestre*, c'est-à-dire destinée à voir des objets éloignés à la surface du sol et non des astres.

Il importe donc que ces objets soient vus droits et non renversés. Aussi, en adoptant la disposition générale de la lunette astronomique, — objectif formant une image réelle regardée à la loupe, — a-t-on interposé des verres, dits *verres de champ*, destinés à redresser l'image réelle donnée par l'objectif. C'est une lunette *de batterie* : elle contiendra donc des accessoires spécialement destinés à favoriser l'observation du tir.

Nomenclature sommaire. — (Pour plus de détails voir l'Instruction du 5 avril 1886.) — La lunette comprend un *tube porte-objectif*, et un *tube porte-oculaire* qui peut rentrer dans le premier. Le tube porte-oculaire glisse à cet effet dans un petit cylindre appelé *ressort* vissé dans le porte-objectif. Ce tube porte des *verres de champ*, un *micromètre* remplaçant le réticule de la lunette astronomique, et un *bouchon d'œil* ou petit cylindre qui porte seulement les verres de l'oculaire et peut se rapprocher ou s'éloigner un peu du réticule.

On emploie deux lentilles comme verres de champ : pour la première Ch_1, l'image donnée par l'objectif C doit tomber un peu au delà de son foyer; elle donne une image virtuelle non redressée A_2B_2. Cette image est à une distance voisine du double de la distance focale du second verre de champ Ch_2. Elle donne une image réelle, de sens inverse, c'est-à-dire redressée par rapport à l'objet primitif, et égale à A_2B_2. C'est cette image A_3B_3 que l'on regarde à travers l'oculaire O et qui donne une image virtuelle A_4B_4.

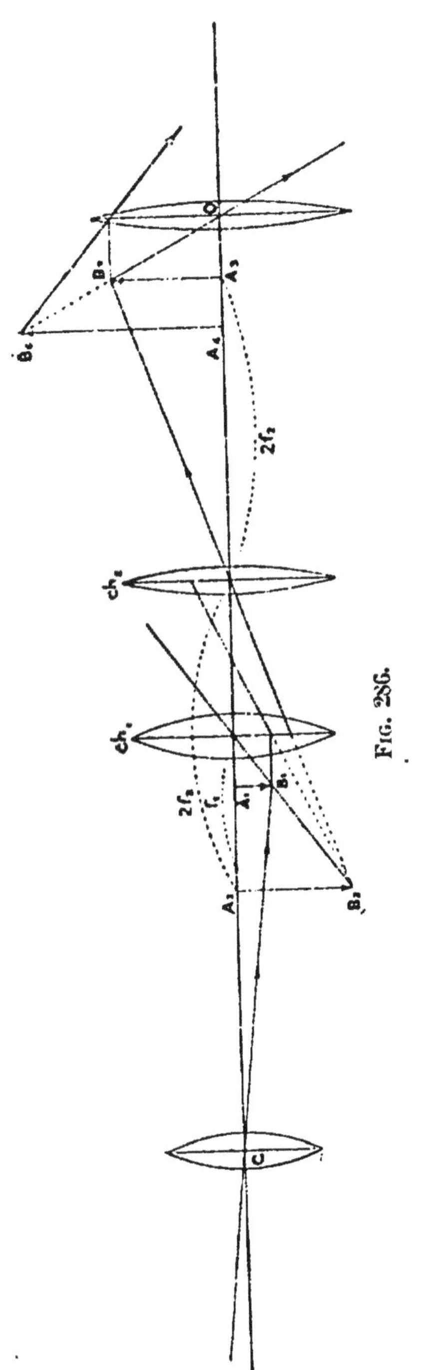

Fig. 286.

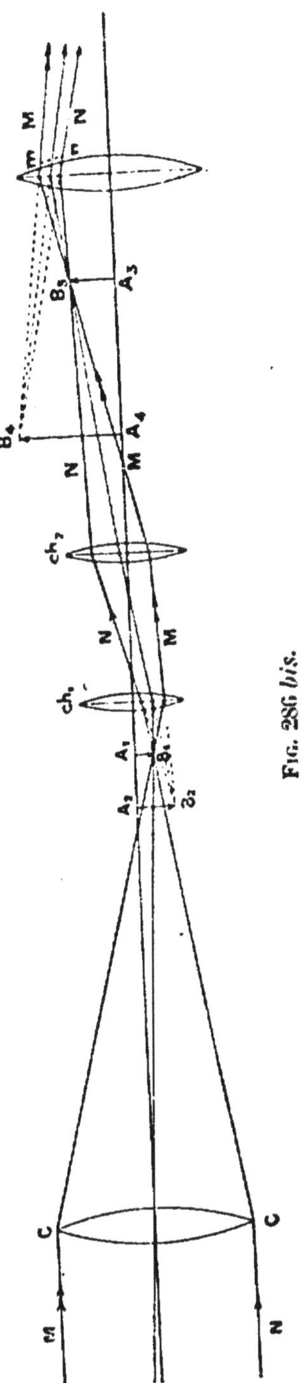

Fig. 286 *bis*.

Remarque. — Dans la construction des images successives données par plusieurs lentilles, il faut remarquer que, virtuelle ou réelle, l'image donnée par une lentille L devient *objet* pour la suivante L' : réel si le point de concours des rayons ou de leurs prolongements est, par rapport à L', du côté d'où vient la lumière; virtuel dans le cas contraire. — Ainsi, dans le cas de la lunette terrestre ci-dessus, A_1B_1, image réelle de AB par rapport à C, est objet réel par rapport à ch'_1. Il donne une image virtuelle A_2B_2 qui est un objet réel pour ch_2 — et donne une image réelle A_3B_3, etc...

La marche des rayons qui concourent réellement au point B_4 est donnée par la fig. 286 *bis*. A, très éloigné, envoie un faisceau cylindrique MN. Ce faisceau sort conique, ayant son sommet en B_4.

Il faudrait placer l'œil entre *m* et *n* pour voir l'image de B.

Grossissement. — En ne tenant pas compte de la différence assez faible dans la pratique entre A_2B_2 et A_1B_1, c'est-à-dire du grossissement dû aux verres de champ, le grossissement est, comme pour la lunette astronomique, $\frac{F}{f}$.

Mais on voit que la longueur du tube dans lequel on montera l'oculaire et l'objectif doit être allongée à cause de la présence du verre de champ. Les verres de champ sont portés par le tube porte-oculaire.

Micromètre. — Entre les verres de champ et l'oculaire se trouve le micromètre, lame de verre où sont gravés des traits, et qui remplace le réticule des lunettes astronomiques. C'est sur le micromètre que doit venir se former l'image A_3B_3.

Réglage. — Il y a un double réglage à faire : le premier fixe pour toutes les vues la position du tube porte-oculaire; le second adapte la position de l'oculaire aux différentes vues.

1° *Amener l'image réelle dans le plan du micromètre.* — On l'obtient d'un seul coup pour les objets très éloignés; pour ceux qui sont distants de moins de 500m, par tâtonnements.

Le tube porte-oculaire est serré dans une sorte de cylindre fendu ou *ressort* vissé sur le tube porte-objectif; il présente une rainure hélicoïdale *rh*. Le tube porte-oculaire peut tourner dans le ressort : lorsque *e* n'est pas en face de l'ouverture de *h h*, il vient buter contre le ressort. — La lunette est réglée pour toutes les distances supérieures à 600m. — Pour les autres, on amène l'ergot en face de *h h* en tournant le tube porte-oculaire et en tirant; l'ergot s'engage dans *h h* et on règle sa position par tâtonnements

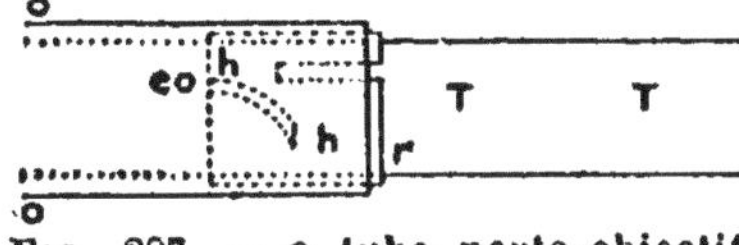

Fig. 287. — *o* tube porte-objectif; TT tube porte-oculaire; *e* ergot; *hh* rainuure hélicoïdale; *r* ressort.

On sera certain que l'image est bien dans le plan du micromètre et par conséquent que le premier réglage est bien fait, lorsqu'en déplaçant légèrement l'œil à droite et à gauche, en haut ou en bas par rapport à l'oculaire, on ne verra pas l'objet se déplacer sur le réticule.

En se reportant aux propriétés des lentilles convergentes ou de la loupe, on verra que si l'image réelle d'un point est en arrière ou en avant du réticule, son image virtuelle regardée à la loupe sera en arrière ou en avant de l'image virtuelle du micromètre vu à la loupe

Soit donc A cette image virtuelle, R celle du réticule (fig 288). L'œil placé en B verra A se projeter sur le point M de l'image du réticule; en O il le verra sur N, en H sur P. L'objet paraîtra donc monter sur le réticule quand l'œil monte devant l'oculaire. Au contraire, si A était sur R*r* il serait de partout vu en coïncidence avec le point du réticule qu'il occuperait. On voit aussi dans quel sens il faut tirer le tube porte-oculaire. Il faut le rentrer quand l'objet

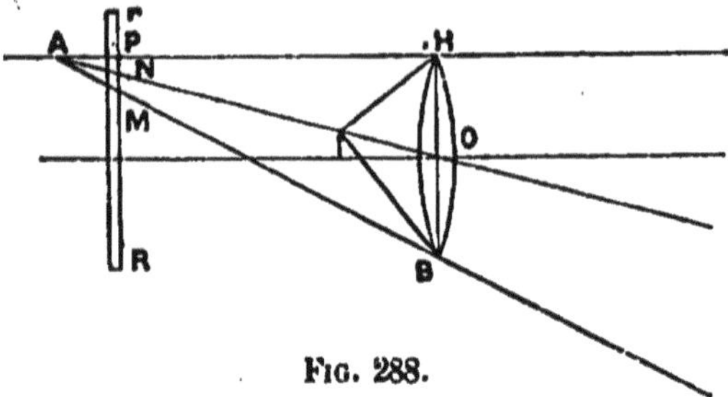

Fig. 288.

semble monter sur le réticule avec l'œil; le tirer dans le cas contraire. On obtient ainsi d'une façon précise la première partie du réglage.

2° Il faut ensuite *régler la position de l'oculaire lui-même par rapport au réticule,* de manière à amener l'image qu'il donne à la distance minima de vision distincte. Cette partie du réglage varie donc avec la vue de l'observateur. On l'obtient en tournant le bouton moleté du bouchon d'œil (monture qui porte l'oculaire) de manière à apercevoir le plus nettement possible les traits du micromètre.

Remarque. — Pour les objets éloignés de plus de 600^{m}, cas normal de l'emploi des lunettes de batterie, la première mise au point est immédiate pour les lunettes bien réglées. Le tube porte-oculaire vient buter par son ergot contre la tranche avant du ressort. Pour qu'il ne se trouve pas par hasard en contact avec l'ouverture *h h*, on a placé une sorte de bague sur le ressort. Cette bague porte une rainure identique à *h h*, mais, en la tournant un peu, elle masque *h h*.

Quand on veut observer des objets très rapprochés, on place les deux ouvertures *h h* l'une au-dessus de l'autre.

Dans ce dernier cas, il vaut mieux régler d'abord la position du bouchon d'œil par rapport au micromètre. Puis on amène par tâtonnements l'image réelle sur le micromètre.

Le micromètre comporte :

1° Une graduation permettant d'apprécier les *hauteurs types* par le nombre de divisions interceptées entre le pied du but et le nuage d'éclatement du projectile.

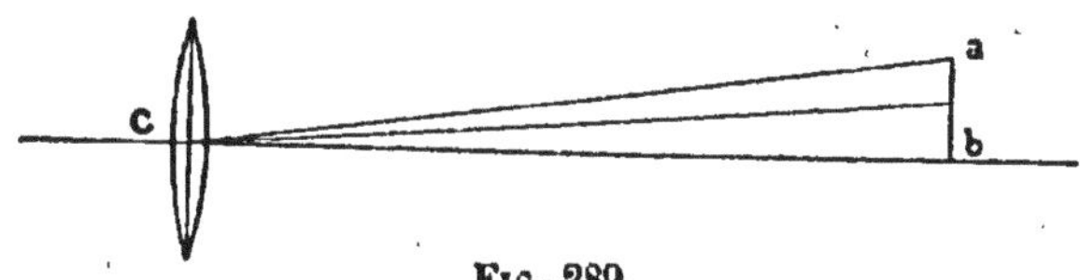

Fig. 289.

— La hauteur type, variable avec le projectile, correspond à trois divisions pour l'obus à mitraille de 90 et à huit divisions pour l'obus du 120 court, charge maxima;

2° Deux graduations destinées à *évaluer les distances*

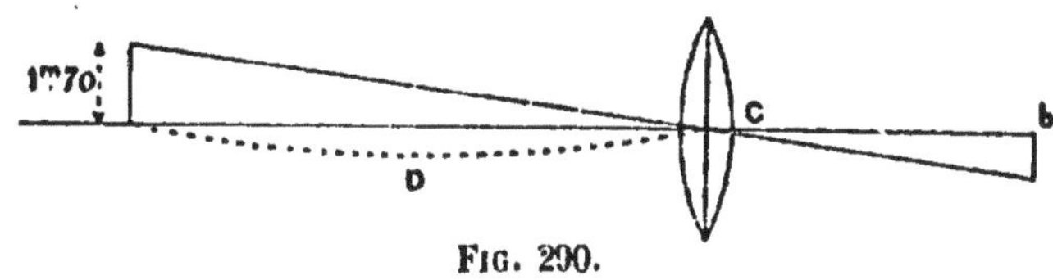

Fig. 290.

par la grandeur interceptée sur le réticule par un cavalier ou un homme à pied. On a gradué le réticule pour l'évaluation par l'homme à pied en comptant

$$\frac{x}{bC} = \frac{1^m,70}{D}.$$

En remplaçant D par les différentes distances, on obtient les différentes hauteurs des traits où affleurerait la tête du fantassin, ses pieds étant sur la ligne D Ces distances sont inscrites à côté de ces traits.

TABLE

Pages

PREMIÈRE LEÇON

DEUXIÈME LEÇON

TROISIÈME LEÇON

Nota. — Cette table sert de programme au Cours de physique en quinze leçons, extrait du programme du Cours supérieur des candidats à l'Ecole militaire d'Artillerie et du Génie (division de l'Artillerie). *Bulletin officiel* n° 31 partie réglementaire, page 35, 2e semestre 1894.

NEUVIÈME LEÇON

DIXIÈME LEÇON

ONZIÈME LEÇON

Paris et Limoges. — Imp. et libr. milit. Henri Charles-Lavauzelle.

Librairie militaire Henri CHARLES-LAVAUZELLE
Paris, 11, Place Saint-André-des-Arts.

Guerre franco-allemande de 1870-1871, par le capitaine Ch. Romagny, professeur de tactique et d'histoire à l'Ecole militaire d'infanterie, accompagné d'un atlas comprenant 18 cartes-croquis en deux couleurs (honoré d'une souscription des ministères de la guerre et de l'instruction publique et d'une médaille d'honneur de la Société d'instruction et d'éducation). — Volume grand in-8° de 392 pages, et l'atlas........................ 10 »

Guerre de 1870. — **La première armée de l'Est.** — Reconstitution exacte et détaillée de petits combats avec cartes et croquis, par le commandant breveté Xavier Euvrard. — Volume grand in-8° de 268 pages....... 6 »

L'armée de Metz, 1870, par le colonel Thomas. — Vol. in-8° de 252 pages, orné d'un portrait et de deux cartes................................ 3 »

Le maréchal Bazaine pouvait-il, en 1870, sauver la France? par Ch. Kuntz, major (H. S.), traduit par le colonel d'infanterie E. Girard. — Vol. in-8° de 248 p., avec une carte hors texte des envir. de Metz. 4 »

Campagne de 1870-71. — **Le 13e corps dans les Ardennes et dans l'Aisne,** ses opérations et celles des corps allemands opposés. Etude faite par le capitaine breveté Vaimbois, de l'état-major de la 10e division d'infanterie. — Volume in-8° de 224 pages........................ 3 50

La défense de Belfort, écrite sous le contrôle de M. le colonel Denfert-Rochereau, par MM. Édouard Thiers, capitaine du génie, et S. de la Laurencie, capitaine d'artillerie, anciens élèves de l'École polytechnique, de la garnison de Belfort (5e édition). — Volume in-8° de 420 pages, avec trois cartes et plans en couleurs hors texte........................ 7 50

Histoire militaire de la France depuis les origines jusqu'en 1843, par Emile Simond, capitaine au 28e d'infanterie. — 2 vol. in-32 de 112 et 102 pages, brochés, l'un. » 50; reliés pleine toile gaufrée, l'un...... » 75

Histoire militaire de la France, de 1843 à 1871, par Émile Simond, capitaine au 28e de ligne. — 2 volumes in-32 de 96 et 104 pages, brochés, l'un. » 50; reliés pleine toile gaufrée........................ » 75

Crimée-Italie. — Notes et correspondances de campagne du général de Wimpffen, publiées par H. Galli. *Ouvrage honoré d'une souscription du ministère de la guerre.* — Volume grand in-8° de 180 pages....... 5 »

Tableaux d'histoire à l'usage des sous-officiers candidats aux Ecoles militaires de Saint-Maixent, Saumur, Versailles et Vincennes, par Noël Lacolle, lieutenant d'infanterie. — Volume in-18 de 144 pages. 2 50

Memento chronologique de l'histoire militaire de la France, par le capitaine Ch. Romagny, professeur de tactique et d'histoire à l'Ecole militaire d'infanterie. — Volume in-18 de 316 pages.................. 4 »

Etude sommaire des campagnes d'un siècle, par le capitaine Ch. Romagny, professeur de tactique et d'histoire à l'École militaire d'infanterie. — **Campagne de 1792 et de 1803,** 1 volume (4 cartes). — **1800,** 1 volume (4 cartes). — **1805,** 1 volume (2 cartes). — **1809,** 1 volume (3 cartes). — **1812,** 1 volume (5 cartes). — **1813,** 1 volume (4 cartes). — **1814,** 1 volume (1 carte). — **1815,** 1 volume (1 carte). — **Crimée,** 1 volume (3 cartes). — **1859,** 1 volume (1 carte). — **1866,** 1 volume (4 cartes). — **1877-78,** 1 volume (3 cartes). — 12 volumes in-32, brochés, l'un..... » 50
Reliés pleine toile gaufrée........................ » 75

Précis historique des campagnes modernes. Ouvrage accompagné de 37 cartes du théâtre des opérations, à l'usage de MM. les candidats aux diverses écoles militaires (2e édition). — Vol. in-18 de 232 p., broché. 3 50

Sans armée (1870-1871), Souvenirs d'un capitaine, par le commandant Kanappe. — Volume in-18 de 336 pages, broché.................. 3 50

www.ingramcontent.com/pod-product-compliance
Ingram Content Group UK Ltd.
Pitfield, Milton Keynes, MK11 3LW, UK
UKHW021856190726
13855UKWH00001B/352